熔岩冷卻、板塊初動、光合作用、大氧化事件……
從宇宙塵埃聚合開始談起
45 億年的演化旅程！

從星塵到文明
地球演化的
32個里程碑

Milestones
of Earth

| 行星塑形 | 板塊漂移 | 海洋形成 |

地球如何從一片混沌中誕生出生命？

從冥古宙到顯生宙，跨越五次大滅絕的演化歷程
32 個演化大事紀，揭開地球孕生文明的壯闊編年！

力 著

目錄

前言　　　　　　　　　　　　　　　　　　　　　　005

第一章　冥古宙 —— 從星雲到地球誕生　　　　　009

第二章　太古宙 —— 生命初現與早期演化　　　　055

第三章　元古宙 ——
　　　　大氧化事件與多細胞生命的黎明　　　　　081

第四章　顯生宙 ——
　　　　生物大繁盛與文明之路　　　　　　　　　121

尾聲　科學的本質與人類的未來　　　　　　　　　289

參考文獻　　　　　　　　　　　　　　　　　　　293

目錄

前言

本書構想來自網路論壇上的一個問題:「在地球的幾十億年歷史中,發生過哪些全球大事件?」我在 2019 年 12 月在網路上回答了這個問題,出乎意料的是,在 3 週內就收到了 9,000 多個讚,追蹤者也從 0 漲到了 6,000 多。因為當時的回答是按照時間順序盤點這些重大事件,並且只寫了其中的兩個,一個是地球形成,一個是月球形成,所以眾多網友在按讚之餘還催促更新文章。

這是我第一次受到如此大的鼓勵,以往我並不覺得自己在大學學到的地質學知識有什麼特別,甚至還覺得跟不上流行 —— 無論是求學生涯還是從事地質工作,都有很多時間需要拎著錘子漫山遍野敲岩石取樣,與天天在實驗室跟各種高級設備打交道的其他學科相比可不就是「土氣」嘛!

但是這個回答的受歡迎程度讓我意識到,其實大家對地球演化的故事有很大的興趣。由此,我開始在網路上持續更新這個回答,並開始回答一些其他地質學相關的問題。直到兩年以後,也就是 2021 年,這個回答才更新完畢,我在論壇上的追蹤者也突破 10 萬大關。

不過,我最大的收穫不是這些讚數或是追蹤者數量的增加,而是對地質學科普工作的了解和興趣日益加深。從我這些年的科普經驗來說,做科普其實是有「門檻」的,第一個門檻叫做「知見障」,第二個門檻叫做講故事。

無論主修什麼學科，大一新生一般都會有一門入門教材，在地質學中，這本教材叫做《普通地質學》，在其他專業領域，也都有此類書籍，如《普通動物學》、《普通植物學》、《普通生物學》等。這些教材一方面會培養學生對該學科的認知框架，另一方面會逐漸教授學生大量的專業術語，在學生對專業術語熟悉後，就算在此學科「入了門」。

　　在現代學科分支越來越多、分支內的知識也越來越深的情況下，專業術語對領域內的人來說是一種提高交流效率的方式，比如在地質學中有一種地質作用被稱為「火成侵入」，其在教科書中的定義為「深部岩漿沿著岩漿通道向上運移，侵入通道周邊圍岩中，並在地下冷凝、結晶、固結成岩的過程」。在「侵入作用」下形成的岩石就叫做「深成岩」。在專業人士的內部交流中，自然不會用冗長的定義，而只是會簡單地說「侵入作用」或「深成岩」，這樣雙方都會瞬間了解其意思。

　　這幾年很紅的網路用語，如底層邏輯、垂直整合、去中心化、商業模式、TOB、TOC、演算法、迭代優化等，其實也就是在其發展過程中，內部人士為了提高交流效率而編出來的一些專業詞彙。

　　在專業人士們習得了這些專業詞彙之後，他們反而會很不習慣再用回非專業詞彙，並且會不自覺地預設為所有人都懂得這些專業詞彙，但事實上，普通大眾理解起來很吃力，所以要是專業人士在習慣了專業語境後，科普時採用了大量的專業詞彙，效果自然就不會很好，有時候甚至很不好，讀者看了開頭，直接扭頭就走——這就是專業人士在做科普過程中的「知見障」了。換句話說，專業人士在做科普的時候首先要學會「講人話」，這是第一個門檻。

　　學會「講人話」之後，寫出來的科普內容就容易看了，至少讀者能看懂了。這時候更進一步的要求就是讀者愛看。有些學科本來就比較有優

勢，如動植物、醫學方面，人們天天接觸動植物，醫學人人都用得著，所以這些領域的科普很容易吸引人看，也人人愛看，有人愛看就有銷量，也就能賺錢，所以投入這方面的人自然比較多。

另外一些領域就是以其神祕性受歡迎，如考古學和地質學裡面的古生物學，尤其是恐龍相關的內容，就以其神祕性受到歡迎。但是更多的學科在讀者看來離生活很遙遠，大家在看到之後會下意識地想「這跟我有什麼關係？我為什麼要讀？」如地質學中的岩石學和礦物學，基本上就無人問津。這些學科的科普想要吸引到讀者，那就得靠故事性了。但是這要求很高，我自己也才跨過第一步的門檻（可能第一步也才跨了一半，只是意識到了要「講人話」而已，離做到還有距離），因此也只是一個方向性的思考。

另外，我在寫書的過程中意識到，地球的演化歷程中，每一個事件拿出來都能寫出一本書，且還有更多精采的演化故事因篇幅有限不得不略過不提——故事是寫不完的。但是重要的應該是讓讀者建立一個框架性的認知，不僅僅是對地球的演化歷程有一個簡單了解，而且還應該對地球演化的基本原理建立一個認知。

因此，本書在每一個地質時期選取了一個重大事件進行講述，並在每篇開頭用一幅插圖說明了該事件發生的地質時期，以及若以時鐘盤面上的 12 小時代表太陽系誕生到現在為止的時間順序，該事件發生時的時間點。

在某些章節中，讀者可能還會看到我強調某些地質演化過程中的物理和化學原理，這些原理都很簡單。而我想傳達的意思就是，我們的地球演化到現在的動力，其實都是簡單的物理和化學規則。比如地球由最初的岩漿球狀態演變出殼、函、核三個圈層，就是因為物理規則——重

力和熱力學的支配。而生命由化學反應演化而來，也是因為在水中，脂類分子會因為疏水性而捲曲成圓球狀。這些原理讀者會在後面的章節中看到，在此不詳述。

在講述地球演化故事過程中，我試圖用簡單易懂的語言為讀者建立一個易於理解的思路。當然由於我的學識有限，文中必然會有疏漏，還請讀者見諒。

最後，本書是受到出版社的編輯邀請開始創作的，這一年對我來說是漫長難熬的一年，至少有半年的時間在為此書的正文寫作和繪畫構圖而熬夜到深夜。無論是編輯還是繪者都對我報以極大的耐心和鼓勵，文章和圖片都經歷了反覆痛苦的修改過程，在此一併予以感謝。

第一章
冥古宙——
從星雲到地球誕生

第一章　冥古宙─從星雲到地球誕生

01　太陽系形成

大約 45.72 億年前，太陽系從一團星雲中誕生，這是所有故事的開始。

如果追溯地球數十億年以來波瀾壯闊的演化歷史，我們需要從大約 45.72 億年前的一團星雲開始說起。那時候太陽系還並不是一個恆星系，它只是一團圍繞銀河系中心旋轉的太陽系原始星雲。整個銀河系是一個直徑約為 10 萬光年的扁平天體，銀河系中央的棒狀結構向外伸出幾條旋臂，太陽系原始星雲就孕育在獵戶座旋臂的巨分子雲中。

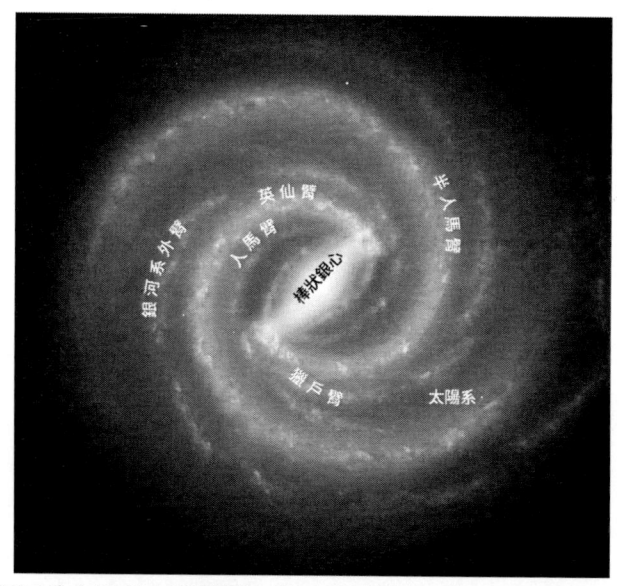

銀河系有四條大型懸臂，獵戶臂屬於人馬臂的一個分支，
太陽系就位於獵戶臂上。
圖片來源：NASA/JPL-Caltech，R. Hurt

大約 45.72 億年前，太陽系原始星雲從這團巨分子雲中分離了出來。剛剛分離的時候，太陽系原始星雲是一團均勻而瀰漫的球狀星雲，但是

很快，它在自轉和外界擾動（如鄰近超新太陽系棒狀銀心、半人馬臂、獵戶臂、人馬臂、英仙臂、銀河系外臂、星爆產生的激波、與其他星際雲的碰撞等）的共同作用下，太陽系原始星雲向內部坍縮，變小變密，它的形態也從球狀星雲變成了扁平的盤狀星雲。

在星雲盤的中央，99.9%的星雲物質都匯聚在了一起，為這裡帶來了極高的壓力和溫度，隨著溫壓的持續增高，當它們的溫度超過700萬K之後，氫原子之間開始發生核聚變反應，這種反應會源源不斷釋放出更多的熱量，加熱周邊更多的氫原子，讓它們也開始參與到核聚變中，於是星雲的中央被「點燃」了 —— 太陽由此而形成。

> 熱力學溫度與攝氏溫度的換算關係為：
> $T(K) = t(°C) + 273.15$
> 但是在700萬K這個級別，273.15已經沒什麼影響了，所以就可以直接看成是700萬°C。

這是哈伯太空望遠鏡在獵戶座拍到的另外一個分子雲，
它可能與太陽系形成之前的分子雲非常相似。
圖片來源：C.R. O'Dell

第一章　冥古宙—從星雲到地球誕生

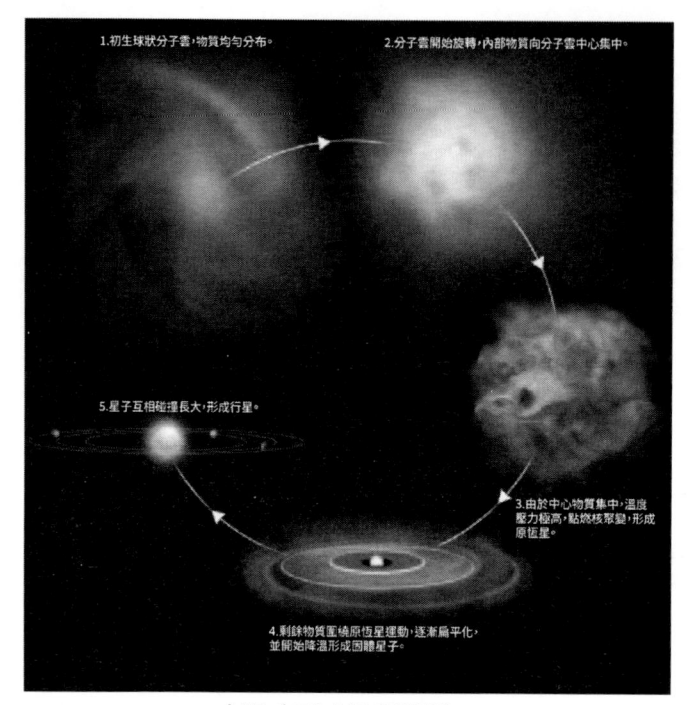

太陽系形成過程範例。
圖片來源：NRAO/AUI/NSF，Bill Saxton

　　在太陽形成之後，剩餘的那0.1%的星雲物質中的絕大部分繼續圍繞著太陽運動，形成了原行星盤。在原行星盤內的物質圍繞太陽運動的過程中，太陽所釋放的光和熱對它們進行了一次大篩選：離太陽近的地方溫度高，僅有耐高溫的星雲物質（土物質）能夠大量存在，而那些不耐高溫的星雲物質（冰物質和氣體）則被趕到了離太陽較遠的地方。

　　不管是土物質還是冰物質，它們很快就會在運動中因為靜電引力和相互碰撞而吸積長大，成為星子。這些星子繼續生長變大，就成了行星胎。行星胎吸附其他物質或者是行星胎之間相互碰撞長大，最終形成行星。

　　關於行星們具體是如何形成的，科學家們也有不同的觀點，我們可以將其分為傳統理論和大遷徙理論。

傳統理論

傳統理論認為，太陽系的形成很直接：在靠近太陽的地方，土物質形成的是岩石質地的星子，這些石質星子最終又形成了四顆岩質行星：水星、金星、地球、火星，有時候我們也稱這些岩質行星為類地行星。

太陽系結構示意圖，各天體尺寸及距離均未按照比例畫出。
圖片來源：Pixabay/BlenderTimer

稍遠一點的區域迅速從土物質向冰物質和氣體過渡。在這裡，主要由冰星子形成的行星胎會快速吸積附近大量的氣體，形成包裹整個行星的厚厚的氣殼，這些行星被稱為氣態巨行星或類木行星。太陽系中有四顆氣態巨行星：木星、土星、天王星、海王星。

> 在宇宙空間中，運動是三維立體的，如果恆星和行星們的起源都不一樣的話，那麼它們沒必要都在一個平面上圍繞太陽運動。就如同我們發射到地球之外的衛星一樣，它們的軌道各不一致，有的圍繞赤道平面飛，有的圍繞南北極的平面飛。太陽系內行星一致的公轉軌道面實際上也暗示了它們的起源一致。

第一章　冥古宙—從星雲到地球誕生

　　在更加遠離太陽的地方，則主要是一些冰星子和氣體，它們構成了我們見到的各種彗星，以及太陽系外圍的古柏帶。而這些來自「娘胎」的特點造就了現代大家所熟知的太陽系：

　　1. 太陽系內側的四顆岩質行星，太陽系外側則是木星、土星、天王星、海王星四顆氣態巨行星，再往外就是由冰星子構成的古柏帶了。

　　2. 由於太陽系內八大行星都形成於同一個星雲盤，所以八大行星幾乎都是在相同的軌道平面上圍繞太陽運動，而且圍繞太陽公轉的方向也都一致。

　　這段發生於大約 46 億年前的星雲至恆星系的演化過程我們本來無緣得見，但是幸運的是，在太陽系中還存在著一個名為小行星帶的區域。這是一個位於火星和木星之間的寬廣區域，沒有行星存在，只有上百萬顆大大小小的小行星在此遊蕩，因此被稱為小行星帶。科學家們推斷，這裡原本有可能形成一顆岩質行星，但是由於木星生長得比較快，在小行星帶內的眾多星子還沒來得及碰撞形成一顆完整的行星的時候，木星就已經大致形成了。木星的巨大引力造成的攝動從小行星區吸積了大量物質，使得小行星帶星子的生長停留在半成品的狀態，再也無法形成行星了，於是它們在這一區域遊蕩至今，形成了如今我們在小行星帶內看到的各種小行星。當這些小行星因為碰撞，或者是其他行星的引力作用而漂離軌道，墜落到地球上，它們就變成了我們所熟知的隕石。目前地球上發現的隕石絕大多數都來自小行星帶，只有極少數來自火星或者月球。

　　許多來自小行星帶的隕石在太陽系形成之初就已經形成，而且在往後數十億年中未經大的改變，因此還保留著誕生時候的模樣，科學家們透過研究這些隕石，就能對太陽系進行「考古」，還原出那段發生在數

十億年前的故事。

在這些隕石中,有一類被稱為球粒隕石,它們以隕石中包含大量球粒而得名。這些球粒來源於太陽剛剛誕生的時候,強烈的核聚變爆發出巨大熱量,這些熱量讓周邊的星雲物質都熔化變成了小液滴,在太空中,這些液滴會自然形成球形,當這些液滴冷卻並結合在一起後就形成球粒隕石。這些球粒實際上就反映了當時星雲物質的成分,我們可以透過分析球粒隕石的化學成分知道當時的星雲物質是由什麼組成的。

科學家們對這些隕石的化學元素的豐度進行計算後發現,球粒的化學元素的豐度基本上與太陽大氣元素的豐度是一樣的,這就可以說明隕石和太陽的起源一樣,都來自同一團星雲物質。

球粒隕石的剖面,能夠清晰地看到其中的「球粒」。
圖片來源:Wikipedia/H. Raab

> 豐度,簡單理解就是豐富的程度,實際上指的是某一種元素在總元素中的百分比。

除了球粒之外,球粒隕石中還含有一種富含鈣－鋁元素的難熔包裹體,這種包裹體的化學成分大致相當於太陽組成成分的氣體在高溫下的凝結物,科學家們認為它們可能形成於太陽系原始星雲的最內區,與太陽同時形成。而對這種包裹體進行放射性同位素測年的結果發現其年齡為 45.72 億年,因此常常用這個時間作為太陽形成的時間,也作為太陽

第一章　冥古宙—從星雲到地球誕生

系開始的標準時間。

　　當然，除了球粒隕石之外，我們還發現了大量的非球粒隕石，這些非球粒隕石是太陽系行星盤成長的見證。球粒隕石是太陽系內最早的一批星子，隨著它們不斷長大，其直徑從幾公分到幾公尺，再到幾十公尺、幾百公尺、幾公里，它們之間的碰撞自然會越來越劇烈，碰撞帶來的動能開始能夠讓碰撞點周圍的岩石熔融變成岩漿。

　　岩漿是岩石熔融後形成的高溫液體，原本被鎖在岩石中的各種元素都像是溶解在水中一樣被釋放了出來。這時候發生了重力分異，在重力分異的作用下，長大的星子發生了改頭換面的變化：重的金屬下沉到星子中央，輕的矽酸鹽礦物則覆蓋到星子表面，形成了類似我們地球的分層結構。

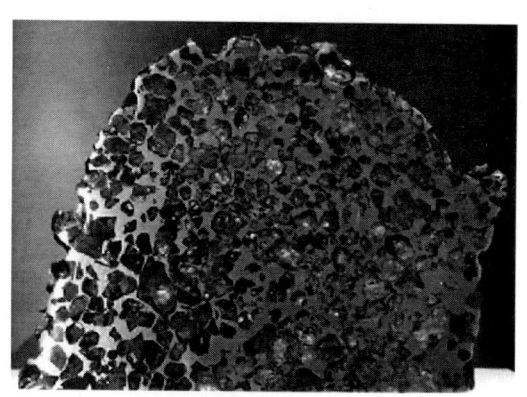

橄欖隕鐵切片。
圖片來源：Wikipedia/Captmondo

　　重力分異，聽上去是一個很酷炫的詞，但原理其實很簡單，就是重的元素下沉，輕的元素上浮。跟沙石沉到水下，木頭和葉子漂在水面是同一個道理。

當這些長大後的星子再次被碰撞，它們產生的碎片也會被撞碎。表層被撞碎的矽酸鹽岩層就會形成一些非球粒的石質隕石；內部的鐵核如果被撞碎，就會形成幾乎全是金屬鐵的鐵隕石；而要是恰好處於石和鐵邊界的部分，被撞碎後就會形成好看的石鐵隕石，也被稱為橄欖隕鐵，黃綠色的橄欖石被金屬鐵鎳包裹在中間，異常美麗。

還有極少數隕石來自各大行星形成之後，月球、火星等受到大撞擊，撞出來的碎片飛到地球上，這就是極為罕見的月球隕石和火星隕石。

在這些不同類型的隕石中，或多或少存在一些放射性同位素，有些放射性同位素有比較長的半衰期，科學家們可以利用這些放射性同位素來測定隕石的精確年齡。

半衰期很好理解，就是 1 份放射性元素，其中 1/2 發生衰變所花費的時間，物理學家發現，同一種放射性元素的半衰期是固定的，比如鈾 -235，它的半衰期大約是 7,000 萬年，而在長時間的衰變之後，鈾會變成鉛。

假定這裡有 1 份鈾 -235，經過 7,000 萬年後，它還剩下 1/2，其餘的都衰變了；再過 7,000 萬年，這 1/2 的鈾又少了一半，只剩下 1/4 的鈾了；再過 7,000 萬年，只剩下 1/8 了。

如果我們假定某一隕石中最開始的時候鉛元素含量為零，撿到後測定出它的鈾－鉛的比值為 1：1，說明這塊隕石的年齡是 7,000 萬年；若比值為 1：3，說明隕石的年齡是 1.4 億年；若比值為 1：7，說明隕石的年齡為 2.1 億年⋯⋯這就是一個最簡單的放射性定年的例子。

因此，從不同類型的隕石的化學成分和岩石結構中我們就能知道它

們發生過什麼事情，再使用放射性定年之後，也就能知道大概是什麼時候發生這些事情的。

> 許多「隕石」賣家的慣常玩法：
> （1）比較低階的賣家直接將鐵礦石爐渣作為鐵隕石販賣。
> （2）稍微高階一點的將鐵和橄欖石熔融後混合製成切片作為石鐵隕石販賣。
> （3）販賣所謂的玻璃隕石事實上並不存在。
> （4）宣稱隕石有「宇宙能量」能夠產生保健功能，但其實目前隕石最大的功能就是科學研究，幫助我們了解數十億年前的行星演化故事。

大遷徙理論

傳統理論和相關佐證曾一度獲得大部分科學家的認可，不過隨著觀測技術的提高，人類逐漸發現了宇宙中存在著一些用傳統理論無法解釋的現象，於是不得不在傳統理論的基礎上進行修改，提出了新的理論——大遷徙理論。

根據傳統的理論，氣態巨行星都處於恆星外圍的冰星子區域，由於離恆星遙遠，因此軌道週期較長；而岩質行星則處於恆星系內側，軌道週期一般為數年或更短。

然而觀測的事實卻與此不符，比如許多系外行星是「熱木星」，它們在離恆星極近的地方圍繞恆星轉動，有些軌道週期只有幾天。與太陽系更不同的是，許多恆星系的行星系統中通常會包括一顆或多顆軌道週期小於100天，但卻比地球體型大得多的岩質行星，我們可以將其稱為「超級地球」。這些行星中的一部分軌道週期甚至不到一天（如柯洛7b），大

部分在數天到數十天之間,這讓其他恆星系內側顯得擁擠不堪,與之相比太陽系反而顯得空曠乾淨得多。

所以,為什麼會出現「熱木星」?為什麼在其他恆星系內側會出現「超級地球」?為什麼太陽系內水星軌道(軌道週期88天)之內再無行星?經典理論毫無疑問無法回答這些問題 —— 比如「熱木星」,根據經典理論,在這種區域並不會出現冰星子,自然也無法形成氣態巨行星,「熱木星」是不可能在此自然形成的。

而大遷徙理論解決了這些問題。這個理論認為,在太陽系等恆星系形成早期,恆星系內確實出現過數個「超級地球」,它們在離恆星很近的地方快速公轉;與此同時,在恆星系外側,大約3.5個天文單位(1日地距離=1天文單位)的地方是凍結線,或又被稱作冰線,冰線之外存在著大量冰星子,原始的氣態巨行星就以冰星子作為原材料而迅速生長。

在冰線內側,冰星子受熱無法存在,其融化後的氣體被驅趕到了冰線附近,這裡處於從氣體變成冰星子的過渡帶。最初的木星和土星就形成於冰線附近,它們不僅有大量冰星子作為原料,還能吸附冰線附近的豐富氣體,從而能夠迅速成長,這讓它們很快變成了太陽系中的巨無霸。稍後,天王星和海王星也都先後在冰線之外形成了,那時它們的位置離太陽比現在要近得多。

那時候的太陽系中還存在密集的氣體物質,由於太陽本身存在的巨大引力,整個太陽系的氣體都會被太陽吸引而向其掉落。我們可以想像一個漩渦,漩渦的中心就是太陽,太陽系內的氣體像水一樣,以螺旋運動的形態逐漸接近漩渦中心,離太陽較近的木星自然最先受到這一影響,開始螺旋狀向太陽靠近。稍後,土星也受到影響而開始向內太陽系運動。

這兩者在向內太陽系遷徙的時候,就如同一個推土機,不僅打斷了內太陽系星子們的運動軌跡,還吸附了大量星子。這個過程導致無數星子的碰撞和碎裂,其中的一些甚至可能瓦解,重回塵土狀態。

突然增多的星子碎片和塵土,讓還在正常執行的星子受到強大的氣動阻力,因此很快減速並向著太陽墜落。當這些星子群、星子碎片雲運動到原本存在於恆星系內側的「超級地球」處時,也將它們包裹在其中。這些超級地球就好像一腳踩進泥團中,很快減速 —— 減速的結果就是軌道降低並先後被太陽吞噬,根據計算,這些「超級地球」可能在星子碰撞後的數十萬年間就已消失殆盡了。

與此同時,太陽系內的密集氣體逐漸消散,木星和土星停止了繼續向太陽系內部的運動。木星在最近處,離太陽僅有 1.5 個天文單位(差不多是目前火星的軌道位置)。而在此過程中,土星由於質量小,運動得快,很快就抵達了木星外側,與木星軌道週期達到了 2:1 的時候(也有人認為是 3:2)—— 它們之間就出現了引力共振。

這種引力共振扭轉了二者向內遷徙的腳步,並開始重新向外遷徙。它們向內和向外遷徙的過程擾動了原本星子的運動,導致大量冰星子和岩石星子混合在一起,當「超級地球」消失後,這些星子很快碰撞,開始形成各大岩質行星。而由於木星曾經位於火星軌道附近,導致軌道上的星子要麼被驅離,要麼被吸積,數量大大減少,因此火星的質量非常小,只有 0.107 個地球質量。

在火星軌道之外的小行星帶也是類似,只不過這裡的物質更少一點,因此完全無法形成行星,只能保留著數十億年前的模樣。

同時，由於木星驅動了星子向內太陽系的運動，導致在 1 個天文單位處形成星子密集區，這些星子最終就形成了金星和地球，並在更內部的地方形成了水星——這些複雜的過程，可能在數千萬年的時間內就完成了，現在太陽系的雛形就此出現。

02　地球和月球的故事

大約 45 億年前，一顆行星胎撞擊了地球，撞擊出來的碎片形成了月球，地軸也在撞擊中出現了傾角，這導致地球有了四季。

地球是個幸運兒

無論是從傳統的太陽系形成理論，還是從大遷徙理論來看，地球都是行星中的幸運兒，離太陽距離不近不遠剛剛好。

水星離太陽太近了，雖然這裡的星雲物質密度大，初始時可以形成較大的星子，但是這些星子圍繞太陽運動的速度很快，容易發生撞擊而碎裂，所以反而只能形成一個比較小的行星。此外，因為離太陽太近，星子的含水量極少，這導致水星從誕生起就很乾旱。

火星和小行星帶由於距離太陽稍遠，那裡不光星雲物質的密度小，初始星子比較小，而且由於更遠處的木星形成速度快，先形成的木星利用其較大的引力將這區域的大星子吸積帶走，導致火星成長速度減慢，體積和質量較小，也直接讓小行星帶的生長處於「半成品」的狀態。

第一章　冥古宙─從星雲到地球誕生

在傳統理論中，因為受到木星的巨大引力，
小行星帶未能形成行星，而火星體積也相對比較小。
圖片來源：Flickr/Image Editor

從大遷徙理論來看也是類似。原始木星運動到現在的火星軌道附近，將整個太陽系內的星子活動攪得混亂不堪，將大量星子物質集中到了離太陽1個天文單位的範圍內。「超級地球」墜入太陽前大量吸附星子，導致離太陽近的地方物質極少，因此水星體積小。而火星則因為木星曾在這一軌道活動，同樣導致形成物質的匱乏，體積極小。

僅有金星和地球位置合適，在兩種太陽系形成理論中都獲得了足夠的星子物質，得以長到現在的體積。金星的半徑是地球半徑的94.9%，質量是地球的81.5%，科學家因為這種相似性將其稱為「地球的姊妹星球」。但是金星與地球相比卻非常缺水，地球上的水量相當於地表能夠覆蓋一層3公里深的海洋，金星的水量則只相當於在金星表面覆蓋一層10公分厚的水膜。

這可能與金星離太陽近有關係，在強大的太陽輻射下，原始金星上就算有大量的水分，這些水分也會被很快蒸發到大氣中，水蒸氣是一種極為重要的溫室氣體，能讓金星表面的蒸發更加強烈，這些蒸發的水蒸氣又會直接在太陽的紫外線輻射下被分解為氫氣和氧氣，氫氣極易逃逸

到宇宙空間中，氧氣會與金星大氣中的還原性氣體（如二氧化硫）發生反應，也會與金星表面的鐵元素等發生反應而消失。正是因為缺水，金星最終走上了一條與地球截然不同的道路。

不過地球這種得天獨厚的條件並不意味著它的成長一帆風順，它在早期曾經遭受過一件驚天動地的大事件，這一事件的餘波至今還對我們影響至深，這就是月球的形成。

> 另外一種解釋是硫元素能夠降低鐵的熔點，讓鐵更容易變成液態。地球由於富含硫元素，因而地核處有一層液態鐵核，在地球自轉過程中，鐵核發生了相對對流，就像是一個發電機一樣在地表創造出磁場。但是金星由於缺乏硫元素，內部是一個固態鐵核，也就無法製造出磁場，缺乏磁場的保護讓金星上的水蒸氣被太陽的電離輻射大量吹離。

大衝撞

在地球形成的早期，星子的體積都比較小，因此星子之間的相互碰撞並不太激烈。不過，隨著星子之間的聚合和吸積其他物質，地球的軌道上形成了十個或更多個行星胎，這些行星胎的大小不等，小如月球大至火星。這些星體的碰撞越來越劇烈，帶來的熱量能夠再次讓岩石大面積熔融，變成岩漿。

在岩漿中，重力分異再一次發生，重元素在下沉過程中會釋放重力勢能，重力勢能最終也會轉化為熱能，持續加熱岩漿。此外，原本存在於星子中的放射性元素也因為熔融和重力的影響而聚集在一起，以放射性衰變的形式向外釋放熱量。

持續的撞擊、重元素下沉以及放射性元素衰變為地球內部提供了源

源不斷的熱量，持續加熱地球，讓更多的岩石熔成岩漿。

因此，我們可以想像當時的場景：地球局部或者是全部熔融，形成赤紅的岩漿海；來自地心的持續加熱讓岩漿不斷翻湧噴溢；無數小星子不斷撞擊在地球上，讓岩漿海中湧起巨浪；地球軌道附近還有另外一個巨大的行星胎正在向地球靠近，當它們相撞，整個地球都會受到影響。

從 45.72 億年前開始，到 45.6 億年前左右的 1,000 多萬年間，地球很快就生長到了現在的 63％。至少從這時候起，我們的地球可能就已經是上段描述的模樣了。而且，很可能在此後的 2,000 萬年內，由於地球上岩石已經普遍熔融，較重的物質都順利沉降到了地球的最深處，形成主要成分為鐵－鎳的地核，那些相對較輕的物質，如矽酸鹽則形成了厚厚的地函。

在隨後的 1,000 萬～ 2,000 萬年間，地球可能又發生了多次與行星胎之間的碰撞，在這其中就有一次極為重大且影響至今的碰撞。

這顆與地球發生碰撞的行星胎，科學家稱之為特亞（Theia），這可能是地球在碰撞過程中遇到最大的行星胎之一了。有科學家推斷特亞的質量可能與如今的火星差不多，而那時地球質量不到現在的 90％。在特亞撞向地球之前，其內部也產生了和地球一樣的核－函結構，隨後可能受到木星或金星引力的擾動，它與地球之間發生了碰撞。

碰撞讓地球的地函被撕裂，碰撞點附近的溫度最高可能超過 15,000K，這讓其附近的岩石直接變成了蒸汽，也讓地球外部 1,000 公里厚的岩層完全變成了熔融的岩漿。特亞當然也好不到哪裡去，它的金屬核幾乎完全被地球「吃」掉，融合進了地球的地核中，地函也幾乎都變成蒸汽或岩漿，與地球的地函交織融合在一起。

另外，從地球和特亞身上都崩飛出大量的碎屑物質，形成了一個碎屑盤，圍繞新生的地球旋轉。它們很快就再次因為碰撞而形成了一個完整的星球，有些科學家的模擬結果顯示，其形成速度可能只有一年左右。這個星球就是地球的衛星——月球。

對於這次碰撞的具體時間，科學家並不是很確定，有計算表明這次碰撞可能發生在太陽形成之後 2,500 萬～ 5,000 萬年之間，我們為了方便記憶，就認為它發生在 45.4 億年前吧。

科學家是怎麼知道這個故事的呢？是岩石告訴他們的。長久以來，科學家對月球的來歷很好奇，也提出了很多假說。其中主要有三種，第一種是地月共同起源說，認為地球和月球都同時起源於星雲之中，像兄弟一般共同成長，其中大的就長成了地球，小的就長成了月球；第二種是捕獲說，認為月球之前在太陽系內流浪，隨後被地球的引力吸引到身邊，成了地球的衛星；第三種是分裂說，認為在地球形成的早期，由於地球自轉速度過快，從赤道部分甩出了一大團物質，這些物質就變成了月球。

地球與特亞碰撞想像圖。
圖片來源：NASA/JPL-Caltech

第一章　冥古宙—從星雲到地球誕生

隨著科學家對整個太陽系起源的了解加深、科學技術的進步和20世紀人類登陸月球後對月球岩石樣本研究的深入，他們開始提出了碰撞說，這就是我們上文提到的特亞和地球的碰撞。

岩石給我們的主要證據就是地球和月球岩石中氧同位素的相似性界中，氧元素存在3種能夠穩定存在的同位素：氧-16、氧-17、氧-18。它們的原子核內中子數量有差異，這造成了它們相對原子質量的差異。正是由於這種質量上的差異，使得三種同位素在相同溫度下的熱力學性質是不一樣的。我們簡單理解就是，在相同溫度下，相對原子質量越輕，越容易揮發，相對原子質量越重，越難以揮發。

> 氧-16的原子核中含有8個質子和8個中子，相對原子質量為16；氧-17含有8個質子和9個中子，相對原子質量為17；氧-18含有8個質子和10個中子，相對原子質量為18。在三種氧同位素中，氧-16含量最高，約占整個氧元素的99.76%，而氧-17只占0.04%，氧-18只占0.20%。相當於在1萬個氧原子中，有9,976個氧-16原子，4個氧-17原子，20個氧-18原子。

所以如果我們把地球上的氧-17與氧-18的比例看作是1的話，那麼比地球更靠近太陽的地方，由於氧-17更容易揮發，所以其比例應該就是小於1的，而比地球更遠離太陽的地方，比如火星，氧-17與氧-18的比例就應該大於1。

科學家利用氧-17和氧-18這兩種氧同位素的比例研究了太陽系內各行星的情況，發現各行星的氧同位素比例結果正與此理論相符。但是在研究地球和月球的岩石樣本時，他們卻發現地球和月球的岩石中氧-17

和氧-18含量相同。除了氧同位素的證據之外，還有科學家對鉻同位素、鈦同位素等都進行了分析，發現地月岩石中這些同位素的特徵也都是相同的。這說明地球和月球起源於相同的軌道上，或確實存在一次大碰撞，在大碰撞中兩個星球的物質發生了非常均勻的混合。

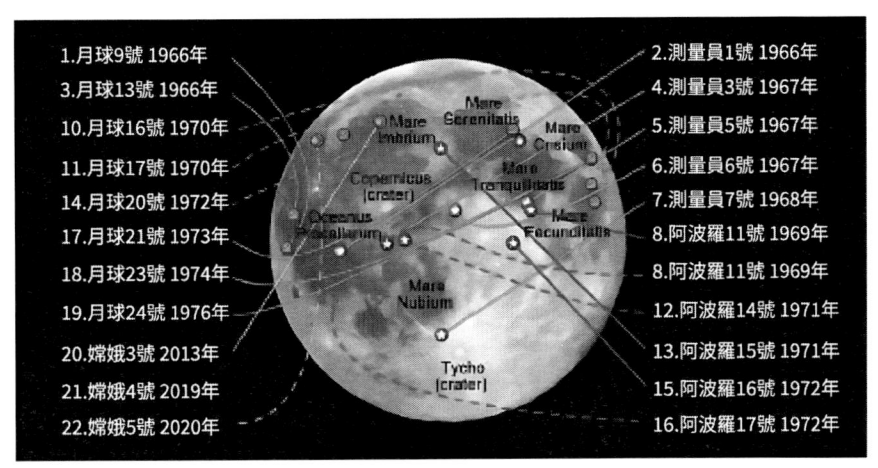

這是迄今為止，人類軟著陸月球的探測器位置。部分探測器帶回來的大量月球岩石和土壤樣本，為我們研究月球起源提供了充足的資料。

圖片來源：Wikipedia/Cmglee

來自岩石的證據還包括地月岩石中化學元素成分的差異。月球的岩石中缺乏諸如銣、鉛、鉍、砷、汞等揮發性元素，和金、銀、鎳等親鐵元素，卻富集一些難熔的元素，如鈷、鉻、稀土元素等。這些證據也支持了大碰撞理論：揮發性元素因為碰撞時候的高溫而揮發了，鐵以及親鐵元素在碰撞中融入了地球，只有難熔的元素保留了下來。

此外，對月球磁場的探測結果也表明月球內部的金屬核異常小，半徑約250～430公里，僅占月球質量的1%～3%，與之相比，地核占地球質量的33%。這些研究也與月球岩石的化學成分中缺乏鐵以及親鐵元素是一致的，都支持了大碰撞理論。

第一章　冥古宙—從星雲到地球誕生

深遠影響

　　這次發生在 45.4 億年前的撞擊雖然已經極為遙遠，難以追尋其細節了，但它對我們的影響直到現在都還未消退。

　　第一個影響的是時間：月球讓地球的自轉時間逐漸變長。

　　有科學家認為，在大碰撞之前，地球的自轉速度很快，自轉一圈的時間約為 2.5 小時，但是在碰撞之後，地球的自轉速度變慢了，自轉一圈的時間大約 5.5 小時。而且形成之初的月球離地球可能只有 4.2 萬公里，但是月球形成之後就不斷遠離地球，到現在已經離地球 38 萬公里了。在這個過程中，地球的自轉速度一直在持續減慢，地球自轉的時間也就在逐漸增加，我們現在自轉一圈需要 24 小時，再過兩億年會變成 25 小時。這是因為隨著月球的形成，月球逐漸遠離地球，地球正在不斷將它的角動量轉移給月球。

　　我們可以做一個小實驗：坐在一張轉椅上蜷著腿旋轉，旋轉的過程中伸直腿，你會發現轉的速度變慢，而要是再收起腿，會發現旋轉的速度變快了，這就是對於角動量最直接的理解。

　　第二個影響的是時節：這次碰撞讓地球有了分明的四季。

　　在這次碰撞中，地球自轉軸被撞歪 23°26，這就是我們見到地球儀都是略顯傾斜的原因，而正是這傾斜的自轉軸給了地球四季的變遷。

　　在每年 3 月 19、20 或 21 日，北半球是春分時節，陽光直射在赤道上，南北半球的日照時間是一樣的，隨後，太陽的直射點一路向北移動，最終於 6 月 20、21 或 22 日到達北緯 23°26，這是太陽直射能夠到達的最北端，這一天就是夏至。

在移動的過程中，陽光在北半球照射的時間越來越長，北半球接收到的熱量也越來越多，這就導致北半球越來越熱，夏至這一天是北半球日照最長、接收太陽熱量最多的一天。

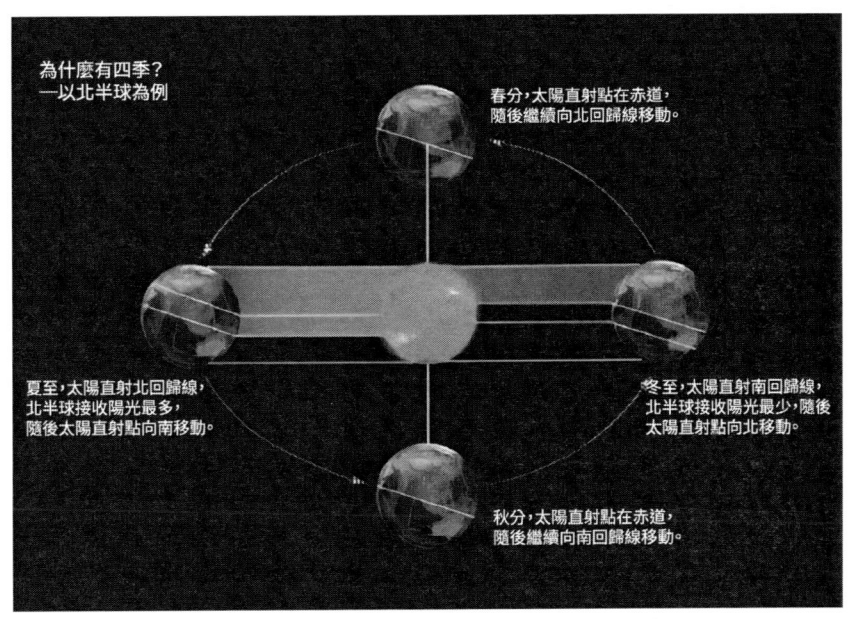

四季的出現與地軸傾角有關係，以北半球為例，
春分和秋分，南北半球受到的光照相等，夏至北半球陽光最充足，
而冬至北半球陽光最少。李星／繪

從夏至日開始，太陽直射點開始向南移動，北半球接受的日照時間開始變短，這時候天氣也開始轉涼，等到了每年的9月22、23或24日，太陽直射點重回赤道，南北半球日照時間又一樣了，這一天就是秋分。

過了秋分以後，陽光直射點繼續向南移動，太陽在南半球直射的時間開始長於北半球，這時候北半球越來越冷，南半球越來越熱，等到了12月21、22或23日，北半球日照時間全年最短，這一天就是冬至。

第三個影響的是潮汐：月球讓地球上出現了強烈的潮汐現象。

來自月球的引力是地球產生潮汐的主要原因。由於月球離地球較近，因此月球對地球產生的引力就相對較強。引力能夠吸引海水，讓海平面發生高低變化，這就是潮汐。

潮汐的產生對於地球的整個生物演化過程有很大的影響，它很可能加快了生物從海洋登上陸地的進度。

03 分層的地球

大約44億年前，地球因降溫而出現分層，它們將繼續演化數十億年，成為如今我們見到的地殼、地函、地核圈層結構。圈層結構讓地球成為一顆「活」著的行星。

地月系統形成之後，發生了另外一件極為重大的事件，這就是地球的分層。在地月系統剛剛誕生的時候，無論是地球還是月球，都被撞擊形成時的巨大熱量所熔融，成為完全被岩漿包裹的岩漿球，這些岩漿很快就冷卻，並由於重力分異而形成原始的地殼－地函－地核三層結構。

當然，這個原始的地球分層結構與我們在現在教科書和地球模型上見到的完全不一樣，但是它在隨後數十億年的時光中逐漸演化，變成了現在我們見到的地球圈層結構的模樣。為什麼要提到地球的圈層結構呢？因為這是推動地球及地表生命演化至今的最終力量，有了這種圈層結構，地球才是「活」著的。

圖片為火星形成時的殼－函－核分層結構模擬，
地球形成之初的情況與其類似。
最外層因為直接向外界輻射熱量最先冷卻，
函－核處則因地殼的封鎖而降溫緩慢。
圖片來源：Flickr/DLR

圈層結構的演化

大約 45.2 億年前，岩漿球狀態的地球表面冷卻，形成了最原始的地殼。這層原始的地殼比較薄，外層漆黑，最外層的岩石與我們現今見到的那些帶孔洞的玄武岩差不多，由於岩漿中含有多種揮發物質，它們會形成氣泡向外逃逸，當岩漿冷卻以後這些氣泡就會保留下來形成滿是孔洞的玄武岩，它們就是最原始的地殼成分。

但是這種地殼與現代的地殼不同，現代地殼分為陸殼和洋殼，陸殼多為矽鋁質岩石，代表性岩石是花崗岩；洋殼多為矽鎂質岩石，代表性岩石是玄武岩。所以如果按照現在的分類來看，最原始的地球地表只存在洋殼。

當原始地殼出現後，空氣中的水蒸氣降落到地表，形成了原始的海洋。海洋中的海水讓玄武岩地殼蝕變，水能夠讓玄武岩中的部分物質熔點下降，導致這部分物質再次熔融，當這些熔融的物質凝固之後，就形

第一章　冥古宙—從星雲到地球誕生

成了原始的花崗岩。花崗岩的密度相對其他岩漿或岩石小，所以在浮力的作用下上升到最表層形成陸殼。而缺失了這部分花崗岩成分的岩漿再次凝固，在花崗岩下方形成了新的玄武岩地殼，也就是洋殼。

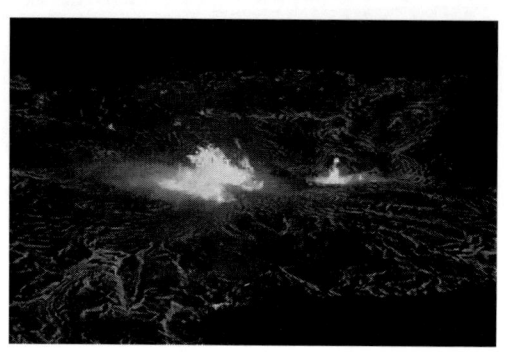

最早的地表可能類似於此，岩漿中的黑色部分即為凝固成岩的玄武岩。
圖片來源：Pxhere

　　這個變化的過程可能發生在大約 44 億年前，其證據是科學家在西澳洲傑克山的一些年齡約 30 億年的岩石中發現的鋯石顆粒。鋯石是一種非常穩定的礦物，其折射率很高，有著類似鑽石的火彩，在珠寶領域有人拿它用作鑽石的替代品，不過在地質學領域，科學家主要利用它穩定的特性進行同位素研究。透過對這些鋯石顆粒進行鈾鉛定年法，科學家發現它們的年齡在 44 億～43 億年前左右，這些鋯石中發現的氧同位素異常，暗示著它們可能形成於陸殼之中，在古老的陸殼破碎之後，鋯石顆粒成為石英岩的一部分，直到被科學家發現。自此，地球圈層的主要結構：地殼、地函、地核基本上都已經演化形成了。

「活」地球

　　在陸殼和洋殼形成之後，地球又經過複雜的演化，最終形成我們如今所見到的圈層及板塊結構。

03 分層的地球

薄薄的地殼就像是一個脆弱的殼，很容易因為局部重量的差異或地函物質的上湧而破裂，由此形成了多個板塊。到目前為止，地球上還存在 15 個比較大型的板塊，由於這些板塊密度較小，所以它們是「漂浮」在地函上的。

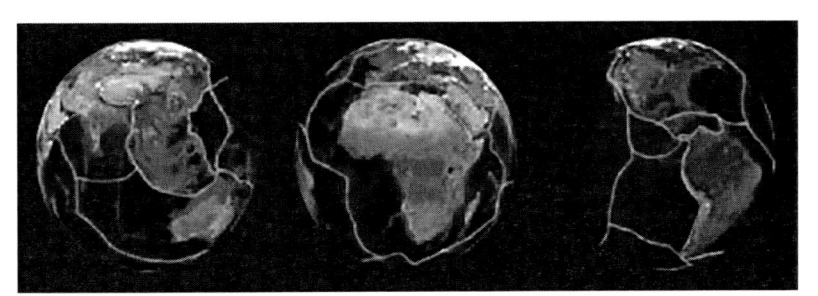

地球板塊大致可以分為 15 個大小不一的主要板塊和更多的次級板塊，我們可以將其想像為破裂的雞蛋殼。
圖片來源：Pixabay/qimono，有修改

地殼之下的地函則是一種熾熱的塑性狀態，這種塑性像是黏土，平時是固定的形狀，一旦受到擠壓或變熱，形狀就會很容易被改變，而且不會再復原。如果從長時間來看，它們的表現就好像是被按了慢速鍵的液體活動一般。

更深處的地核密度更大，溫度也更高，大約能達到 6,000℃，這與太陽表面的溫度相差無幾。

在這種圈層結構下，地核就像是一個大火爐，不斷烘烤加熱著上面的地函，地函的塑性狀態可以緩慢流動，進而產生熱對流。漂浮在地函之上的固態地殼則會隨著地函的對流而運動，這就是板塊運動的原理。我們吃一次火鍋就能大致理解了：爐火在鍋底加熱，火鍋湯受熱後沸騰，湯表層不斷翻湧，這時候要是放兩片白菜，白菜就會漂浮在火鍋湯上層，隨著湯底的沸騰而運動，有時候相互碰撞，有時候相互分離。

第一章　冥古宙—從星雲到地球誕生

不管是相互碰撞，還是相互分離，都會形成大量的火山，同時還伴有大量地震。

相互碰撞的地方被稱為俯衝帶，一個板塊向另一個板塊之下俯衝，俯衝的時候地殼中的水會使岩石熔點降低，板塊的擠壓、摩擦和下方的烘烤，都會導致地殼岩石部分熔融形成岩漿。由於壓力大，碰撞時部分岩石會被擠壓而發生破裂，從而形成地震。

相互分離的地方被稱為裂谷或中洋脊，在這裡，地函物質上升時由於壓力驟降，熔點降低，從而熔融變成岩漿。這裡當然因為岩石被拉張斷裂而形成地震。

有了圈層結構和板塊運動，地球才最終成為一個「活」著的地球。

1. 活著的磁場

當形成圈層結構之後，由於地球自轉速率與地核自轉速率不一致，速率之差導致地核就像一個發電機的轉子一樣，而地函則類似於轉子外層的線圈，這就形成了一個巨大的行星發電機。電生磁，這個知識中學物理中就有，我們甚至能利用右手定則來大致判定磁場方向——就這樣，在地球外部形成了一個巨大的行星磁場，這個磁場能夠產生偏轉太陽帶電粒子的作用，就好像是一個大大的護盾，保護著地球，直到現在。與地球相比，太陽系內其他行星都沒有如此強大的磁場：水星赤道表面的磁場強度只有地球的1%；金星僅為地球的1‰；火星甚至沒有像地球這樣的全球磁場，僅有區域性分布的磁場。所以，地球的磁場可能在地球及其生命的演化過程中扮演了非常重要的角色。但地球磁場並不是一成不變的，它會不斷發生磁極倒轉，而隨著時間流逝和地核的冷卻，地球磁場最終將會減弱消失。

2. 活著的生命

板塊活動中，大量的火山活動不僅噴出了岩漿，還噴出了大量氣體，其中絕大部分都是水蒸氣，這些水蒸氣就是地表水分的來源。此外，火山活動還會噴出諸如二氧化碳、硫化氫、二氧化硫等其他氣體，這些氣體就是地表大氣成分的來源。

水蒸氣凝結在地表形成了海洋，在海洋深處的中洋脊或海底火山附近，則會形成大量海底黑煙囪。這些黑煙囪大多是海水順著裂隙深入地下與岩漿接觸，隨後又噴出來所形成的，因此含有各類無機物。無機物在黑煙囪附近的溫水中發生化學反應，形成了生命，這就是生命的誕生，也可以說是地球「活」著的一個原因。

3. 活著的山脈和海洋

由於板塊運動，板塊的邊界或是碰撞或是分裂。碰撞就會形成高聳的山脈，分裂則會形成寬廣的大洋。現今的許多山脈都是由於板塊碰撞形成的，而大洋則是板塊分裂形成的。地球經歷過無數次山脈和海洋的形成與消亡，這個過程讓地表的地貌經歷著持續的變化。

這種讓地表產生極大高差變化的力量源自地球內部的熱對流，被稱為內動力地質作用。

它的作用過程非常緩慢，以我們人類有限的壽命無法觀察到這些滄海桑田，不過有些過程會非常激烈，以我們能感受到的方式出現，這就是地震和火山。只要地球還在發生地震和火山活動，就證明地球還是「活」著的。

第一章 冥古宙—從星雲到地球誕生

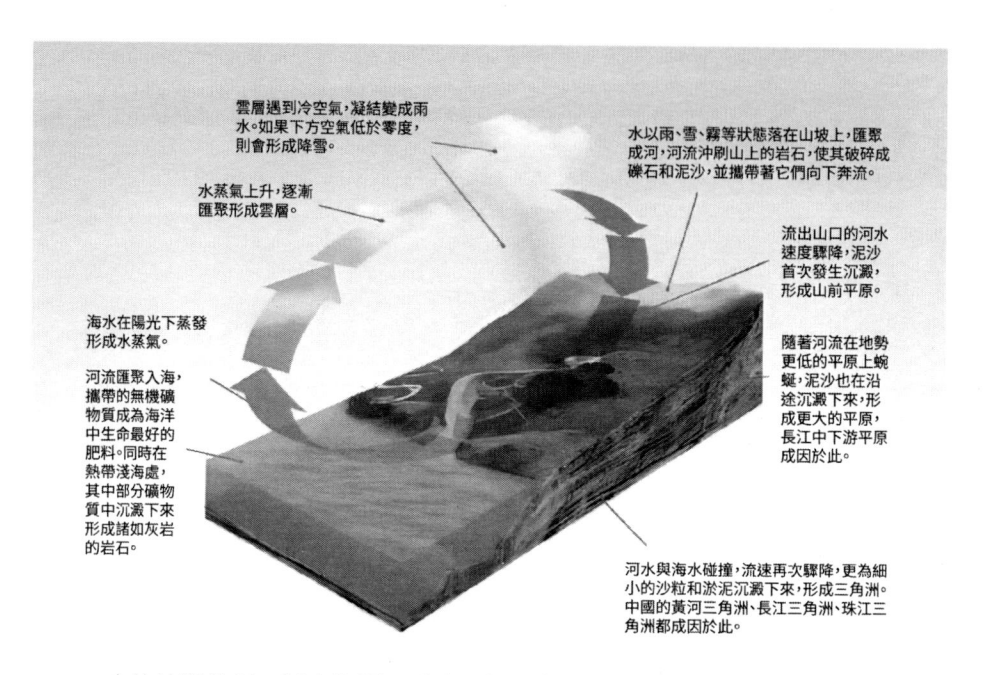

水的地質作用：以水為例，看水是如何在陽光的作用下改造地球的。
圖片來源：Wikipedia/ Ehud Tal，有修改

4. 活著的風和水

當地表形成了海洋和大氣之後，太陽也開始發揮它的威力。太陽的照射導致地表各處升溫程度不同，受熱不均帶來了氣體的熱對流，這就形成了風；而被陽光加熱的水則變成水蒸氣升到空中，形成了雲和雨。

無論是風還是雨，在遇到高山的時候，都會破壞高山上的岩石，將其破碎並帶到山腳低窪處。高山如果不再往上堆積，那麼最終會在風雨的破壞下變得平坦。

雨水的力量在這些力量中最為重要。發源於山峰的雨水，沖刷著山上的岩石，並在山脈中變成河流。當碎裂的岩石被河流帶到低窪地帶的時候，很快就沉澱下來變成了平原——這些碎裂的岩石是上好的無機肥，能夠極大加快地表植被的生長速率；而更多碎屑還會被帶入海洋，

這些碎屑中的無機物也會大大促進海洋中藻類生物的生長。

無論是風、雨還是生物，它們的能量都來自於太陽，這種改造地表的地質作用被稱為外營地質作用。在內、外營地質作用之下，我們的地球才有如今的山脈、平原、河流、海洋這些多樣化的地貌。

假如板塊不再運動……

假如板塊不再運動，這意味著地球——以及生物們——都會面臨死亡。

首先出現的情況是地球磁場消失，地球的整體磁場變成分散的、局部的小磁場（因為局部地區可能還會出現岩漿活動，就像火星那樣），失去了磁場保護的大氣臭氧層將會很快受到強烈的太陽風和宇宙射線的影響，進而消耗殆盡，這時候地球的紫外線將極為強烈。而紫外線是一種強傷害性射線，會損傷DNA，造成細胞死亡或變異——這會造成大規模的生物滅絕。但是有沒有可能還有生物會變異，能夠承受這種強烈的紫外線和太陽風？不確定。按照現代的科技水準，最終的結果就是，地球表面發生大規模生物滅絕，糧食減產，人類也會隨之面臨饑荒，倖存的人類可能會優先退至局部小磁場區域，但此時的人口可能也會隨之大規模縮小。隨著磁場繼續縮小，人類繼續退縮，或開始開闢地下世界，並在地下世界中存活下去——不管怎樣，人類作為一個物種來說，很可能會是存活最久的生物。

其次就是地球上的水和大氣將不再更新，目前來看，如果僅考慮地球引力，大氣逃逸速度其實會很慢，全部逃逸所需的時間遠超過宇宙壽命，所以地球上的大氣和水蒸氣可能會一直存在；但是如果考慮磁場消失的情況，地球的大氣可能會在太陽風強烈且持續地吹蝕下被慢慢剝離——所以最終的結果依然是地球上的水和大氣緩慢消失，不過這個消

第一章　冥古宙—從星雲到地球誕生

失過程可能還是以億年計算。

　　再次就是地貌的變化，如果不考慮氣候變化的話，由於不再形成新的高山，太陽又繼續照射地球，所以外營地質作用不會停止，長此以往，地球上的高山會慢慢變矮，最終全部變成平地，而低窪地帶則會被填滿。

　　最後是氣候變化，隨著地心冷卻，地表岩石被風化，而又沒有繼續噴發的火山補充二氧化碳等溫室氣體，如果不考慮人類活動，地球會開始變冷，冰蓋從兩極開始向赤道方向擴散，可能在大氣逃逸完，或地貌被完全削平之前，地球就會被完全凍住，成為一個大大的冰球。人類在目前的科技水準情況下，可以排放出足以影響地球的二氧化碳，這可能會極大減緩地球變冷的速度——但是由於地心變冷是行星級別的事件，人類目前最多可能只是延緩這一過程，讓自己存活得更長一點。

04　最古老的海洋

　　大約 44 億～ 43 億年前，地球從岩漿球中完全冷卻下來，岩漿中排出的大量水蒸氣冷凝並降落到地表低窪地帶，形成了最早的海洋。

　　如果要問地球與其他岩質行星的最大差別在哪裡，可能很多人都會脫口而出：水！是的，地球與太陽系內其他岩質行星的最大差別就在於地球表面有大面積的液態水。正是因為有液態水的存在，地球上才會誕生生命，也才會有現今這麼多樣化的地貌形態。

　　隨之而來的問題是：地球上這麼多的水從何而來？為什麼只有地球上有如此大面積的水，而其他行星沒有？地球上的水又是從什麼時候開始存在的？隨著科學技術的不斷進步，科學家也開始對這些問題有了初步的了解。

宇宙中有很多水！

學過中學化學的人都知道，世界上的物質都是由無數微觀粒子構成的，這些微觀粒子被稱為化學元素，在目前的元素週期表中，已經發現的元素有 118 種，而排第一位的元素就是氫元素（H），這是因為氫元素是所有元素中最輕的元素，只由 1 個質子和 1 個電子組成。

但是除了最輕這個特點之外，氫元素還有另外一個特點：它是宇宙中含量最多的元素。換個說法，宇宙中其他的所有元素都可以說是以氫元素或氫原子核為原料合成的。

在主流的科學理論中，我們的宇宙形成於一次大爆炸，在這次大爆炸之後 5 秒內，氫原子就形成了，並很快和中子結合，形成氦、鋰等比較輕的原子。隨後，由這些原子形成了宇宙中的各種恆星，在這些恆星中，依次發生了一系列核合成過程：氫燃燒聚變成氦，氦燃燒形成碳、氧等原子，碳、氧燃燒形成了原子質量為 16～28 的原子，矽燃燒形成原子質量為 28～60 的原子……

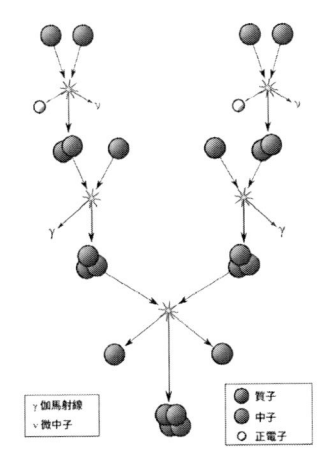

氫元素核合成氦元素的過程。
圖片來源：Wikipedia/Borb

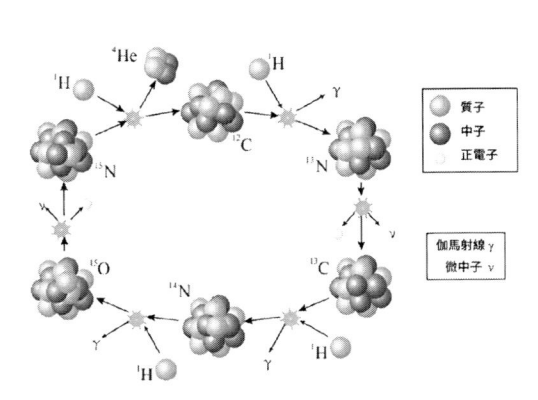

由氫元素和氦元素核合成碳、氮、氧元素的過程。
圖片來源：Wikipedia/Borb

第一章 冥古宙—從星雲到地球誕生

元素週期表中前 103 種元素。
圖片來源：Wikipedia/Cmglee

如果用一個非常簡化的例子來形容，就像是曾經很流行的一個小遊戲：2048。兩個 2 合成一個 4，兩個 4 合成一個 8，兩個 8 合成 16，最終合成 2048。玩過這個遊戲的話，我們最直接的經驗就是，數字越大，數量越少，也就是說，2 是最多的，2048 是最少的。同樣的道理，宇宙中的元素，元素豐度最大的就是氫，此後元素豐度大致隨著原子質量的增加而減少。原子質量越大，合成的難度就越大，比如鐵之前的元素在恆星中就能合成，但是鐵之後的很多元素則需要在超新星爆炸的情況下才能形成。

> 當然，由於元素性質的不同、化學反應以及衰變等過程的差異，元素豐度並不嚴格按照這個趨勢，總會有一些例外的，如鋰、鈹、硼等元素比相鄰的元素豐度小很多，同時，原子質量為偶數的原子比鄰近奇數的原子豐度大，構成了奇特的奇偶特徵。

按照現在的統計，以質量計算的話，在宇宙中含量最多的前 4 種元素分別為：氫、氦、氧、碳。而眾所周知，組成水的是 2 個氫原子和 1 個氧原子，所以從元素的角度來看，在宇宙中水是有可能廣泛存在的。1934 年，科學家透過計算認為，理論上在那些表面溫度約 2,800K 的恆星上，水分子是除了氫原子或氫分子之外最豐富的分子。現在的觀測也證實了這一點，科學家在銀河系和周邊星系的星雲、恆星中都觀測到了有水存在的跡象。

原始的太陽星雲也只是宇宙中眾多星雲中一團普通的星雲物質，它與其他星雲一樣，攜帶著大量的水分。這些水的存在形式有很多種，最好理解的就是以水分子的形式存在，但是這種存在形式的水分子非常不穩定，一旦溫度升高，它就會被趕到遠處溫度更低的地方。

此外，水分子還能以結合水的形式與其他物質結合，這時候它能以比較穩定的形式存在，即使是溫度稍微升高，它也能夠被保存下來。比如膽礬就是一種賦存了水的化學物質，它實際上是五水硫酸銅，也就是說 1 個硫酸銅分子周邊結合了 5 個水分子，硫酸銅分子周邊無水的時候它是白色的粉末，但是一旦結合了水分子，就變成了漂亮的藍色晶體。

另外，水還有一種更隱祕也更穩定的存在形式，那就是以氫氧根和氫根離子的形式存在於化合物中。我們日常見到的岩石中就有一些含有氫氧根的礦物，如角閃石、雲母等，一旦條件合適，它們就能夠與氫根離子發生化學反應形成水。這種存在形式的水更加穩定。

在太陽形成後，由於太陽熱量的驅趕，絕大部分水分子被趕到了比較遠的地方。有科學家認為大致以小行星帶分界，在小行星帶之外，溫度足夠低，水分子得以冷卻形成冰星子，所以太陽系大部分的水在小行星帶之外，它們構成了氣態巨行星的核以及彗星的主要成分。在小行星

帶之內，水分子比較少，它們可能以結合水的形式存在於礦物之中，也可能就是礦物的化學組成之一，這樣這些水才能得以在靠近太陽的地方被保存下來。

也正是由於水的存在形式多樣，使得水分得以在太陽系內各個地方都能廣泛存在。即使是在最靠近太陽的水星，科學家在靠近它兩極的隕石坑深處也發現了有水冰存在的證據。

而離太陽更遠一些的金星，其溫室效應極為明顯，平均溫度在468℃左右，且全球溫差小於10℃，這讓金星地表幾乎不可能存在液態水或水冰，但是在金星地表之上50～65公里的濃密大氣中卻有大量水蒸氣，2020年9月，甚至有一個科學家團隊稱在金星大氣中觀察到了磷化氫的存在，由於在地球上磷化氫幾乎全部都是生物成因的，因此這些科學家認為金星上可能存在生命，這個新聞一度引發了人們的熱議，但很快就有其他科學家指出這個論點中的磷化氫數據可能是錯誤計算的結果。金星上到底有沒有生命，還有待未來更多的研究，但是金星上有水這件事情卻是確定無疑的。

火星上的水平沉積地層，這種岩層只可能形成於液態環境中。
圖片來源：NASA

火星上有水這件事情也早已被廣泛認可，20世紀以來，人類向火星上發射了大量探測器，有不少探測器已經登陸火星。這些探測器不僅發現了火星上的大量河谷、河流、峽谷、湖泊等流水地貌，還在火星的南北極發現了主要由水冰組成的冰蓋，甚至透過地球物理方式發現火星南極的地下存在一個直徑約為20公里的大型鹽湖。

無論是對星雲的觀測還是對太陽系內的探測，這些廣泛分布的水都說明它們在宇宙中並不特殊，宇宙中存在著豐富的水源。

地球上水的起源

儘管我們已經確定宇宙中存在大量的水，但是科學家對地球上水的起源問題依然存在很大的爭議。一般認為，地球上的水可能有三個起源：一是來自於組成地球的星子。在地球從星子碰撞生長的過程中，這些水就賦存於星子的岩石中，由於星子的碰撞熔融，這些水也就進入了岩漿中，在岩漿再次冷卻形成固態的地球外殼時，會產生排氣過程，原本岩漿中的各種氣體，如二氧化碳、二氧化硫等會隨之排出來，其中就有大量的水蒸氣。

二是來自於太陽系形成後殘留的稀薄星雲中。這一觀點認為地球在形成的時候，離太陽過近，因此這一區域的星子含水量極少。地球形成後，不斷從太陽系內殘留的稀薄星雲中吸積水分，這才導致了地球富水的情況。

三是在地球形成後，由太陽系外側的冰星子，比如彗星等撞擊到地球上帶來的水。

曾一度有科學家認為地球上的水都來自彗星之類的冰星子，但隨著對氫的同位素的測量方法的進步，這種說法逐漸被邊緣化了。氫有三種

同位素：氕、氘、氚。氕就是我們通常所說的氫，它也是含量最多的氫，豐度為99.98%，特點是只含有1個質子和1個電子，因此其相對原子質量為1；氘含有1個質子和1個中子，相對原子質量為2，因此也被稱為重氫，豐度只有0.016%；氚含有1個質子和2個中子，相對原子質量為3，被稱為超重氫。

科學家用到的主要是氕和氘兩種氫的同位素，如前文所說，由於其相對原子質量不同，它們的揮發速度是不一樣的，因此可以用氫的同位素的相對比例來代表它們形成時所處的太陽系內的位置。科學家計算了地球上水中的氘和氕的比值（D/H比值）、碳質球粒隕石中、彗星中，以及太陽星雲中的D/H比值，發現地球上的D/H比值與太陽系「冰線」之外的碳質球粒隕石大致一致，而太陽星雲中的D/H比值低於這一值，彗星中的D/H比值則高於這一值。

這個測量數據支持了地球水起源於星子的說法——換句話說，地球上的水其實起源於地球本身。不過有科學家認為地球上的D/H比值不可能在過往的數十億年中都不曾變動過，而且在地表水中的D/H比值與地核、地函處的D/H比值也並不一致，因此僅以現代測量到的地表水的D/H比值來判斷地球水的來源是不準確的，經過估算後，他們認為可能有不到10%的水來自太陽星雲，還有大約10%左右的水來自彗星，其他則是地球自身形成時就有的。

最古老的海洋

在地球上水的起源大致確定之後，還有另外一個問題：地球上是什麼時候開始出現海洋的？由於地球誕生的時代過於久遠，我們只能從岩石中尋找答案了。在岩石中保留有它形成時的各種證據，這些證據以礦物的排列方式、種類和其中的化學元素等形式被凝固在岩石中。

可惜的是，我們現在能夠找到最古老的岩石的年齡只有 40 億年的歷史，它位於加拿大，形成時離地球誕生已經過去了大約 5 億年，所以它很難告訴我們更多的故事。

不過一群美國科學家在西澳洲尋找到了一些更為古老的東西——這就是前文提到的鋯石。2001 年，科學家在西澳洲一些年齡約 33 億年的石英岩中發現了這些鋯石，定年的結果顯示它的年齡在 43 億年左右——這可能是目前整個地球上最古老的物質了。隨後，科學家對鋯石中的氧同位素進行了測量，測量的結果發現這些鋯石可能是由於岩漿在地表或近地表直接與水接觸後形成的，這個研究說明至少在 44 億～43 億年前，地球上就已經存在穩定的水環境了。由此我們大致能夠推斷，地球上最古老的海洋可能出現在 44 億～43 億年前。

> 在中國發現的最為古老的岩石位於遼寧省鞍山市，它們的年齡有 38 億年左右，是一些被地質學家稱為花崗質片麻岩的岩石。而中國最古老的物質則是一些發現於鞍山、秦嶺、西藏等地古老岩石中的鋯石礦物顆粒，它們有 41 億年的歷史。

另外一些科學家則利用理論研究告訴我們，地球上的海洋可能誕生的比想像的要早很多。

在地球與特亞碰撞後，整個地球被厚厚的熾熱岩漿包裹，地球上空的大氣中則主要是厚厚的岩石蒸汽，在岩石蒸汽的頂部則可能是一些由氣態矽酸鹽構成的矽酸鹽雲層，雲的溫度最初可能高達 2,500K 以上。由於溫度極高，所以當時的地球從太空中看起來就好像是一個熾熱的迷你恆星（可參考上一篇中的地球形象）。

很快，隨著地表快速降溫，在 1,000 年內，這些矽酸鹽雲很快冷凝，

以雨水（可以想像為岩漿滴）的形式傾盆而下，其降「雨」量可能是每天 1,000 毫米。當矽酸鹽從大氣中消失後，大氣中的主要成分就開始變成岩漿中的揮發成分了，這些成分包括二氧化碳、一氧化碳、水蒸氣、氫氣、氮氣和惰性氣體等，甚至可能包括少量熔點較低的金屬的氣態成分，如鉛、鋅等。但此時地球表面依舊是赤紅的岩漿海狀態。

在地表溫度高於 2,000K 的時候，地表降溫非常快，隨後降溫的速度開始減慢，這是因為大氣中覆蓋的厚重氣體，不論是水蒸氣還是二氧化碳，都是非常有效的溫室氣體，它們像厚厚的毯子一樣覆蓋在地表，當溫度低於 1,700K 之後，溫室效應開始發揮作用，這使得又過了大約 200 萬年，地表的溫度才降到岩漿的熔點（1,400K）之下。

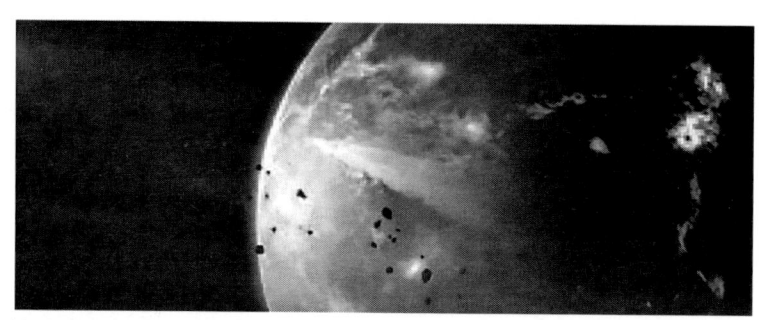

原始地球想像圖，這時地球上空的「雲層」主要由熾熱的矽酸鹽雲構成。
圖片來源：NASA/Goddard Space Flight Center

從地表固結開始，大氣中的水蒸氣就陸續以雨水的形式降落到地表，在低窪地帶匯聚形成了最古老的海洋，這時海洋極為溫暖（約 500K，相當於 230°C 左右），這時候大氣中的二氧化碳大約是 100～200 個大氣壓，如果情況一直不發生變化，那麼地表將會一直處於這個溫度。不過很快，海洋中就開始發生一系列化學反應，其中最重要的就是碳酸鹽岩的形成。在海洋形成後，無論是雨水沖刷還是海水的直接溶解，都會讓原始地殼岩石中的礦物質溶解，海洋中也得以存在大量金屬

離子，這讓海洋也成為一個鹹水水域。其中鈣離子和鎂離子的含量很高，這些離子會與溶於水中的二氧化碳發生化學反應，形成碳酸鈣或碳酸鎂沉澱，碳酸鈣沉澱形成灰岩，碳酸鎂沉澱形成白雲岩。依靠這種化學反應，大氣中的二氧化碳很快就被沉澱成為岩石，而地球也得以從強烈的溫室效應中逃脫，成為一個適宜生命存活的星球。

因此，從理論研究來看，海洋可能在地月系統形成之後數百萬年就形成了。也就是在 44 億～ 43 億年前。

一旦降溫到岩漿熔點之下，岩漿將會開始冷卻成岩，
那時的地球可能正如此圖展示的一般。
圖片來源：NASA/Goddard Space Flight Center

05 重轟炸期

41 億～ 38 億年前，整個太陽系被無數小行星撞擊，地球也不例外。撞擊的證據保留在月球、金星、水星、火星等天體地表，但由於地球表面活躍的地質過程和生物過程，這些證據已經消失了。

在天文觀測的技術還沒有那麼先進的古代，人類就開始仰望天空，猜想月球表面的模樣了。僅靠肉眼觀察，我們就能很輕易看出月球上至少存在兩種不同類型的地貌：一種是顏色比較暗的區域，一種是顏色比

第一章 冥古宙—從星雲到地球誕生

較亮的區域。

伽利略時代，人們認為月球上的暗色區域就是月球上的海洋，將這種地貌稱為月海，並替月球上不同的暗色區域取名為風暴洋、靜海、澄海、夢湖、虹灣等；而相應的月球上比較亮的區域自然就是陸地，因此將其命名為月陸或高地。此外，用肉眼看，月球上還有一些呈現出圓形外輪廓的地貌，它們大小不一，有的會呈現出巨大的凹陷盆地的樣子，最初人們認為它們是一些火山口。

不過現代天文觀測技術發展之後，尤其是美國阿波羅 11 號登月之後，人類對月球的了解突飛猛進。我們現在已經知道，在月球上並沒有海，那些顏色暗的區域實際上是玄武質熔岩，它們的礦物組成類似地球上的玄武岩，不過稍有差別，因此科學家將其命名為月海玄武岩。而顏色發亮的區域則主要是一些富含斜長石的岩石，斜長石在地球上也很常見，它們是一種淺色礦物，當它們大面積出現的時候，自然看上去顯得明亮。

利用望遠鏡就能輕易看到月球上的月海與高地以及圓形的隕石坑。
圖片來源：Wikipedia/Gregory H. Revera

05　重轟炸期

透過對月球表面那些圓形輪廓的地貌進行分析並對其附近的岩石取樣後，科學家確定這些地貌中的絕大多數都是由隕石撞擊導致的。而更多的分析則為科學家揭開了一場發生在41億～38億年前月球表面的巨型災難性事件的面紗：後期重轟炸期（Late Heavy Bombardment，常被簡寫為LHB）。

美國在登月期間登陸的地方有酒海、雨海、寧靜海等月海盆地，在這些地方採集的岩石樣本取回地球以後，發現了一些證據。

證據之一是月海玄武岩的存在。因為形成玄武岩的岩漿密度較大，理論上而言，在月球形成早期，當它還是岩漿球的時候，這些月球岩漿應該在重力作用下分異，重的沉下去，輕的漂到月表。玄武岩岩漿本該沉到月表以下100～400公里，但是現在它卻漂上來了——這說明在月表岩石凝固以後可能發生了一次撞擊，這次撞擊削去了這些表層的岩石，導致位於表層岩石下面的玄武岩岩漿冒出來並凝固成為月海玄武岩。

有些岩石樣本是月球深處物質與月球表層物質混合產生的，這種情況很難自發產生，比較大的可能性是有小行星撞擊了月球，擊穿了月表岩石並深入月幔，在這種情況下，月球深部物質與淺部物質才有可能混合在一起。

岩石樣本的同位素測年結果表明，這些岩石的年代在41.15億～37.5億年前，說明撞擊發生在這期間。當然，這個事件太古老了，不同的研究人員有不同的看法，有些人認為是發生在40億～38億年前，還有科學家鑑定出來發生在43億年前的撞擊，當然，主流的看法還是認為這發生在41億～38億年前。

這些證據在向我們講述那段曾經發生在月球上的慘烈撞擊事件，很

第一章　冥古宙─從星雲到地球誕生

多時候這種撞擊甚至還能夠擊穿月殼，這種撞擊斷斷續續持續了近 4 億年，讓月球表面到處是月海和隕石坑。有些科學家把這次小行星撞擊事件稱為後期重轟炸期或月球災難。

在阿波羅 15 號任務中採集到的月表斜長岩。圖片來源：NASA

而且，就我們現在在太陽系內所看到的情況而言，大規模的撞擊事件可能也並不是獨立發生的，因為這種密集的隕石坑在太陽系內部普遍存在，無論是在水星、金星還是火星上，我們都能看到隕石坑的痕跡。

現代藝術家對於後期重轟炸期的想像圖。
圖片來源：Tim Wetherell

050

05　重轟炸期

「信使號」探測器拍攝的水星照片，可以看到水星表面密密麻麻的隕石坑。
圖片來源：NASA/Johns Hopkins University Applied Physics Laboratory

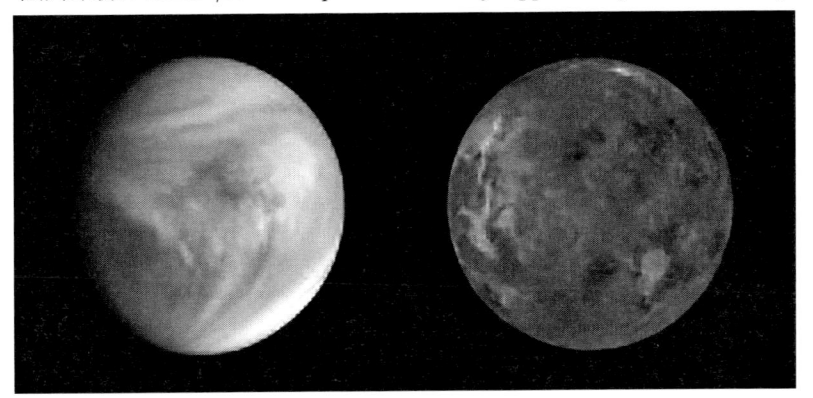

金星表面有濃密的雲層覆蓋，正常情況下無法看到金星地表，不過在利用雷達技術進行探測之後，我們也能發現在金星雲層之下密密麻麻的隕石坑。
圖片來源：左 Kevin M. Gill 右 NASA

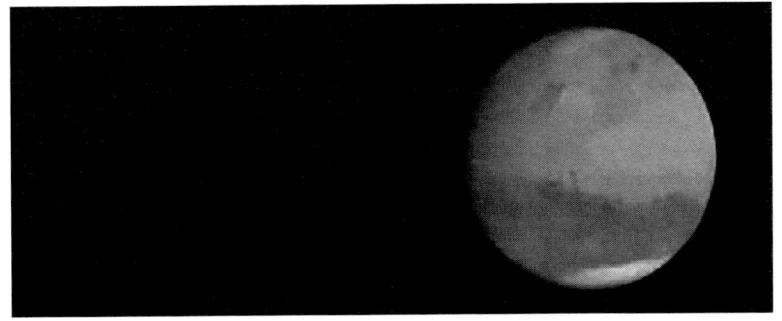

火星北半球撞擊坑較少，但在南半球則能清晰地看到大量隕石坑。
圖片來源：ESA & MPS for OSIRIS Team MPS

第一章　冥古宙─從星雲到地球誕生

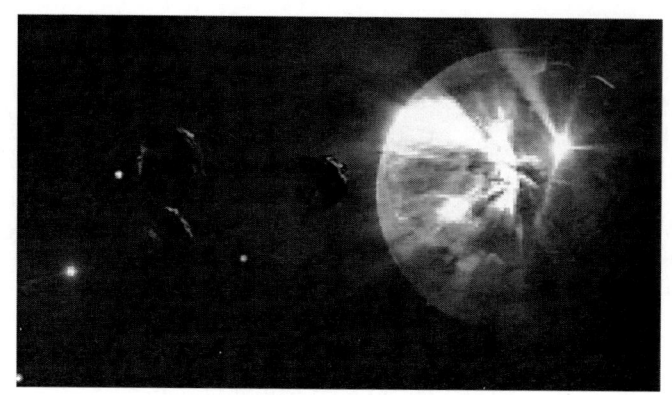

地球在重轟炸期間的藝術想像圖。
圖片來源：Pixabay/TBIT

既然在這些行星上都發生過撞擊，地球沒有理由不受到撞擊。有人根據地球的大小推斷，地球在受到撞擊後，可能留下超過 5 個直徑大於 5,000 公里的隕石坑，超過 40 個直徑大於 1,000 公里的隕石坑，以及超過 22,000 個直徑大於 20 公里的隕石坑。只不過我們的地球上出現了活躍的地質運動和風霜雨雪的風化作用，以及最重要的 —— 長達數億年生物活動的持續改造，讓這些隕石坑消逝在了時光之中。

關於後期重轟炸期的原因，「大遷徙」理論給出了比較合理的解答：在太陽系形成之初，可能存在著幾顆比較大的行星，2 顆氣態巨行星 —— 木星和土星，3 顆冰質行星 —— 天王星、海王星以及可能存在的第九行星。

當木星與土星的軌道週期比達到 2：1 後，它們引力共振而轉頭向外。共振的結果是木土兩顆行星的相互作用，周而復始，重複加強。由於土星較小，它很快產生了顯著的離心率。

這些行星剛剛形成時，可以認為它們以近乎圓形軌道繞太陽運動，這時它們的離心率為零，隨著土星受共振影響，它的軌道開始變得橢

052

圓，這時它的離心率就增加了，軌道越扁，其離心率就越大。

這個共振不光影響了土星，也影響了3顆冰質行星，讓它們的離心率也變大。這種大的離心率會導致這些行星在運動中與當時太陽系中為數眾多的星子們產生作用，一部分星子因引力而被趕往外太陽系，一部分星子被趕往太陽系內部，還有一小部分則直接與這些行星發生了碰撞。隨著共振的持續，其中最外層的冰質行星——也就是第九行星離心率變得極大，被直接甩出了太陽系。這導致原本平衡的共振系統完全被破壞，整個太陽系內的星子們處於極不穩定的狀態，行星遭受到了一次集中且激烈的星子轟炸過程，這就是如今我們發現所有岩質行星上都有密集的隕石坑的緣故。

不過，並不是所有的科學家都同意後期重轟炸期這個猜想，有一個爭議點在於時間。

後期重轟炸期猜想中，主要的撞擊都集中發生在41億～38億年前，但是有些科學家認為撞擊發生的時間更早；還有些科學家認為這些撞擊並不是集中在某一段時間內發生的，而是在數十億年間陸續發生的；還有些科學家則認為「阿波羅」號任務採集的岩石樣本雖然是從多個不同區域採集的，但這些岩石可能都來自雨海盆地被撞擊後飛到其他地方的，所以這些岩石樣本自然就無法代表整個月球普遍發生的情況。

但這畢竟是發生在遙遠的40多億年前的故事了，研究這些極其古老的事情難度很大，有爭議也是很正常的。不過，這個事件卻象徵著一個舊時代的結束與一個新時代的開始。這個結束的時代，在地質學上被叫做冥古宙。宙，是地質學上表述極大時間段的名詞，地質學上以宙－代－紀－世－期劃分時間階段，就類似於我們用年－月－週－日這種分級來劃分時間。

第一章　冥古宙—從星雲到地球誕生

　　冥古宙這個名字最早於 1972 年被提出，源於希臘神話中的冥王哈帝斯（Hades），這一時代以地球上最古老的岩石的年齡來確定。因為岩石是地球上一切古老故事的忠實記錄者，要是沒有確切的岩石紀錄，地球上的許多事件都只是渺渺茫茫。以前，被公認的最古老的岩石年齡為 38 億年，因此冥古宙在 45.5 億～ 38 億年前。不過近些年，科學家又發現了大約 40 億年前的岩石，因此將冥古宙的時間縮短了，變成了 45.72 億～ 40 億年前。

　　而開始的新時代叫做太古宙。太古宙源於希臘語 arcos，意為「古老的」，所以我們暫且可以把太古宙理解為「地球上古老的年代」。

第二章
太古宙 ——
生命初現與早期演化

第二章　太古宙—生命初現與早期演化

■ 06　最古老的生命

38億年前，在地球的原始海洋中，透過化學演化過程，從無機物中演化出了生命。最確鑿的生命證據是一些35億年前的疊層石。

故鄉在外星？

生命的起源是什麼時候，從哪裡起源的？這一直是個很有爭議的問題。目前人們對於生命起源有兩種看法，一種是地外起源說，一種是地球起源說。

電影《普羅米修斯》(*Prometheus*)的開頭講了一個虛構的生命起源故事：一個外星人在地球上服下毒藥自殺，毒藥讓他全身都變成微小的有機分子，隨後這些有機分子自由組合形成DNA，進而演化出如今的人類。很多人可能對地球生命的起源也抱有類似的想法，認為地球生命起源於太空。當然，這只是一種最為簡單的生命地外起源幻想，也是一部分人所認為的生命地外起源說。這種說法認為地球生命起源於外星人或神。

還有一個版本的地外起源說，它認為地球上最早的生命或構成生命的有機物，是來自於其他星球或星際塵埃。注意，在這個說法裡，並沒有外星人的存在，科學家的觀點是微生物或最初形成生命的有機物來源於宇宙。

人們不斷在隕石中發現的證據似乎也在印證著這一個說法。1969年，一顆名為默奇森（Murchison）的隕石墜落在澳洲，科學家在這顆隕石的內部檢測出了5種胺基酸；隨後，人們陸陸續續從各種隕石中找到了更多的有機物，包括組成核酸的鹼基等，這些有機物的種類多達數萬種；2019年，有科學家宣稱在阿連德（Allende）隕石中發現了核糖，這

非常重要,它是 RNA 的組成物質;驚喜似乎還在持續,2020 年 2 月底,科學家在隕石中首次發現了蛋白質,這種蛋白質被稱為血石蛋白(Hemolithin),蛋白質中含有鐵和鋰兩種元素,在蛋白質的尖端形成一種鐵氧化物,可以利用光能將水分解為氧氣和氫氣,這個過程中產生的能量可以被生命體利用。

默奇森隕石,與地球上的某些暗色火成岩非常相似。
圖片來源:Wikipedia/Basilicofresco

阿連德隕石,這是一種典型的球粒隕石,
2020 年有科學家發表論文稱
在編號為 Acfer-086 和 CV3 的阿連德隕石中都發現了血石蛋白,
但是隨後就有科學家對此表示質疑。
圖片來源:Wikipedia/Bennoro

第二章　太古宙—生命初現與早期演化

這些持續的發現好像確實在印證著生命起源於地外的說法。然而，如果細細推敲的話，這其中還有一些問題。

第一個問題是，隕石和地球上的同種有機物在分子結構上是存在差異的，許多都是同分異構體，分子式相同，結構不同；

以分子式 C_3H_4 的烴類為例，它有三種同分異構體：環丙烯、丙炔、丙二烯。
圖片來源：Wikipedia/Allene，Edgar181

第二個問題是，隕石中的胺基酸和地球上的胺基酸在手性上是有差異的。什麼是手性呢？舉起我們的左右手，掌心相對是可以貼合在一起的，但是如果掌心都向上，你就會發現此時就沒辦法貼合在一起了，這就是手性。在地球上的胺基酸，都只有左旋結構，但是隕石中的胺基酸則是左旋和右旋結構都有。

第三個問題是，在形成生命的化學演化過程中，可能需要較多的有機物，這些隕石能不能為生命演化提供足夠的有機物？而早期地球的水熱環境無疑能夠穩定、大量地產生有機物，因此現在的主流更相信生命起源於地球這個說法。

不過，這些在隕石中發現的有機物告訴我們，可能在整個宇宙中，有機物的形成是一件很普遍的事情，只要環境合適就有可能，有機物繼續演化形成生命也並不是不可能。而且，這些有機物很可能預示著，就算是找到外星生物，它們很可能也與人類一樣是碳基生物而不是矽基生物或砷基生物。

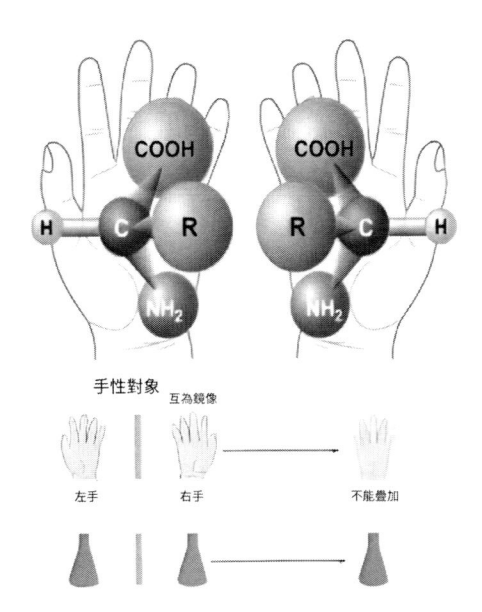

胺基酸的手性示意圖，它們的結構映像對稱，
但是無法透過平移重合到一起。
圖片來源：上 NASA，下李星／繪

故鄉在地球！

對於地球生命的起源，流傳得最廣，也是最經典的一個說法是，在地球誕生的早期，海水溫度很高，地球的大氣環境很惡劣，經常電閃雷鳴，就在這種高溫和閃電的環境下，海水中的各種無機物發生化學反應形成了有機小分子，隨後這些有機小分子繼續發生化學反應，演變成為有機大分子，繼而形成被膜包裹的細胞結構，這就是原始生命的起源。這個理論被稱為化學演化論。

最初證實化學演化論的要數著名的米勒實驗了，這個實驗在中學的課本中就有：將氨氣、甲烷、氫氣、水、二氧化碳等放在一個持續放電的瓶子中加熱，最後冷卻得到的液體中出現了胺基酸。後續的實驗中，人們得到了肽、核糖、鹼基等多種生命形成所必需的物質。

第二章　太古宙—生命初現與早期演化

這些實驗證明在自然條件下無機物經過化學反應是能夠生成有機小分子的。雖然實驗中得到的大多只是一些有機小分子物質，離形成生命還有很遙遠的距離，不過科學家相信，正是這些有機小分子最終形成了原始的生命。

在理論上，從有機小分子演化為生命要經過三個階段：一是從有機小分子演變成生物大分子。前期形成的各種有機小分子，經過化學反應形成蛋白質、核酸等生物大分子。

> 1957年蘇聯科學家奧巴林提出了團聚體假說，他在實驗中發現阿拉伯膠水和白明膠的混合溶液中出現許多大小不一的「小滴」，這就是團聚體，在實驗條件下團聚體具有類似於生長、生殖的功能。
>
> 類蛋白微球體與團聚體類似，是一種大致呈球形的膠體顆粒，直徑在0.5～3微米之間，還具備類似於細胞膜的雙層膜。

二是生物大分子演變為多分子體系。生物大分子形成後，在原始海洋中透過形成團聚體、類蛋白微球體、吸附作用等方式濃縮在一起，形成多分子體系。

三是多分子體系經過複雜的組合，出現細胞膜的結構，同時在細胞內形成遺傳物質，進而演化成最原始的生命。

這些過程看起來很複雜，但對各種自然界的物理、化學反應研究得越深入，科學家就對生命的化學演化來源越認可：支配化學演化過程的，只不過是一些基礎的物理、化學原理而已。

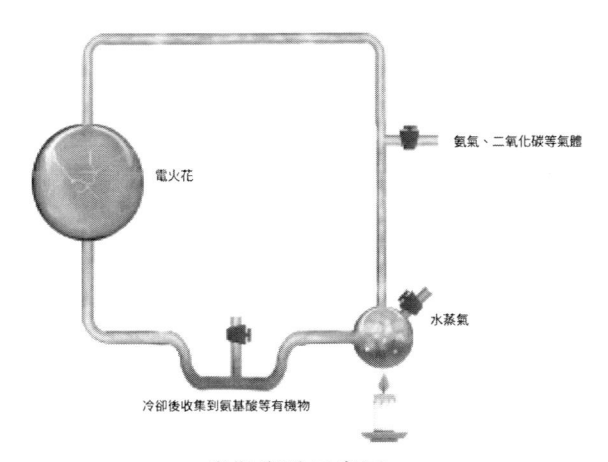

米勒實驗示意圖：
如今我們到各地的自然博物館、科技館內展示生命起源或生命演化的展廳
都有可能見到米勒實驗的示意圖或裝置。
因為就是這個實驗啟發了我們，生命是有可能透過正常的化學反應產生的。
金書援 / 繪

以細胞膜結構為例，我們知道，細胞是一種球形的囊狀結構，囊中是細胞質，由細胞膜將細胞質和外界隔開。細胞膜由磷脂構成，磷脂分子就好像是一個火柴人，它具有兩親結構：圓溜溜的「大頭」是親水的，含氮或磷元素，兩條「腿」是親油（疏水）的，由長烴基鏈構成。當多個磷脂分子在一起的時候，由於它們一端親水，另一端疏水，自然就會兩兩成對，親水的「頭」在外，疏水的「腿」在裡，構成雙層磷脂分子結構。這些雙層磷脂當然不會形成無限延伸的平板結構，因為水中還有表面張力，磷脂為了將自己受到的表面張力最小化，就會團聚成球形——所以你看，在分子的兩親結構和水的表面張力作用下，自然就能形成細胞的膜結構。而且，這種情況在我們身邊也非常常見，比如肥皂水中容易出現大量的泡泡，就是這種自發產生的例子之一。

061

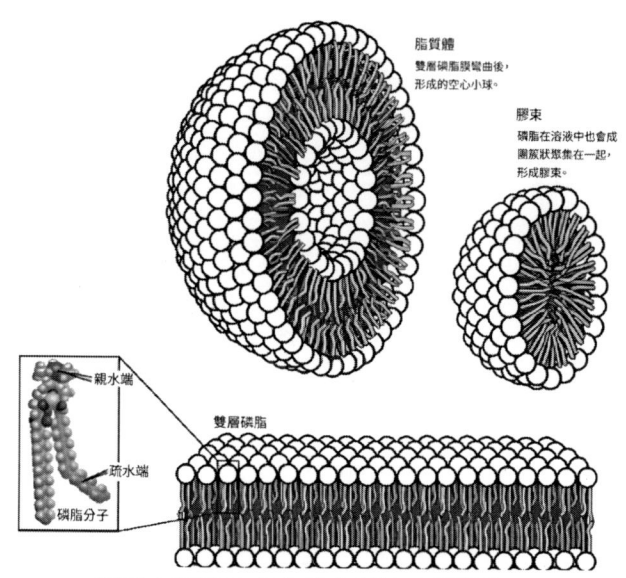

第二章 太古宙—生命初現與早期演化

脂質體
雙層磷脂膜彎曲後，形成的空心小球。

膠束
磷脂在溶液中也會成團簇狀聚集在一起，形成膠束。

親水端
雙層磷脂
疏水端
磷脂分子

磷脂在溶液中會自然出現這三種狀態。
圖片來源：Wikipedia/Mariana Ruiz Villarreal，LadyofHats，有修改

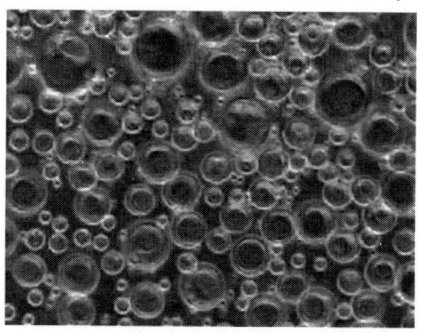

懸浮液中的脂質體，可能在遙遠地質歷史時期，
早期的生命就是在這種磷脂泡泡中形成的。
圖片來源：Wikipedia/ArkhipovSergey

　　另外，原始海洋中存在的大量礦物質成分可能對這種化學反應產生催化作用。有科學家認為，黏土礦物可能發揮了吸附和離子交換的作用，在早期無機物向有機小分子變化，或有機小分子向生物大分子變化的過程中，黏土礦物發揮了吸附－濃縮的功能，比如沸石內部的通道就有親有機

物、疏水的性質，這無疑會加快有機物的富集。同時，礦物晶體總是有序生長的，這些晶體在生長的過程中，吸附於晶體表面的有機物可能會在晶體的引導下產生某種有規律的自我組成現象。此外，半導體礦物還為原始生命提供了能量來源並且保護原始生命免受紫外線傷害。

地球最早的生命

在米勒實驗成功後不久，科學家認為化學演化發生的地點在海水淺層，只有這裡才能與閃電和各種氣體直接接觸，但是問題在於，那時候地球的空氣中沒有氧氣，自然也就沒有臭氧層，來自太空的紫外線和高能射線很容易就照射到淺層海水中，破壞已經形成的有機物。

而且，新的觀點認為原始大氣主要由氮氣和二氧化碳組成，只有少量的甲烷、氫氣和氧氣，在這種氣體組合下，重複做米勒實驗的時候幾乎不產生胺基酸。如果真是這樣的話，米勒實驗將不可能發生在海洋表層。

那麼有機物到底起源於哪裡呢？有些人認為有機物起源於火山爆發；也有些人認為有機物起源於富硫化物溶液的原始沸騰海洋中，不過持續的科學發現讓越來越多的人意識到生命其實更可能起源於海洋深處。

1967年，美國科學家在黃石國家公園的熱泉中發現了大量的嗜熱生物，這些生物生存的溫度通常都超過了60°C，因為蛋白質超過60°C就會變性，因此在此之前人們對生物能夠存活在60°C以上的環境是完全不敢想像的，隨後科學家不斷發現了更多的嗜熱、嗜鹽、嗜冷等嗜極生物，這為科學家打開了一扇門：在被傳統認為不可能存在生命的極端環境下，生命也有可能存在。

此後，由於冷戰的持續，美蘇兩國為了保持各自在海洋中的優勢，

第二章　太古宙—生命初現與早期演化

對海底的探索程度不斷加深。1977 年，科學家在東太平洋的中洋脊附近發現了一個個聳立著的「黑煙囪」，這些「煙囪」高 2～5 公尺，呈上細下粗的圓筒型，還不斷向外冒著「黑煙」。「黑煙」其實是溫度高達 350℃的含礦熱液，這些熱液噴湧而出，遇到周圍冷的海水後發生反應沉澱而成。

大西洋海底的「黑煙囪」。
圖片來源：NOAA

「黑煙囪」是由於岩漿活動導致的。在大洋底部，岩漿活動經常會非常強烈，它們從洋底噴湧而出，形成一座座海底的山嶺，這些山嶺連起來就形成了中洋脊。在中洋脊附近，地殼薄弱，裂隙較多，海水沿著這些裂隙向下流動，在接觸到這些熾熱的岩漿後向上湧出，就形成了「黑煙囪」。這裡溫度高，酸性大，不僅含有硫化氫等有毒物質，而且沒有陽光，一片漆黑，科學家在此之前並不認為這裡會有生物活動。但是現實給了科學家一個大大的驚喜：他們不僅發現了生物活動，還發現了一個完整的生態系統。這裡的生物生存不需要光照，嗜熱細菌以熱泉噴出的硫化物為能量來源製造有機物，而其他的生物則以這些嗜熱細菌為食物維持生活。

最初科學家認為生命可能起源於「黑煙囪」附近，不過「黑煙囪」周邊的海水過酸，而且它的生命週期過短，可能只有幾十年的時間，這讓生命難以形成。

「黑煙囪」附近生長的管狀蠕蟲。圖片來源：NOAA

　　不過科學家隨後發現了「白煙囪」，這裡為生命的形成提供了完美的環境。在「白煙囪」附近，海水並不與岩漿接觸，而是與包裹著岩漿的熾熱圍岩接觸。這些圍岩多是富含橄欖石的岩石，當與海水接觸後將海水變成100°C左右的鹼性液體，這些鹼性液體滲入地下後會與洋殼發生化學反應，形成氫氣、甲烷、氨、硫化氫等，這些物質是形成有機小分子的主要成分。同時，橄欖石富含鐵、鎂等元素，這些是比較好的催化劑。

　　這裡噴出的水流溫和，讓「白煙囪」結構比「黑煙囪」精細得多，其表面布滿複雜的微孔結構，為生物的化學演化提供了完美的吸附和濃縮的場所；另外，「白煙囪」更加穩定，很多噴口的壽命長達幾千年、數萬年乃至更久，這為生物演化的化學反應提供了充足的時間。

馬里亞納海溝附近發現的「白煙囪」。圖片來源：NOAA

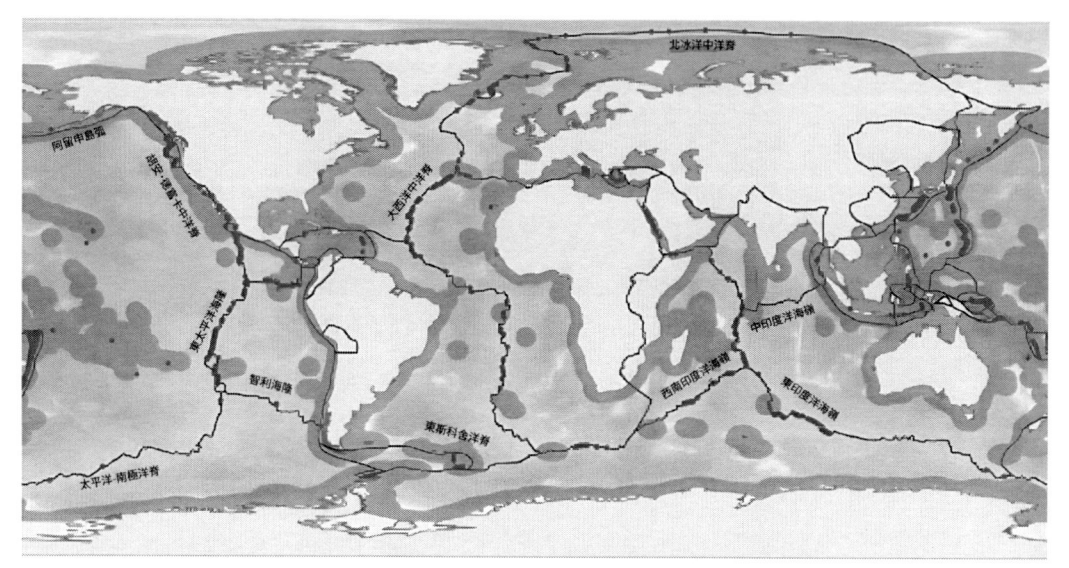

第二章　太古宙──生命初現與早期演化

深海熱泉在全球的分布情況。
圖片來源：Wikipedia/DeDuijn

　　無論是「黑煙囪」還是「白煙囪」，它們都被統稱為深海熱泉。人們在全球各大海洋的中洋脊附近都發現了大量的深海熱泉，這種廣泛分布的情況，也為生命的化學演化提供了更大的機會。

　　2017 年，科學家在澳洲發現了一些高度疑似微生物化石的物質，這些物質可能生活在 37.7 億年（甚至可能是 42 億年）前的深海熱泉附近，與如今的深海熱泉微生物非常相似，這無疑為生命的深海熱泉起源提供了有力證據。總而言之，生命的深海熱泉起源目前成了最主流的學說。

　　那麼，生命是何時出現的呢？關於生命出現的時間，一直很有爭議。根據化學演化的理論來說，當地球上出現原始海洋的時候，生命可能就隨之出現了，不過在 42 億～ 38 億年前，持續數億年的小行星轟炸已經讓所有的證據蕩然無存。我們目前能夠找到最早的疑似生命的證據是一些磺基化合物，它們可能是生物的代謝產物，被保存在 38 億年前的

岩石中，但是這只是疑似的化石證據。

真正能夠確定的化石證據被稱為疊層石，這是由於單細胞的藻類生物聚集在一起生長，在它們生長代謝的過程中無機物堆積起來形成層狀結構的席藻（被稱為微生物席藻），席藻形成岩石後保存下來即成為疊層石。目前發現的最古老的疊層石有 35 億年的歷史，其發現地在西澳洲，這些證據證明生命至少已經存在了 35 億年的時間。

目前世界上的很多地方都還能見到「活著」的微生物席藻，它們在遙遠的未來也將會被沉積物埋藏，形成新的疊層石。最著名的「活」疊層石在澳洲的鯊魚灣，這裡現在成了世界遺產保護區。

澳洲斯特尼湖燧石中的疊層石，其年齡約為 35 億年。
圖片來源：Wikipedia/Didier Descouens

澳洲鯊魚灣還存在大量正在生長中的微生物席藻。
圖片來源：Wikipedia/Paul Harrison

第二章　太古宙──生命初現與早期演化

土耳其薩爾達湖中的微生物席藻。圖片來源：NASA

當然，對生命起源的研究並不止這些，還有科學家從生物演化速率方面來反推生命誕生的時間。他們的研究結果都證明，生命出現的時間很可能遠遠早於 35 億年，極有可能在 38 億年，甚至是更早的時間。在此，我們就用 38 億年這個時間作為生命出現的起點吧。

最古老的生命可能起源於地球深海的海底熱泉附近。　金書援／繪

07　光合作用

　　至少從 27 億年前開始，產氧光合作用就已經演化出來了。氧氣的出現讓地球進入了大氧化時代，它首先將原始海洋中的二價鐵氧化成為三價鐵沉澱下來，然後進入空氣中，地球空氣中的氧氣含量也開始增加。目前地球上所使用的鐵礦石中，90％都形成於這次大氧化事件中的條狀鐵層。

陽光獵手

　　地球上最古老的生命可能是產甲烷古菌，它們屬於化能自養型生物，主要利用深海熱泉附近的氫氣和二氧化碳製造甲烷，並吸收這個過程中釋放的能量來維持生命和進行繁殖。

　　不過很快在地球上出現了新的生命形式——光能自養型生物。所謂的光能自養，就是透過光合作用的過程，利用陽光的能量生成有機物養活自己。光合作用的概念和原理，幾乎每一個學過中學生物的人都很熟悉，這是一個對整個生物世界極為重要的過程。

　　但是光合作用是怎麼出現的，又是什麼時候出現的，這些問題迄今仍未得到解答。從目前的研究來看，一共存在兩種類型的光合作用：不產氧光合作用和產氧光合作用。光合作用的本質很簡單，就是從一些容易釋放電子的物質那裡取得電子，然後將這些電子塞給二氧化碳，從而製造出有機物。自然界中有許多物質比較容易釋放電子，這在化學中被稱為還原性物質，如硫化氫中的硫元素、二價鐵元素、水中的氧元素等。

　　光合作用中，陽光發揮了提供能量的作用，在受到陽光的激發之後，細胞才有力量將電子從硫化氫、二價鐵、水等物質中剝離出來。硫

第二章　太古宙—生命初現與早期演化

化氫、二價鐵失去電子以後就會形成廢棄物——單質硫和三價鐵，水失去電子後就會變成廢棄物——氧氣。所以這兩種光合作用的區別其實沒那麼大，只是原料不同，產生的廢棄物不同而已。

由於硫化氫、二價鐵等物質較容易失去電子，而水則較難失去電子，所以一部分科學家認為生物是先演化出不產氧光合作用，然後在此基礎上才演化出產氧光合作用；不過另一部分科學家認為這兩種光合作用幾乎是同時演化出來的，產氧光合作用由於較難進行，所以其實是一種備份，生物在不產氧光合作用不暢的時候才會開啟（如硫化氫、二價鐵等原料不足的情況下）。

那麼光合作用是什麼時候出現的呢？科學家對此的爭論也很大。有一些科學家利用化石和化學殘留物的證據研究了一種古老的能進行產氧光合作用的生物——藍綠菌。藍綠菌其實是一種細菌，因為它們經常聚集在一起成為絲狀，生物學家最開始誤認為是藻類，將其命名為藍藻，這個名字也就一直用到了現在。這些研究的結果表明，藍綠菌可能最早在 27 億年前就出現在地球上了。藍綠菌是目前地球上已知的最早的產氧光合自養微生物，是地球早期大氣中自由氧的唯一生產者。而且後期植物中的葉綠體也可能是由於某種生物「吃」掉了藍綠菌之後並未將其消化而與之共生所形成的，從某種意義上來說，藍綠菌也是現代植物的起源之一。所以藍綠菌被認為是自地球形成、生命起源之後最重大的創新性生物演化事件之一。因此，研究藍綠菌的起源對研究產氧光合作用的起源有著重大的意義。

07　光合作用

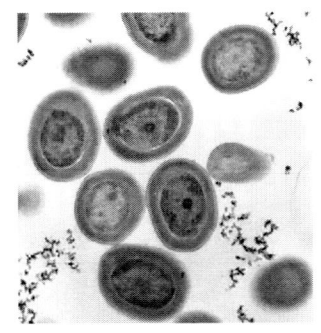

海洋原綠球藻，藍綠菌的一種，它們是地球上最大的生產者，
貢獻了地球上最多的氧氣和最多的生物量。
圖片來源：Luke Thompson, Nikki Watson

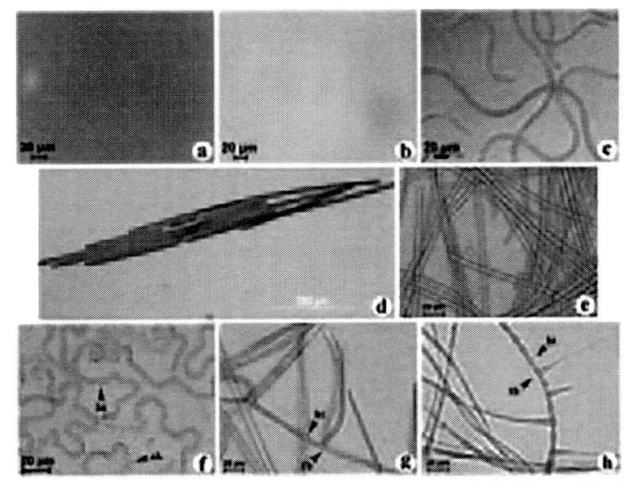

藍綠菌既可以以單細胞的形態生活，又可以聚集整合成菌落，
其菌落形態也各有不同，有些類別的藍綠菌有營養價值，
我們也耳熟能詳，比如髮菜、螺旋藻等。
圖片來源：Alberto A. Esteves Ferreira，João Henrique Frota Cavalcanti，
Marcelo Gomes Marçal Vieira Vaz, Luna V. Alvarenga，
Adriano Nunes-Nesi and Wagner L. Araújo

還有科學家在 32 億年前的頁岩中發現了豐富的油母質，它們沉積在厚達數百公尺，綿延數百公里的海底，而且其中幾乎沒有硫和鐵的存在。油母質是一種由沉積作用形成的有機質，幾乎只可能由生物沉積形

成，而且由於缺硫和鐵，所以可以充分證明在此發生了產氧光合作用，否則其中將會存在大量的硫和鐵。

有些科學家利用化石證據進行了研究。他們在年齡為 35 億年的疊層石中發現了錐狀的向上突起，而且在錐狀的尖端附近還發現了小型空洞。科學家將這些解釋為光合作用細菌的趨光性所致，那些小型空洞就是光合作用的時候向外釋放氧氣的氣泡所殘留下來的，此外，在這些疊層石附近還發現了豐富的硫酸鹽和黃鐵礦。如果這些研究得到確定的話，那麼就可以將不產氧光合作用的時間推到至少 35 億年前。

另外還有些科學家利用碳的同位素差異來判斷光合作用出現的時間，自然界中主要存在三種碳的同位素：碳 -12、碳 -13、碳 -14，其中碳 -12 是最多的一種碳的同位素。在沒有光合作用的情況下，碳 -12 與碳 -13 的含量之比相對恆定，但是當光合作用出現之後，由於生物會攝取二氧化碳，且碳 -12 比碳 -13 輕，因此生命活動過程中會優先使用碳 -12 構成的二氧化碳，從而造成碳 -12 的富集，這時碳 -12 與碳 -13 的比值與無光合作用時候的比值是不同的，如果在岩石中發現了這種異常，就能夠從側面說明很可能有光合作用存在了。而最早的證據可以追溯到 38 億～ 35 億年前左右，也就是說生命誕生以後不久光合作用就出現了。但是這種證據並不直接，在極少數天然條件下也可能發生這種情況，所以也受到很多的質疑，這個證據只能用作佐證。

藍綠菌在現代依然廣泛存在於池塘和沼澤地，我們取一管水，就有很大機率能夠看見它。我們也許都聽說過優養化，優養化後的水體看上去綠油油的，其中就有很大一部分是藍綠菌。這種微生物現在看起來毫不起眼，但是如果把時間範圍放

> 到整個地球歷史上看的話，藍綠菌實在是了不起的生物。它們的出現改變了整個地球的環境，並可能是植物中葉綠體的來源，從這個角度來看，說它是現代地球生物圈的幕後推手也不為過。

但是不管光合作用的時間發生在 38 億年前、35 億年前、32 億年前還是 27 億年前或更晚一些，最終的結果就是產氧光合作用逐漸占據了主導地位，氧氣作為一種廢棄物開始被大量排放到海洋中。由於原始的生命都是一些未曾接觸過氧氣的生物，氧氣對它們而言是一種劇毒的物質，伴隨著氧氣的排放很可能發生過一次不為人知的大滅絕現象。

大氧化時代

太古宙的海洋和天空與如今截然不同。

首先是極度缺氧，這導致海洋和天空中存在很多還原性的物質，比如，在海水中大量漂浮著的二價鐵離子使當時的海洋可能呈黃綠色。如果家裡養梔子花的話，要想讓梔子花茁壯成長，就需要時不時補充一點硫酸亞鐵肥料。買來的肥料往往是顆粒狀的，我們將其溶解到水中後，水裡就會出現特殊的黃綠色，這可能就是當時表層海洋的顏色了。

> 注意是表層海洋而不是整個海洋，有科學家認為在這個時候，深層海水實際上還是缺氧的。在這種缺氧環境下，厭氧微生物的生命過程產生了大量硫化氫，硫化氫與深層的鐵元素反應會形成硫化亞鐵沉澱，從而阻斷了深沉海水中鐵向表層海水中的運輸。

第二章　太古宙—生命初現與早期演化

其次是酸，無論在陸地還是海底，在這期間都正在經歷大規模、長時間的火山噴發和海底熱液噴發。這種噴發帶來了大量的酸性、還原性物質，如二氧化硫，這使得當時的海水是酸的，酸鹼度 pH 值大約為 3，雖然酸鹼度和口感之間沒有必然的關聯，不過如果大家感興趣的話，可以試著喝一口醋或吃一口酸蘋果，它們的 pH 值也在 3 左右。

最後就是危險，這種環境對生命極度危險。沒有氧氣的地球，也就意味著沒有臭氧層，而臭氧層是吸收紫外線的好手，沒有臭氧層的原始地球，等於完全暴露在紫外線的面前。還記得紫外線滅菌燈的原理嗎？這是因為紫外線是一種高能射線，能夠輕易破壞 RNA 和 DNA 的結構，快速殺死生命。35 億年前的生命，和我們現在要殺的細菌沒什麼區別，甚至還要弱小不少，因此那時候的地球表面對於生命來講就是絕境，各種生命不得不依靠周圍的海水才能夠保護自己。

隨著產氧光合作用的出現，這種對生命極不友好的情況逐漸得到了改善。產氧光合作用最初可能只是聚集在海洋中的少數地方，它們在這些地方進行光合作用，產生的氧氣逸散到周邊的海水和空氣中。這種聚集區就好像是沙漠中的綠洲一樣，只有在聚集區周邊才有比較充足的氧氣，離聚集區越遠，氧氣越稀薄，科學家把這種狀態稱為「氧氣綠洲」。

在這些氧氣綠洲附近，表層的海水中開始溶解大量氧氣，這些氧氣迅速與飄蕩著的二價鐵離子發生化學反應，把這些鐵變成三氧化二鐵（赤鐵礦）或四氧化三鐵（磁鐵礦）。這些被氧化的鐵快速沉澱到海底，形成條帶狀的岩石，這些含有鐵的條帶狀岩石被稱為條狀鐵層（Banded Iron Formation，簡稱 BIF）。

07　光合作用

條狀鐵層，其中深色部分就是鐵元素富集區域氧化後形成的。
圖片來源：Graeme Churchard

> 鐵礦並不全部與生命活動有關，很多鐵礦是由火山活動形成的，只不過微生物活動造就的鐵礦最廣泛，鐵礦品質也最高。此外，BIF 也並不全部由產氧光合作用產生，還有可能由不產氧光合作用產生，生物從二價鐵中獲得電子，將其轉變為三價鐵，這也能夠製造出少部分 BIF。科學家認為那些早於 25 億年前的 BIF 中就有一部分是由不產氧光合作用產生的。

隨著產氧光合細菌繁殖擴散，它們開始讓整個表層海洋中的二價鐵離子都被氧化成磁鐵礦或赤鐵礦沉澱到海底，這些沉澱到海底的鐵如今形成了遍布全球的鐵礦資源並占世界上富鐵礦儲量的 60%～70%，占全球鐵礦產量的 90% 以上。

當然，從條狀鐵層的出現情況也能側面反應產氧光合作用的變化過程：在 35 億～25 億年前，海水中的溶氧量處於緩慢增加的狀態，海水中的溶氧量與鐵離子的沉澱量是成正比的，溶氧量越大，沉澱的鐵離子就越多，因此鐵礦石的品質就越高，科學家透過分析不同時代的含鐵層中的鐵礦品質，發現鐵礦的品質在 25 億年前達到巔峰。

第二章　太古宙—生命初現與早期演化

　　表層海洋中的鐵離子是一道屏障，它與氧氣的化學反應阻止了氧氣向空氣中擴散。但是從大約 25 億年前開始，表層海洋中的鐵離子逐漸消失，再也沒有什麼能夠阻擋氧氣進入大氣中了，從這時開始，地球大氣中的氧氣含量開始增加。

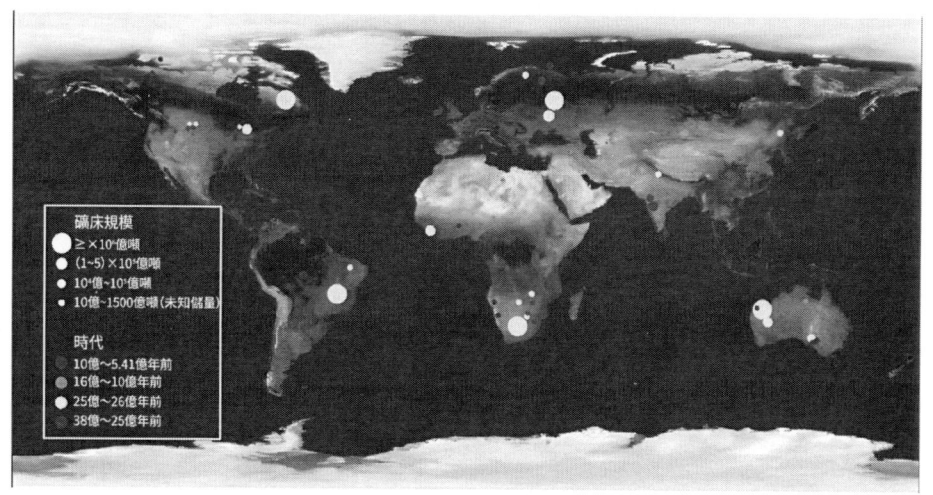

全球條狀鐵層類型的鐵礦分佈圖。圖片來源：參考文獻 [42]，有修改礦床

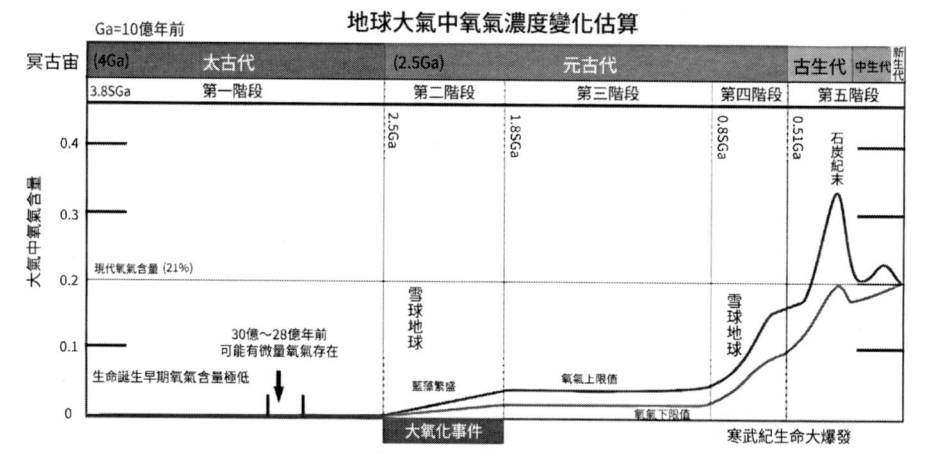

地質歷史上氧氣含量增加的過程。圖表來源：Wikipedia/Heinrich D.

07　光合作用

　　隨著氧氣進入大氣，整個地球開始出現巨大的變化。從非生物的角度來看，地球上目前已知有大約 4,500 種不同的礦物，其中 2/3 左右都形成於地球被氧氣充填之後，如漂亮的孔雀石、綠松石、藍銅礦等，與地球相比，其他的岩石行星上就沒有如此眾多的漂亮礦物。此外，氧氣的出現讓地球上空出現了一層薄薄的臭氧層，它們抵擋了來自太陽的強烈紫外線，為未來生命在陸地上的自由生活提供了條件。

　　從生物的角度來說，氧氣含量增加就像為地球上的生命鬆開了演化的枷鎖。氧氣和有氧呼吸的出現，讓生物運動得更快，長得更大——這無疑讓生存的競爭更加激烈了，這種激烈的競爭又反過來讓生物演化得更快。

　　綜合多方面的證據後，一些地質學家認為產氧光合作用至少在 27 億～ 25 億年前就開始出現了，不過產生的氧氣一直被海洋中的還原性物質攔截，因此並未出現在大氣中。到了大約 25 億年前，光合作用產生的氧氣量大大超過了海洋的攔截量，氧氣開始逐漸出現在大氣中。從大約 24.2 億年前開始，大氣中的氧氣含量飆升到目前含氧量程度的 1%～ 10%，讓地球的大氣也開始逐漸變成氧化環境。科學家將 24.2 億～ 23.2 億年前的這次氧氣含量快速增加的事件稱為大氧化事件（Great Oxygenation Event，簡稱 GOE）。

第二章　太古宙—生命初現與早期演化

光合作用出現後，氧氣首先與海洋中的鐵離子發生化學反應，形成了厚厚的含鐵層。　金書援／繪

第三章
元古宙——
大氧化事件與
多細胞生命的黎明

第三章　元古宙—大氧化事件與多細胞生命的黎明

08　第一次雪球地球事件

大約從 24 億年前開始，地球進入了一次巨大的冰期，高峰時期整個地球都可能被冰層覆蓋，成為雪球地球。這種狀態一直持續到大約 21 億年前才逐漸恢復正常。

個人努力與歷史過程

生命從大約 35 億年前誕生開始到大約 27 億年前，經歷了極為漫長和緩慢的演化過程。它們的外貌彷彿從未改變，依舊是單細胞的形態，不過它們的內部卻發生了極具革命性的改變——有氧光合作用。這種改變讓肉眼難見的微生物利用水和二氧化碳產生氧氣，從大約 25 億年前開始，它們產生的氧氣逐漸大規模釋放到全球的海洋和大氣中，深刻改變了海洋和大氣的環境，科學家將這一事件稱為大氧化事件。

往後的劇本似乎應該是生物迅速適應氧氣環境，並開始進行有氧呼吸，在有氧呼吸釋放的劇烈能量下展開激烈的生存競賽，於是物競天擇，物種迅速演化……不！實際情況並非如此。

真實的情況是，生命與地球之間還未互相熟悉。巨量氧氣快速湧入大氣中，地球的氣候產生了劇烈的波動，還一度讓地球幾乎全被覆蓋上厚厚的冰層，成為一個「雪球」。

地球真的是一個非常複雜且精密的系統，在這個系統中，任何微小的變化都有可能成為系統失衡的導火線。地球原本的環境中存在大量的二氧化碳、甲烷等溫室氣體，其中甲烷的溫室效應極為突出，它造成的溫室效應是二氧化碳的 21 倍左右，在大約 32 億年前的遠古地球上存在著含量可能是現在 100 倍以上的二氧化碳和甲烷，這就導致了儘管那時候太陽光照比現在黯淡 20%～30%，地球上海洋中海水的溫度也能達到 80°C。

但是氧氣的出現改變了這一情況。氧氣在氧化了海洋之後，就進入空氣中，將空氣中的大量甲烷氧化為二氧化碳。而同時，生物的光合作用實際上也是一個消耗二氧化碳的過程，生物在光合作用下消耗二氧化碳將其變為有機質，當生物死亡後這些有機質就會被埋藏在海底，最終變成岩石的一部分，這樣，二氧化碳也開始大量消失了。甲烷和二氧化碳含量的雙雙降低讓地表的溫室效應減弱，地表開始降溫。

除了生物的自身努力之外，可能還有一種力量發揮了推波助瀾的作用，這就是板塊運動。

科學家認為，地球出現圈層結構以後，地表就已經開始出現大陸了，這些陸地最早起源於大概35個「陸核」，它們都是隨著地球冷卻而固結，並漂浮在地函之上的小陸塊。隨著這些陸塊的相互拼合，它們開始形成原始的超大陸。目前大多數科學家都比較認可的超大陸是出現於27億年前的凱諾蘭大陸，但是從25億年前開始凱諾蘭大陸就逐漸裂解，最後變成至少三大塊。

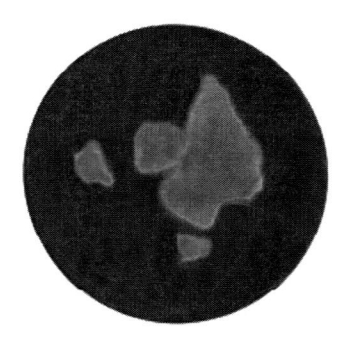

24.5億年前凱諾蘭大陸分裂後的想像復原圖，
據參考文獻 [46] 繪製。

大陸的裂解使地殼處於不穩定的狀態，陸地和海洋中的地殼會出現大規模的火山活動。有一種從火山中溢流出來的岩漿被稱為玄武岩岩

第三章　元古宙—大氧化事件與多細胞生命的黎明

漿，它在冷卻之後就形成了玄武岩。玄武岩是一種黑色的，易於風化的岩石，風化過程也會消耗大量的二氧化碳。用方程式可以這樣表示：

$CaSiO_3 + CO_2 = CaCO_3 \downarrow + SiO_2 \downarrow$ （$CaSiO_3$ 代表岩石的成分）

> 在更古老的時候，地球上可能也出現過其他的超大陸，3.6 億年前可能出現過一個叫做瓦巴拉的超大陸，隨後它又裂解，並在 31 億年前左右，出現了一個名叫烏爾的超大陸。

凱諾蘭大陸分裂後，大部分陸地可能處於赤道附近，這裡氣候溼潤，風化作用強烈，這造成二氧化碳含量大量降低。

另外，大陸的裂解過程可能為生命的繁盛提供了必要的物質條件，極大地促進了生物的繁殖。裂解中的超級大陸形成了面積廣闊的淺海環境，淺海是微生物生長的主要區域，在這裡能夠得到陸地物質源源不斷的補給，河水和海浪攜帶著大量的岩石碎屑和岩石溶解形成的無機物到達淺海，為微生物提供了足夠的營養物質。同時，在這些區域可能形成了區域性的上升洋流，由於陸源營養物質會迅速沉澱，上升洋流則能夠將這些沉澱下來的物質再次從深部帶到海水表層中，持續為微生物的光合作用提供營養。因此地質學家往往在大陸裂解期間會發現廣泛分布的富含有機質的黑色頁岩，這些都是微生物繁盛的體現。

雖然在大陸裂解的過程中也有劇烈的火山活動，但是那時生物活動和風化作用所消耗的二氧化碳的速率可能大大超過了火山活動產生二氧化碳的速率。就這樣，地球上的甲烷和二氧化碳這兩種重要的溫室氣體雙雙下降，結果導致地球迅速降溫。降溫的地球首先在兩極出現了冰川，這讓地球的降溫過程進入一種惡性循環中。

惡性循環與地球拯救者

地表的物體在陽光下既會吸收陽光能量也會反射一部分陽光能量，我們把它們反射和吸收陽光能量的比值稱為反照率，全吸收的反照率為 0，全反射的反照率為 1。在地球表面，陸地的反照率約為 0.2，海水的反照率約為 0.1，而海冰的反照率則高達 0.5～0.7，也就是說，在這些地表物質中，冰吸收的陽光能量是最少的。

由於地球上超級大陸的裂解和有氧光合作用生物的迅速繁殖，從 24 億年前開始，地球上的溫度已經降低到兩極開始出現冰川的程度。一旦冰川從兩極開始出現並逐漸蔓延，惡性循環就開始了：海冰增加－吸收陽光能量減少－氣溫降低－海冰增加……就這樣，地球平均溫度很可能在幾百萬年的時間內降到 -10℃，極端的時候可能到達 -50℃，這時整個地球基本上都被冰雪覆蓋，進入了一個超級大冰期，科學家將之形象地稱為「雪球地球」。

這次全球性大冰期最直接的證據來自一種被稱為冰磧岩的岩石。「磧」是沉積的意思，冰磧岩就是由冰川形成的沉積岩。這種沉積岩與一般流水形成的沉積岩有很大不同，後者是流水攜帶著岩石碎屑在水中碰撞、摩擦，然後沉澱下來的。因為流水的攜帶能力在同一地點都一樣，所以在同一地點沉積下來的岩石一般體積都差不多，而且被或多或少磨圓，現在最常見到的流水成因的沉積岩就是鵝卵石和沙灘了，如果仔細觀察的話，就會發現它們都是如此，大小相似，也沒什麼稜角。

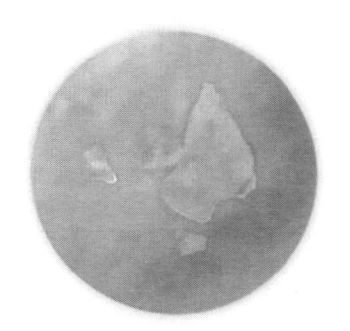

第三章　元古宙—大氧化事件與多細胞生命的黎明

雪球地球期間地球想像復原圖。
金書援／繪

　　冰磧岩冰川沿著山坡流動時，堅硬的冰層刮削沿途的岩層，將大大小小的岩石碎屑冰凍在冰層中，然後把它們運移到山腳下冰川融化的地點後堆積下來。所以冰磧岩與普通沉積岩有很大差異，它們大小不一，稜角分明。

　　地質學家在南非、北美、北歐等地的 23 億年前形成的岩層中發現了冰磧岩的跡象，而根據地磁學的研究，發現這些岩層在 23 億年前大多都處於赤道附近 —— 這些證據說明在 23 億年前的赤道附近出現了大規模的冰川活動。赤道地區如此，那麼更高緯度的地方只可能溫度更低，因此科學家推斷當時的地球可能是一個完全或大部分被冰層包裹的「雪球」狀態。

　　除了冰磧岩這個直接證據之外，還存在另外一些生物和岩石證據，這些證據分別透過碳和氧的同位素表現出來。

　　在自然界碳元素同時存在碳 -13（^{13}C）和碳 -12（^{12}C）兩種穩定同位素，其中碳 -13 含量為 1.11%，碳 -12 含量為 98.89%，這兩者的標準比值 $R_0=^{13}C/^{12}C=$（11237.2±90）×10^{-6}，但如果有擾動，碳 -13 與碳 -12 的比值將會發生改變，這時候計算出 $R_1=^{13}C/^{12}C$，一般定義 $\delta^{13}C=(R_1/R_0-$

1)，在正常無擾動時 $\delta^{13}C$ 為 0。

當生物進行光合作用時，會優先利用含有碳-12 的二氧化碳製造有機物，從而使碳-13 的含量相對升高，這時候 $\delta^{13}C$ 為正。但是在寒冷的氣候下，那些冰期之前就已經沉澱於海底的有機質被硫酸鹽氧化形成二氧化碳，這些富含碳-12 的二氧化碳溶於海水中，形成大量碳酸氫根，碳酸氫根在冰期後被帶到海洋表層並形成大量富含碳-12 的碳酸鹽岩，這些碳酸鹽岩的 $\delta^{13}C$ 將會出現負值。

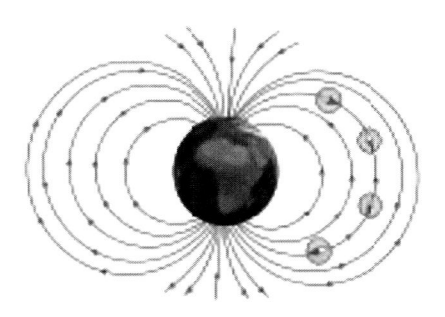

地球磁場在地質研究中非常重要。
以現代的地球磁場為例，它就好像是一個條形磁鐵，
磁感線從磁北極出發匯入磁南極。　金書援／繪

這些磁感線在赤道是與地面平行的，在南半球的方向是斜向上的，在北半球的方向是斜向下的，而且在不同的經度其指向不同，在不同緯度上傾角不同 —— 在南北兩極乾脆就是 **90°** 垂直於地面的。

也就是說，在現代，我們只需要用一個小磁針，讀出小磁針的指向和傾角就能夠大致反推出當地的經緯度。

在海水、湖水等水體深處沉積下來的沉積物中有一些是帶有鐵磁性的，所以會像小磁針一樣被當時的地球磁場磁化，並

第三章　元古宙—大氧化事件與多細胞生命的黎明

> 且按照當時的磁感線方向和傾角沉澱下來並被固結成岩。只要研究這些鐵磁性物質的特性，就能知道當時這些物質所處的地理位置。這就是地磁學在地質研究中的一個簡單應用。

也就是說，如果地球沒有發生過雪球地球事件的話，地球上的海洋沒有因冰層覆蓋而與大氣隔開，大量浮游生物生活在海洋中，$\delta^{13}C$ 為正值。但是科學家在全球的碳酸鹽岩中檢測到的結果卻顯示，幾乎在同一段時間內，$\delta^{13}C$ 出現了負值。這說明在這段時間內有機碳被氧化的量遠大於有機碳形成的量，這只有一個解釋──海洋微生物在這段時間內大規模滅絕了。而全球性的冰川事件則是這一海洋生物大規模滅絕的最好解釋。

冰川腳下的冰磧物，可以看到這些冰磧物大小懸殊，
形態各異，還稜角分明。
圖片來源：Wikipedia/Wilson44691

氧同位素也與此類似，氧同位素的 δ 值也會出現波動，其負異常往往與寒冷氣候或大陸冰川融水有關，能夠從側面反映古大陸的降溫或冰川活動。

根據對全球各地的冰磧岩、同位素的定年和研究，科學家認為這次

冰期大約從 24 億年前開始局部出現，約在 22.9 億～ 22.5 億年前進入高峰時期，在這 4,000 萬年的時間內幾乎全球各地都出現了冰川的證據，然後又斷斷續續在局部出現，一直持續到約 21 億年前。因為這次大冰期最早的證據發現於美國休倫湖畔，因此在地質學上把這次冰期稱為休倫冰期，或者是休倫冰川事件。

我也傾向於把這次事件看作是一次鮮為人知的生物大滅絕事件。比起往後的幾次生物大滅絕，這一次事件可能讓地球上絕大部分的生物就此滅絕（雖然它們只是微生物），並且讓演化過程停滯了數億年之久。在嚴酷的漫長寒冬中，才興盛了沒多久的光合作用生物因為寒冷、冰雪覆蓋而大規模死亡。

不過好在地球上還有火山活動，火山附近的高溫讓少部分海域免於被冰層覆蓋，成為部分微生物的避難所。此外，火山持續噴出的二氧化碳和甲烷也逐漸在大氣中累積，讓大氣中的溫室氣體含量重回正軌。

第三章　元古宙—大氧化事件與多細胞生命的黎明

雪球地球期間，整個地球可能都被冰層覆蓋，
只有在海底火山附近，才存在小範圍的溫暖水域，
成為原始生命的避難所。
金書援／繪

09　真核生物出現

大約從 21 億年前開始，地球從史無前例的巨大冰期中恢復了過來。正是由於解凍後地球迅速繁盛以及大氣中的氧氣含量升高，一些古菌「吃掉」了其他的細菌，並與這些細菌在細胞內共生，從而演化出真核生物。真核生物出現的時間大約在 18 億年前。

冰後的繁盛

大約 21 億年前，地球剛剛從史無前例的大冰期中恢復，生命又重新繁盛起來。當然，這裡的「繁盛」與我們現在的直觀想像不同，並不是「海闊從魚躍，天高任鳥飛」，或「幾處早鶯爭暖樹，誰家新燕啄春泥」這種整體環境都生機勃勃的繁盛。相反，那時的地球依舊是一片荒蕪。

陸地上雖然有了河流、湖泊等與現代一樣的地貌，但更多的是大面積的戈壁與沙漠，除此之外別無他物。當時地球上大氣中氧氣含量極低，且距生物登上陸地還有十多億年的時光，所以那時候的陸地極有可能與現今的火星地表一般荒涼沉寂。

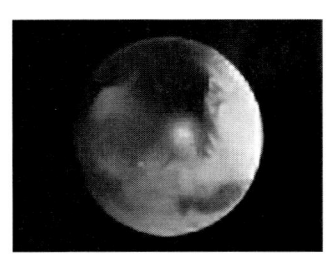

藝術家對於火星有水後的想像圖：
當時的地球，除了陸地形態與之不同外，
看上去可能與這張圖非常類似。
圖片來源：ESO/M. Kornmesser/N.Risinger (skysurvey.org)

要尋找這些旺盛生長的原始生命，還得到蔚藍無際的海洋中去，而

第三章 元古宙—大氧化事件與多細胞生命的黎明

且最好是有河流入海口的淺海。在覆蓋著地球的冰川消失後，冰川融水攜帶著大量的陸源營養物質一路奔流入海，將入海口附近的海水變成極為適合生物生長的營養池。

這些單細胞狀態的微米級原始生命肉眼不可見，不過它們可能會聚集在一起生長，就像現代的藍綠菌一樣，變成細長條或團簇狀生長，細胞中的葉綠素反射陽光中的綠色光波，讓一整片海域都顯示出濃重的綠色。這種場面現在也非常常見，它發生在淡水水域中的時候被稱為水華（藻華），發生在海洋中的時候被稱為赤潮。這是水體優養化後水中的浮游生物大量繁殖所導致的現象，在現代水華中藍綠菌就是其中重要的組成部分，而藍綠菌可能在27億年前就已經出現了，所以在大約21億年前的海洋中見到它們也毫不意外。

22億～19.5億年前可能的地球海陸分布，
那時地球已經逐漸解凍，
但陸地上依舊荒蕪，生命都在海洋中。　金書援／繪

另外能夠看到這些小生命的地方就是海岸帶附近的微生物席了。它們極為繁盛的時候，在沿海適宜的地方密密麻麻地生長，隨後又被掩埋形成了遍布世界的疊層石。

09　真核生物出現

不過，可能因為冰期的影響，也可能是氧氣含量的提升，這些原始生物中逐漸出現了一些微小，但是意義極為重大的變化。

真核生物

從生物演化的角度來看，這些原始的生命是非常古老的生命形態，它們統一叫做原核生物。什麼是原核生物呢？

人類是一種真核生物，特點是細胞中有一個由核膜包裹出來的細胞核，DNA 就「居住」在這個核中；除此之外，真核生物的細胞中還擁有各式各樣複雜的細胞器，其中最重要的是粒線體和葉綠體（葉綠體只存在於植物中）。但原核生物則不具備以上的細胞結構，它們沒有細胞核，DNA 就直接「居住」在細胞中，也沒有各種複雜的細胞器，只有簡單的核糖體。

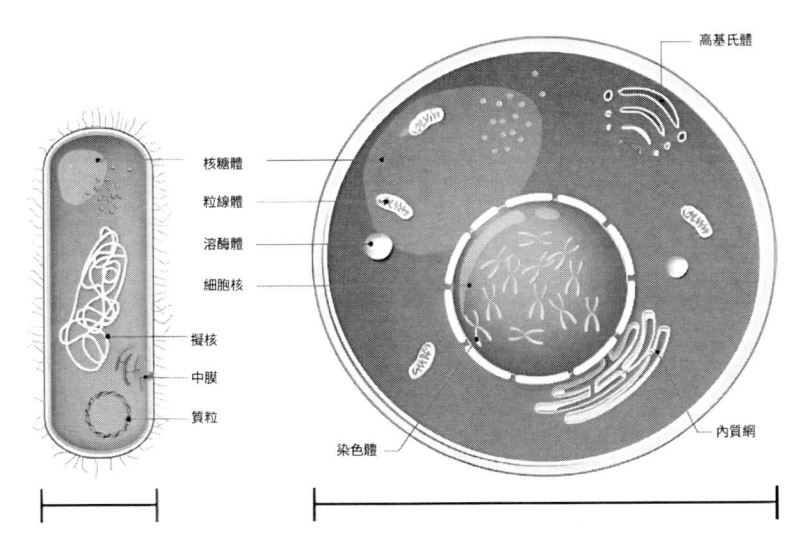

原核生物（左）和真核生物（右）細胞結構比較：
真核生物比原核生物複雜很多，出現了細胞器，而且體型也要大一些。
圖片來源：123RF

第三章　元古宙—大氧化事件與多細胞生命的黎明

目前大部分科學家都認為，真核生物實際上是由原核生物演化而來的，形象點說，是由原核生物「吃」出來的。這種理論被稱為內共生理論，在這個理論中，原本只存在多種原核生物，其中一種體型較大的原核生物「吃」掉了另外的幾種原核生物，但是並沒有將它們消化掉，結果就是所有的原核生物都共生在了一起，共同組成一個全新的生命 —— 真核生物。

這種內共生的理論是在 1905 年科學家研究葉綠體的時候被提出來的，他們認為植物的形成是由於一種無色的生物與一種含有葉綠素的生物結合在了一起。隨後有科學家更具體地指出，這種含有葉綠素的生物就是藍綠菌。而且細胞內的粒線體可能也是來自另一種能夠進行氧化磷酸化的細菌的共生。

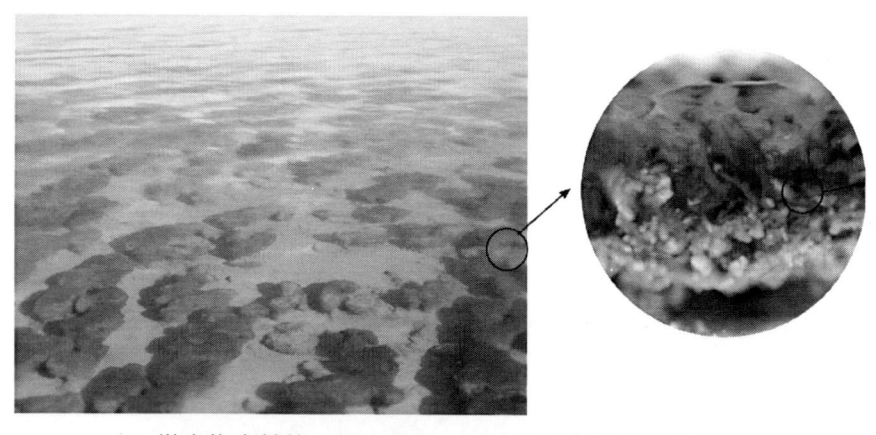

微生物席藻的一個小截面，可以看到它是分層的，
這兩種顏色代表了至少有兩種生物生活在一起。
雜居在一起的微生物為內共生提供了非常好的環境。
圖片來源：Wikipedia/Alicejmichel

最初，科學家認為蛋白質在超過 60°C 的情況下就會變性，
所以認為不會有微生物在如此高溫的情況下生活，
但是美國黃石公園內的大稜鏡溫泉中發現的嗜熱細菌改變了這一觀點，
這裡的微生物能夠在超過 80°C 的熱水中生活，
而大稜鏡溫泉的多樣顏色就是由這些細菌導致的：
泉眼中央附近溫度高達 87.2°C，有極少數細菌生活；
向外是 74°C 的區域，這裡生活著聚球藻菌屬，讓此地呈現出綠色；
再向外是 68°C 的水域，依然生活著聚球藻菌屬，由於溫度變化，它們呈現黃色；
繼續向外是 55°C 的水域，生活著異常球菌 - 棲熱菌門的生物，
它們讓水體呈現出紅色和棕色。
圖片來源：Wikipedia/ Mariana Ruiz Villarreal, LadyofHats

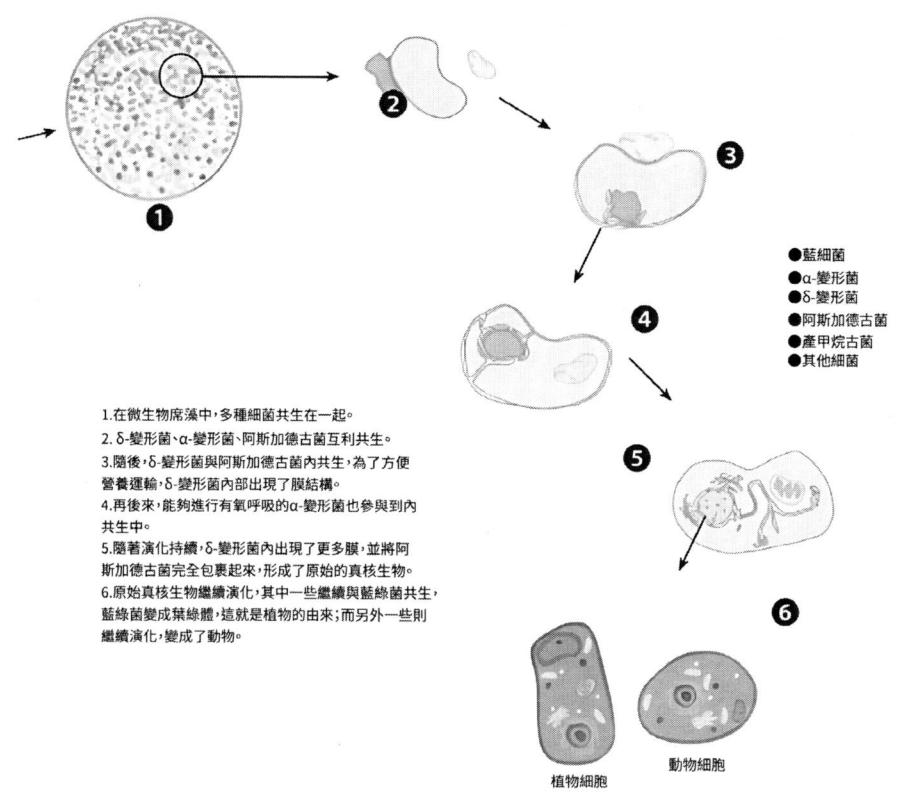

第三章　元古宙—大氧化事件與多細胞生命的黎明

1. 在微生物席藻中，多種細菌共生在一起。
2. δ-變形菌、α-變形菌、阿斯加德古菌互利共生。
3. 隨後，δ-變形菌與阿斯加德古菌內共生，為了方便營養運輸，δ-變形菌內部出現了膜結構。
4. 再後來，能夠進行有氧呼吸的α-變形菌也參與到內共生中。
5. 隨著演化持續，δ-變形菌內出現了更多膜，並將阿斯加德古菌完全包裹起來，形成了原始的真核生物。
6. 原始真核生物繼續演化，其中一些繼續與藍細菌共生，藍綠菌變成葉綠體，這就是植物的由來；而另外一些則繼續演化，變成了動物。

● 藍細菌
● α-變形菌
● δ-變形菌
● 阿斯加德古菌
● 產甲烷古菌
● 其他細菌

真核生物的內共生起源假說，根據參考文獻 [50] 繪製。
金書援／繪

　　隨著現代科技的進步，科學家透過對真核生物內細胞器和多種細菌、古菌的基因測序，以及對生物代謝過程的研究進一步證實了這一點。在目前的生物分類方案中，科學家將整個地球上的生物分為三域：細菌域、古菌域、真核域。細菌與古菌都屬於原核生物，包括人類在內的所有動物和植物都屬於真核生物。

　　古菌在原本的分類方案中是在細菌域中的，也就是說原本只有細菌域和真菌域兩個領域。但科學家從 1965 年開始使用基因測序的方法來進

行生物分類，這種方法被稱為系統發育。1977 年，美國科學家卡爾・烏斯（Carl Richard Woese）在測定一些產甲烷菌的核糖體 RNA 時，發現它們在親緣關係樹上與原核生物存在區別，因此提出了三域學說，將這些產甲烷菌劃分到古菌域中。最初的古菌只有產甲烷菌，但是很快科學家在高溫的溫泉和高鹽的鹽湖等極端環境中發現了各式各樣的古菌，從而將古菌域擴展成了一大類。

隨後科學家發現，無論是基因序列還是在細胞的代謝方面，古菌都與真核生物更相似。比如在蛋白質合成方面，古菌和真核生物都以甲硫氨酸為起始胺基酸，在細胞膜方面，古菌和真核生物都沒有肽聚糖。此外，古菌和真核生物的 DNA 都與組蛋白結合，且二者還有相似的 DNA 複製和修復方式，古菌還為一些真核生物所特有的蛋白質編碼，這些蛋白質被稱為真核生物標籤蛋白。

這讓科學家開始思考古菌與真核生物之間是不是存在著某種關係，同時也提出多種新的內共生理論，在這些理論中，古菌扮演了至關重要的角色。

其中一種理論認為，在大約 21 億年前，由於大氣中氧氣含量升高，某些厭氧的古菌出現生存危機，它們迫切需要抵抗氧氣的傷害。在微生物席藻中正好存在一種 α-變形菌，這是一種需氧生物，能夠利用氧氣進行呼吸並產生能量，於是厭氧古菌就將其吞噬並與其共生在了一起：α-變形菌幫助厭氧古菌在氧氣環境中生存，厭氧古菌則為 α-變形菌提供它代謝所必需的丙酮酸鹽。在隨後的演化中，α-變形菌變成粒線體，並進行有氧呼吸，為細胞提供能量。不過這個理論受到很多人的質疑，因為氧氣在進入 α-變形菌之前，就會進入厭氧古菌的細胞中對其造成傷害。

另外一種理論則認為，一個需要氫的產甲烷古菌在與一個能產氫的

第三章 元古宙—大氧化事件與多細胞生命的黎明

α- 變形菌共生的過程中，產甲烷古菌逐漸與 α- 變形菌融合形成了真核生物。在這個共生關係中，α- 變形菌氧化有機物生成氫氣和二氧化碳，產甲烷古菌則利用氫氣和二氧化碳合成甲烷。

而一個比較新的內共生理論認為真核生物可能起源於沿海的微生物席藻中。

微生物席藻就好像是一幢幢高聳的大廈，其中居住著不同種類的微生物。在大廈頂端，靠近水面，陽光充足，生活著大量以產氧光合作用為主的微生物，如藍綠菌等，因此這裡氧氣含量較高；大廈中間是從有氧到無氧、從有光到無光的過渡區域，這裡生活著大量化能自養型生物，如變形菌門的某些種類；而在大廈最底部，既無氧氣也缺光照，生活著各式各樣的厭氧古菌，如產甲烷菌等。

在這種大雜燴的情況下，變形菌門中的 δ- 變形菌、α- 變形菌與阿斯加德古菌生活在一起。隨後阿斯加德古菌進入 δ- 變形菌體內與之共生，為了供給有機物給阿斯加德古菌，δ- 變形菌體的細胞膜摺疊起來，將阿斯加德古菌包裹，這會演化成細胞核的結構，也解釋了為什麼古菌的基因與真核生物的基因相似。隨後，它們又將 α- 變形菌拉進來，能夠利用氧氣產生能量的 α- 變形菌最終變成了粒線體。

而另一方面，在真核生物形成之後，其中的一部分在後續的演化過程中又繼續將藍綠菌「吞」進細胞內部，藍綠菌最終變成了葉綠體，至此就形成了植物細胞。

當然，以上只是眾多內共生理論中的一小部分，真實的情況如何還需要科學家進行更多的研究，不過我們已經越來越接近答案了。

尋找祖先的旅程

「吃掉」其他細菌，並與之共生的古菌是什麼呢？科學家為了解答這個問題，不斷在尋找各種新的古菌，希望找到答案。

2015年，科學家在研究一份採自深海熱泉噴口的樣本時，從其中分離出了一些DNA，測序後組合出一種被稱為洛基古菌的新基因組，從系統發育學看，這個基因組遠比其他古菌更接近真核生物，而且洛基古菌中的真核生物標籤蛋白多達100多個。隨後，科學家前往世界各地的極端環境中尋找類似的古菌，如黃石國家公園、科羅拉多河含水層等，發現了另外3種與洛基古菌有親緣關係的古菌，並將這些古菌統稱為阿斯加德古菌。

由於阿斯加德古菌大多生活在極端環境中，實驗室條件下難以存活和培養，所以一直以來科學家都是透過環境樣本中的DNA對古菌進行間接研究，無法直接觀察。在2020年，日本的科學家在實驗室中培養出了一種阿斯加德古菌，它們有長短不一的觸手，也帶有真核基因，同時還會與某些產甲烷菌共生。科學家推斷，阿斯加德古菌的短觸手有助於它們吞噬掉自己的共生細菌。

如果這一理論是真的，那麼現有的三域分類可能又將會被更改為兩域分類了：古菌域和細菌域，真核生物將會作為古菌域的一個子集存在。

「吃貨」一小步，生物演化一大步

由一些「吃貨」微生物透過內共生過程演化而成的真核生命在出現後極大地改變了地球上的生命演化過程，時至今日，真核生物已經成為地球上的主導生命類型。當我們舉目四望，無論是動物、植物還是真菌，

第三章　元古宙─大氧化事件與多細胞生命的黎明

它們都屬於真核生物中的一分子,而那些相對來說出現更早的原核生物則還處於微小的細菌生命形態。

真核生物為什麼能夠如此成功?這是一個非常複雜的問題,簡單地說主要有兩點:一是更複雜的細胞結構;二是新穎的繁殖方式。

如前文所言,真核生物與原核生物的主要區別在於真核生物中的諸多細胞器。正是這些細胞器讓真核生物領先一步,如細胞核,這是至關重要的結構,細胞核中的 DNA 儲存著大量的遺傳訊息,這讓真核生物能夠合成更多蛋白質,從而擁有更多的複雜生命結構和生命過程;再比如粒線體,它讓真核生物能夠利用氧氣進行有氧呼吸,產生更多的能量,自然會使真核細胞更加活躍。

而真正讓真核生物超越了原核生物的可能還是其繁殖方式。

原核生物的繁殖方式類似影印機,它們傾向於複製一模一樣的自己從而讓基因遺傳下去。這種繁殖方式被稱為二分裂:它們在細胞內複製自己的基因,然後從細胞中間分裂成為兩個完全一樣的細胞,這樣就完成了整個繁殖過程。這種繁殖方式很簡單,但缺點是幾乎沒有變化!所以在生命誕生之後的漫長時間中,生命形態沒有發生什麼改變。

真核生物則有一種獨有的繁殖方式:有性繁殖。有科學家研究,很可能從真核生物誕生起,它們就以有性繁殖的方式產生下一代了。

> 至少在真核生物內部,DNA 訊息更多並不意味著生命體就一定更複雜或更高等,比如蠑螈、肺魚等動物的 DNA 訊息都比人類多,但是生命形態卻不如人類複雜。在自然界中已知 DNA 數量最多的生物是衣笠草,具有 40 條染色體,1,490 億個鹼基對,是人類基因組數量的 50 倍。

09 真核生物出現

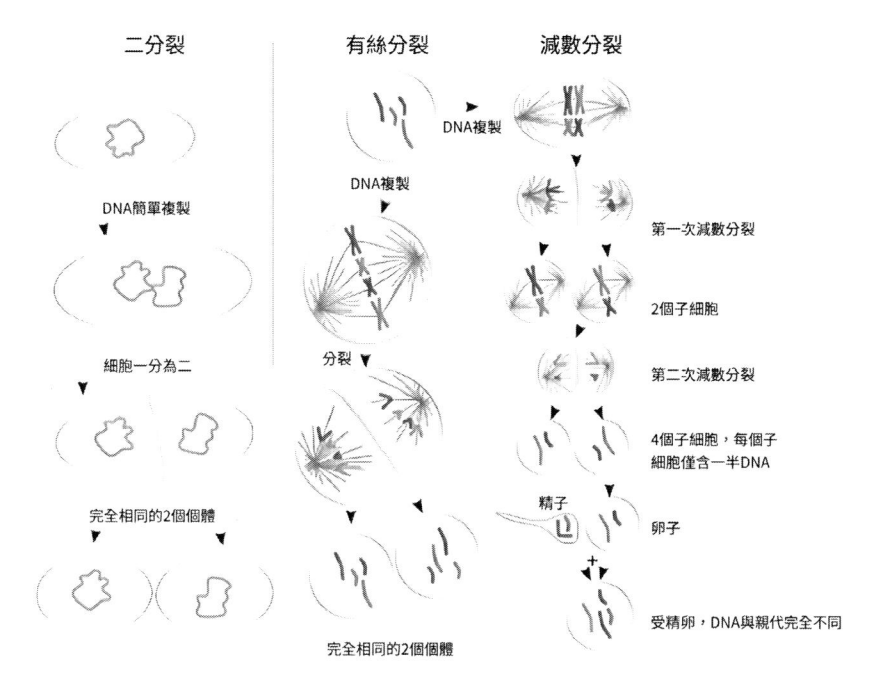

```
        二分裂              有絲分裂         減數分裂
                                          ▶ DNA複製
                         DNA複製
                                                第一次減數分裂
         DNA簡單複製
                                                2個子細胞

                                                第二次減數分裂
         細胞一分為二
                           分裂              4個子細胞，每個子
                                            細胞僅含一半DNA
                                          精子
                                              卵子
         完全相同的2個個體
                                            受精卵，DNA與親代完全不同
                         完全相同的2個個體
```

無論是原核生物還是真核生物的無性繁殖，
其結果都是複製出一模一樣的後代，
但是真核生物獨特的有性繁殖能讓後代的DNA快速產生變化。
圖片來源：Wikipedia/domdomegg 有修改

什麼是有性繁殖呢？通俗地說，爸爸有 $2n$ 個遺傳物質、媽媽也有 $2n$ 個遺傳物質，爸爸媽媽各拿出 n 個遺傳物質合併在一起形成子代，$2n$ 個遺傳物質就又成了一個完整的生物。

有性繁殖最大的意義就是變化！

無性繁殖中，生物只是簡單地複製自己，但到了有性繁殖，不同生物的遺傳物質相互融合，形成一個新的生物。這個新生物繼承了上一代的部分遺傳物質，卻又與上一代不同。就這麼一代一代繁衍下來，生物的遺傳物質不斷發生變化，相應地，生物體也就產生了各種變化，這種

第三章　元古宙—大氧化事件與多細胞生命的黎明

變化對於演化才是有意義的，它推動了在這之後地球演化過程中生命的快速演變。

正是在一代代的變化之中，真核生物才得以最終繁衍出如今眾多的物種。所以從這種角度來看，真核生物的出現只是那些「吃貨」生物的一小步，卻是整個地球上生命演化的一大步。

那麼，這一大步是什麼時候邁出的呢？對這個問題，科學家的爭議很大。

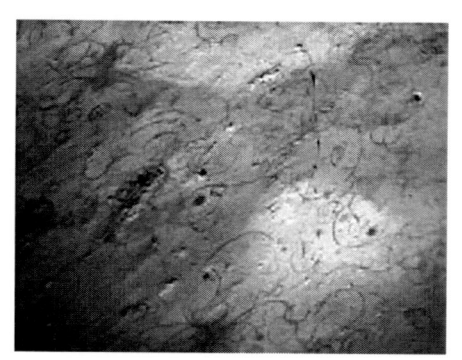

約 21 億年前的捲曲藻化石。
圖片來源：Wikipedia/Xvazquez

生物學家傾向於透過分子鐘進行估算，但是不同的人得到的結果不一樣，有些人認為真核生物起源於 27 億年前，有些人卻認為真核生物起源於 19 億～10 億年前。

地質學家則傾向於透過化石來進行確定，目前最早的疑似真核生物的實體化石出現在北美洲有 21 億年歷史的條狀鐵層中，這是一種大約 2 公釐寬，0.5 公尺長的捲曲藻化石。它可能是由許多單細胞生物聚集起來形成的一種生物集合體，而並不是單個的生物。說它疑似是因為確定真核細胞還是要看它是否有細胞核，但這些化石年代太過久遠，已經無法確定它是否有細胞核了。不過科學家認為，原核生物的直徑很難超過 50

微米，但真核生物由於其複雜的結構，所以能夠輕易超過 50 微米，因此透過化石的直徑也能夠從側面判斷它的身分。這個化石的寬度超過了 2 公釐，因此很有可能是一種真核藻類。

除此之外，還有科學家透過研究岩石中由於微生物活動而產生的有機物，如霍烷和甾烷，或研究蛋白質結構分子鐘以及相關同位素，將真核生物出現的時代定位在 27 億年前或 29 億年前，甚至更早。

10　第二次雪球地球事件

大約從 7.5 億年前開始，地球上逐漸出現了冰川的跡象，到了大約 7.2 億年前，冰川開始遍布全球 —— 第二次雪球地球事件到來了。

無聊的十億年

大約從 18 億年前到 8 億年前，地球上生命的演化過程陷入了沉寂，只有在大約 13 億年前出現了真核多細胞生物 —— 紅藻，這一事件引起了些許波瀾，除此之外幾乎沒有其他變化。這個長達 10 億年的漫長時光被古生物學家稱為「無聊的十億年」。

不僅生物演化方面乏善可陳，地球在其他方面也好似被按下了暫停鍵：海洋中的條狀鐵層停止了生長；各種同位素證據也顯示海水環境處於穩定狀態；地球氣候似乎並無波動，居然在長達十億年的時間內都沒出現過大型冰川的跡象；連大氣中的氧氣含量也不再繼續增加，一直維持在現代氧氣含量的 0.1% 左右，甚至更低的程度。

為什麼會出現這種情況呢？有些科學家認為這可能與這段時間內的地球板塊運動有關。

第三章　元古宙—大氧化事件與多細胞生命的黎明

在研究地球海陸板塊變遷的時候，地質學家發現地球在 18 億～ 13 億年前非常穩定，那時候在地球上存在一塊超級大陸 —— 哥倫比亞大陸，幾乎所有的板塊都聚集在此。

另一些科學家提出這可能與海洋中缺氧和富含硫有關。他們認為，約在 24 億年的大氧化事件並沒有完全將海洋氧化，只是讓表層海水富含氧，但是深層海洋中依舊缺氧。不過這期間深層海水中的硫酸鹽還原細菌開始繁盛（更早期這裡主要是產甲烷細菌），它們在生命活動過程中產生了大量的硫化氫等富硫物質。海洋中硫元素的大量存在讓多種微量金屬元素缺乏，如鉬、銅、鋅、鎳等，它們對真核生物的演化過程極為重要，一旦缺乏可能就會導致真核生物演化停滯，這種狀態一直持續到氧氣含量再次上升，硫元素含量驟降的局面才得以改變。

根據地質證據，哥倫比亞大陸存在期間，其內部的造山作用和火山作用都非常微弱。到了大約 13 億年前，它以一種和平緩慢的形式裂解為數塊小的陸塊，大約 9 億年前這些陸塊在赤道附近重組形成了新的超級大陸 —— 羅迪尼亞大陸。羅迪尼亞大陸囊括了當時地球上的所有陸地，從赤道一路延伸到極地。羅迪尼亞大陸形成後又繼續穩定存在，一直到 8 億年前。這期間大陸內部板塊運動和火山活動微弱，這種穩定的陸地環境可能也是同一時期內地球大氣和海洋環境平穩的原因之一。

10 第二次雪球地球事件

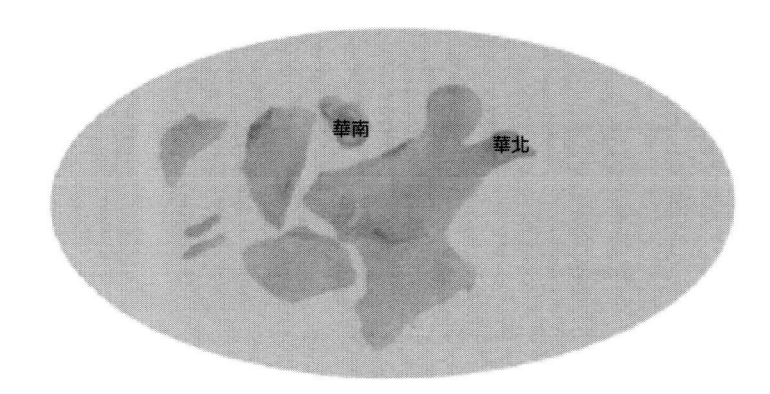

17.8 億～ 16 億年前可能的地球海陸分布，
那時地球上的陸地幾乎都集中在一起。
圖片素材來源：參考文獻 [49]　金書援／繪

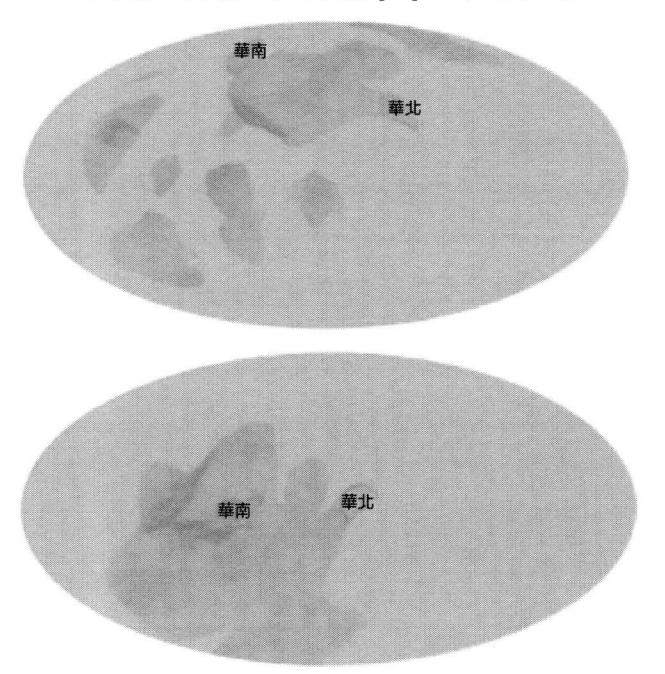

11 億年前 (上) 和 9 億年前 (下) 可能的地球海陸分布，
9 億年前地球上的陸地幾乎都集中在一起。
圖片素材來源：參考文獻 [49]　金書援／繪

第三章　元古宙—大氧化事件與多細胞生命的黎明

　　穩定的超大陸是如何影響生物演化的呢？目前尚眾說紛紜。最新的說法是，這些大陸內部造山及火山活動比較弱，而且造山帶長度相對其他時期比較短，這就意味著風化作用比較弱小，被河流帶入海洋的陸地無機物自然就少，這些無機物是生物生存的營養物質來源，缺乏會使生物「餓肚子」，自然也就不會快速地演化了。約 13 億年前的板塊運動，雖然不那麼激烈，但是也稍微改變了一點地表環境，這讓多細胞的紅藻得以出現。

解體的大陸和冰河時期

　　從大約 8.7 億年前開始，羅迪尼亞大陸開始解體，伴隨著這個過程的是劇烈的岩漿活動和多處大陸裂解，隨後大陸變成大量分散的小板塊，這些板塊大大增加了地球上淺海的面積，而那時候生物生活的主要地帶就是淺海，因此淺海面積的擴大極大增加了生物的數量，這些生物在光合作用過程中消耗了大量的二氧化碳。

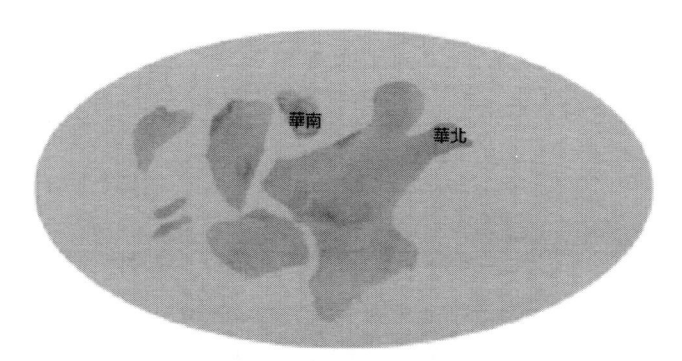

7.5 億年前可能的地球海陸分布，
羅迪尼亞大陸已經開始裂解成多個大小不等的陸塊，
依據參考文獻 [49] 繪製。

　　裂解過程也會產生劇烈的岩漿活動，火山噴發帶來的玄武岩覆蓋了地表——與第一次雪球地球事件一樣，玄武岩的快速風化也讓二氧化碳

10　第二次雪球地球事件

含量迅速降低。從大約 7.5 億年前起，地球終於打破了 10 億年的沉寂，開始出現區域性的冰川，這是第二次雪球地球事件的序幕。

隨後出現了雪球地球事件的主幕[01]：一個是 7.2 億～6.6 億年前的斯圖爾特冰期，一個是 6.5 億～6.3 億年前的馬林諾冰期，這兩個都是全球性的冰河時期。主幕之後是另外一次區域性的冰期，就好像餘波一樣，一直到 5.8 億年前才完全消退。這兩個冰河時期之間，當時的赤道附近基本上都被冰川覆蓋，更別說溫度更低的高緯度地區了，因此這一時期也被科學家形象地稱為「雪球地球」。

這次雪球地球的證據也比較充分，得到了大部分科學家的認同。包括在赤道附近廣泛分布的冰磧物、海洋中的碳同位素異常（參見〈第一次雪球地球事件〉），以及重新出現的條狀鐵層──這意味著海洋表層再次缺氧，只有光合作用生物的大規模死亡才能導致這一點。

但是他們卻對雪球地球的存在形式有些爭議。目前有三種說法，一種是「硬殼雪球」假說，一種是「半溶雪球」假說，還有一種是「薄冰雪球」假說。

一部分科學家認為雪球地球期間，地球整個都被冰層覆蓋。有些還透過模擬計算，發現當地表溫度在 -12°C 以下時，冰蓋的厚度將會達到 100 公尺以上，如此厚的冰層將會完全遮擋住陽光，導致海洋生物的大規模滅絕，同時光合作用受到嚴重削弱。這時候的地球上只有火山島嶼附近還保留有小面積的溫暖海水，其餘地方都是厚厚的冰殼。據計算，在雪球地球溫度低於 -40°C 的時候，地表冰層厚度可能會達 500～1,000 公尺，這種假說被稱為「硬殼雪球」假說。

不過這個假說的問題在於，如果冰層將地表完全覆蓋，大氣與海水

---

[01]　幕：地質歷史上的重大事件，像戲劇中的完整段落一樣。─編者注

第三章　元古宙—大氧化事件與多細胞生命的黎明

水循環完全被隔斷，隨著降雪的持續，大氣將會越來越乾燥，降雪也就會越來越少，冰川就不會特別厚，而且沒有新雪的重力作用，冰川將幾乎不能移動。這與目前觀察到的事實不符，地質學家在研究冰磧物的時候，發現許多冰磧物都是被冰川遠距離搬運所形成的，而且有些地方的冰磧物厚度可達上公里，這需要極為活躍的冰川才行。

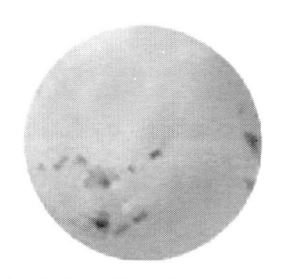

「硬殼雪球」假說，依據參考文獻 [49] 繪製

因此部分地質學家提出「半溶雪球」假說。這個假說認為地球在雪球期間可能並沒有完全被冰層覆蓋，而只是被覆蓋到古緯度 25°附近，冰層的厚度也只有 1～10 公尺，在赤道附近有大片無冰的溫暖海水，赤道周邊的海水能夠為大氣提供足量的水蒸氣，由此不斷形成降雪推動冰川的形成和移動。但是這個假說也遭到了質疑，因為如果據此推斷，海洋中依然將會有大量的光合作用生物的存活，同時光合作用形成的大量氧氣也不會使得海洋中出現缺氧的情況──但這又無法解釋海洋中存在的碳同位素異常和新出現的條狀鐵層。

還有地質學家融合了上述兩種說法而提出新的假說：「薄冰雪球」假說。這個假說認為赤道地區存在比較薄的冰層，一旦發生冰山崩裂等情況，這些薄弱的冰層會被打碎，從而連通海洋與大氣。

這些假說依然各有不足，但這其實就是地質學研究的常態。地質學作為一門研究地球過往的學科，我們能夠利用的通常只有岩石。岩石中

保留的訊息又總是殘缺且局限的，地球這麼大，每個地方發生的故事都不一樣，形成的岩石也不一樣，地質學家只能像盲人摸象一般，利用這些岩石為我們拼湊出遠古地球的一鱗半爪。不過我們可以繼續期待，隨著各學科的進步，終有一天地質學家將能夠從岩石中獲取到足夠的訊息，揭開雪球地球形態的祕密。

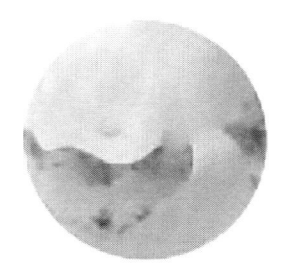

「半溶雪球」假說，依據參考文獻 [49] 繪製

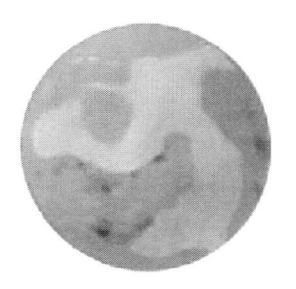

「薄冰雪球」假說，依據參考文獻 [49] 繪制

影響深遠

這次雪球地球事件就好像是一個訊號，從此之後，生物開始迅速演化，它們的體型越來越大，種類爆發式成長，終於開始讓地球變成一個生機勃勃的星球了。

為什麼在雪球地球事件之後會發生這種情況呢？可能有兩方面的因素。一方面是在此種環境下，絕大部分生物迅速死亡，只有極少數生物

第三章　元古宙—大氧化事件與多細胞生命的黎明

在火山附近或極少數未結冰的海域苟延殘喘，這些地點往往相隔甚遠，就好像一個個孤島，生物被隔離封閉在這些環境不同的孤島中獨自演化，為後面的生命多樣性積蓄了能量。

還記得達爾文（Charles Darwin）筆下的加拉巴哥群島上的地雀嗎？地理隔離導致了生殖隔離，為了適應不同的環境，分布在加拉巴哥群島的地雀由一個祖先演化成不同的類型。

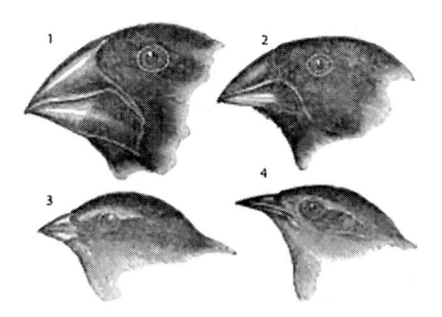

達爾文搭乘小獵犬號前往加拉巴哥群島的過程中，
發現了 14 種不同的地雀，這些地雀由同一個祖先演化而來，
但是因為不同島嶼自然條件和食物的不同，從而演化出不同的種類，
其中最明顯的區別就是牠們的喙，圖中 4 種不同的地雀分別為：
1. 大嘴地雀；2. 勇地雀；3. 小樹雀；4. 鶯雀。

> 圖片來源：《小獵犬號之旅的動物學》（*The Zoology of the Voyage of H.M.S. Beagle*）中的插圖，John Gould

雪球地球事件中，冰層就發揮了隔離和選擇的作用，微生物為了適應不同的環境，迅速演化成不同的種類；此外，極端寒冷的氣候條件和這一段時間內的強紫外線輻射，可能促進了生物的變異和突變，從而形成新的物種。最終，當冰層消失，這些微生物們重新生活在一起之後，不同的生命開始如百花綻放一樣出現在地球上了。

雪球地球事件也為後續生命快速發展提供了物質基礎。冰川對於岩石的研磨作用會在冰川消失時將大量的岩石碎屑帶入海中，這些岩石碎屑中含有大量的磷元素等微量元素，這些元素對於冰川消退後藻類的興盛產生著重要的作用，而作為初級生產力，藻類的興盛無疑能夠帶動整個生態系統的大爆發。

11 埃迪卡拉生物群

大約從 6.35 億年前開始，地球進入了埃迪卡拉紀，並演化出種類多樣且奇特的埃迪卡拉紀動物，不過這些動物在大約 5.41 億年前就基本上消失了。

埃迪卡拉紀

大約 6.35 億年前，第二次雪球地球事件的第二幕——馬林諾冰期結束了。從這時起，覆蓋全球的冰層快速消退。儘管隨後區域性的冰川覆蓋斷斷續續持續到 5.8 億年前左右，但是這並不妨礙恢復了溫暖的地球海洋中開始發生翻天覆地的變化。

在雪球地球事件之前，地球上海洋中占據主導的生物是低等的原核生物，如藍綠菌等，它們生物的多樣性低，個體微小，肉眼難以辨識。雖然從大約 18 億年前就可能已經出現真核生物，並在 13 億年前又演化出了多細胞生物——紅藻，但無論是單細胞還是多細胞的真核生物，在海洋中相對來說比較少見。

雪球地球事件之後，海洋中開始出現肉眼可見的多細胞宏觀生物（與微觀生物相對應），這些生物種類繁多，形態奇特，並且已經出現了

第三章　元古宙—大氧化事件與多細胞生命的黎明

動植物的分化。它們在寒武紀到來之前（5.41 億年前）的海洋中占據了主導地位，這一時期（6.35 億～ 5.41 億年前）被稱為埃迪卡拉紀。

埃迪卡拉生物群的場景復原模型，這一精美模型
現在被收藏於美國康乃爾大學古生物研究所的地球博物館內。
模型復原了發現於澳洲埃迪卡拉山的生物，
我們可以看到其中的動物類型大多都是軟體生物，
呈盤狀、水母狀或者是葉狀。
圖片來源：Flickr/Ryan Somma

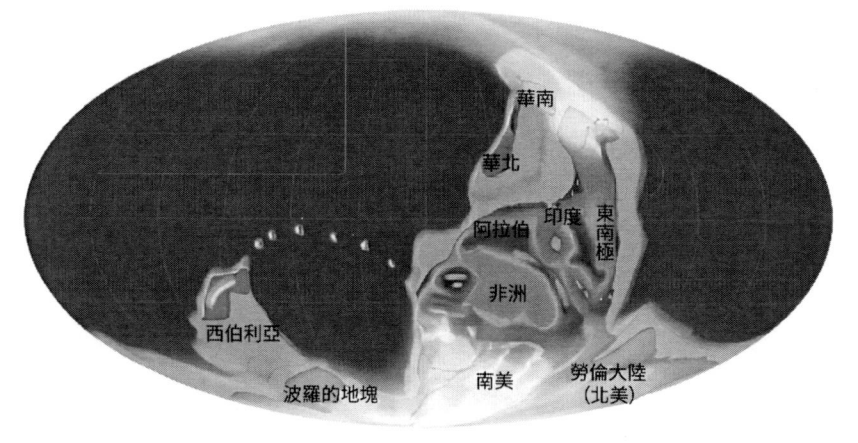

約 6 億年前的埃迪卡拉紀古地理復原圖 [02]。

1946 年，地質學家首次在澳洲南部的埃迪卡拉山的砂岩中發現了化石。這是人們第一次發現比寒武紀還要早的宏觀生物化石，所以受到了

---

[02]　本書全球古地理重建系列圖片均來源於參考文獻 [68]，依據 CC BY4.0 使用，有修改，對全球古地理的重建，科學界的觀點並未統一，本書僅代表其中之一，本系列圖片中均未畫出臺灣，臺灣在 800 萬年前才因為歐亞板塊與太平洋板塊、菲律賓板塊的擠壓而形成，在此之前均不存在。—作者注

眾多關注，也因此用埃迪卡拉為其命名。我們在各種資料中所見到的埃迪卡拉生物的復原圖都是依據埃迪卡拉山中發現的化石所繪製的，不過這些化石只能代表大約 5.5 億年前的埃迪卡拉紀生物面貌。

在最近幾十年中，地質學家在全球各地發現了不同時代的埃迪卡拉紀生物，它們各有特色。中國的華南地區由於在整個埃迪卡拉紀期間都位於比較穩定的溫暖的深海－淺海環境中，所以出產了大量不同時代精美的埃迪卡拉紀生物化石，幾乎能夠完整覆蓋埃迪卡拉紀生物的演化過程。從這些化石中，我們能看到埃迪卡拉紀生物的變遷和演化。

> 在中國，地質學家一般將埃迪卡拉紀稱為震旦紀（Sinian）。「震旦」是古代印度人對中國的古稱，1882 年，德國人李希霍芬第一次用震旦系來表示華北的一套地層。1922 年，震旦系被用來代表在中國發現的早於寒武系的一套地層，相關的研究持續到了 2004 年後，中國的地質學家重新定義震旦系為與國外埃迪卡拉系相當的地層。而與震旦系相對應的年代就是震旦紀。
>
> 「紀」和「系」分別屬於地質年代單位和年代地層單位。
>
> 地質年代單位，按照層級從大到小分別是：宙－代－紀－世－期。它們表示具體的時期，比如白堊紀，就代表 1.45 億～0.66 億年前這個長達 8,000 萬年的時期。
>
> 年代地層單位則是與地質年代相對應的地層。按層級分別是：宇－界－系－統－階。
>
> 比如，白堊系，指的就是在 1.45 億～0.66 億年前形成的地層。

第三章　元古宙—大氧化事件與多細胞生命的黎明

> 藍田生物群的化石均發現於黑色的頁岩中。頁岩是海洋、湖泊較深處非常細膩的淤泥沉澱下來後固結形成的岩石。這個深度與今天的淤泥深度是一致的，淤泥中有機物的含量較高，所以顏色發黑，這也反映了當時在此處的水面上是富含微生物的。
>
> 地質學家就是透過岩石的特點來復原生物生活的環境。

藍田生物群

發現於安徽省休寧縣的藍田生物群，可能是最古老的埃迪卡拉紀生物了，在中國一般稱其為震旦紀陡山沱期生物。

這些生物生存在 6.35 億～5.8 億年之前，那時候中國華南處於赤道以北的熱帶－亞熱帶淺海中。地質學家在此發現了 24 種宏觀生物化石，其中包括 14 種藻類、5 種動物和 5 種未能辨識的疑難化石。

根據研究，它們當時可能生活在海浪影響不到的靜水環境中，深度大約在 50～200 公尺左右。整個生物群由浮游生活的微生物、藻類及底棲固著生活的宏觀藻類和動物組成。宏觀藻類可能是其中體型較大的生物，一般在數公釐到數公分之間，最大的藍田扇形藻，體長可達 10 公分。

相對於多樣化的植物，藍田生物群中的動物種類則少得可憐。它們都是毫無移動能力、底棲生活的軟體動物，可能類似於現代的刺胞動物，依靠漂浮著的觸手捕獲水中的微生物和有機質顆粒生活。

藍田生物群部分生物想像復原圖。　　金書援／繪

甕安生物群

甕安生物群的年代稍晚於藍田生物群，也屬於震旦紀陡山沱期生物，生活在 6.2 億～ 5.7 億年前。20 世紀中期，中國在工業上的需求推動了地質事業的蓬勃發展，各大礦山被不斷發現。在這個過程中，貴州甕安進入了地質專家的視野。這裡有豐富的磷礦資源，後期的勘探顯

113

第三章　元古宙—大氧化事件與多細胞生命的黎明

示，甕安磷礦儲量達 36.5 億噸，占中國的 1/3。1975 年，地質和化工方面的專家對甕福磷礦和開陽磷礦中開採的岩石樣品進行了分析，發現了種類非常豐富的疊層石和菌藻類化石，在隨後更加詳細的研究中，地質學家將其命名為甕安生物群。

貴州甕安生物群化石的年齡已經超過了 6 億年，在經過處理後，科學家甚至能夠看到細胞層次的精細結構，這對於整個世界的古生物研究來說是極為重要的，畢竟其他地方挖到的化石，大部分都只是一個印跡而已。

為什麼甕安能夠保存這麼精美的化石呢？原因就在磷礦！相較於其他的岩石類型，磷酸鹽是一種更容易保存化石精細結構的物質。

6.3 億年前，如今多山的貴州還是一片廣袤的海洋，甕安可能位於這片海洋的一個海灣中，在這裡，海浪的作用被嚴重削弱，風浪小，適合生物生活。可能由於海底火山的原因，在這一段時間內海水中磷元素的含量非常高，磷元素是一種有利於生物生長的無機物，因此那時候甕安生物群格外繁盛。當這些生物死亡以後，迅速沉澱到海洋底部──由於風浪的作用小，這些屍體幾乎是在原地腐爛，而不會被海浪打碎。磷酸在生物死後進入細胞內沉澱下來，磷酸鹽替代了原有的細胞液支撐起細胞的結構，這樣，細胞就不會被後續沉澱下來的沉積物壓碎。

在這種天時地利之下，甕安的化石呈現出非常精美的三維立體結構，當這些化石埋藏數億年之後被挖掘，依然保持著它原先的樣子。

從這些精美的化石中，地質學家建構出了甕安生物群當時的面貌。在淺海海底生活著大量的底棲多細胞藻類；在這些藻類中，有一些疑似動物的生物，它們是什麼，長什麼樣子，科學家至今依然有爭論；在海洋中還可能浮游生活著一些其他的動植物生命體，它們到底是什麼，科

11　埃迪卡拉生物群

學家也無法確定，這些生物只有化石被存留了下來，科學家把這些不確定的化石統稱為「疑源類」。在整個甕安生物群的化石中，最具有震撼性的化石要屬動物胚胎化石了，這些化石保存了完好的個體形態，它們甚至連發育生長過程都被完美地保留了下來。

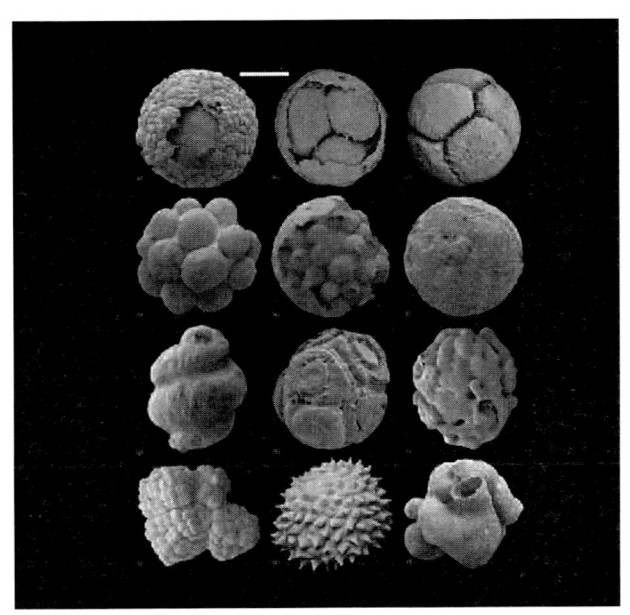

甕安生物群中發現的各類細胞級微觀生物化石，
其中 a-f 疑似為動物胚胎不同的分裂生長階段，
細胞數從一個 (a) 到數百個 (f)；g～i 則是其他類型的胚胎狀生物化石；
j 是巨大擬四分球藻，是一種多細胞植物；
k 是一種帶刺疑源類，其生物學上的分類還不清楚，
化石表面的小刺是最早的裝飾性結構，可能用來抵禦掠食者；
l 則是全球迄今為止發現的最古老的可靠海綿化石紀錄。
圖片來源：參考文獻 [71]

除此之外，我們還發現了現今所有動物最原始的祖先：貴州小春蟲，牠可能是迄今為止最為古老的兩側對稱動物了，當然，對於小春蟲的化石，科學家也還有爭議，主要原因是化石證據太少。

第三章　元古宙—大氧化事件與多細胞生命的黎明

1. 疑似不同分裂階段的動物胚胎
2. 帶刺疑源類
3. 藻類
4. 貴州始杯海綿
5. 貴州小春蟲

甕安生物群部分生物想像復原圖。　金書援／繪

廟河生物群

廟河生物群位於湖北宜昌的廟河地區，其生物生活的年代可能在 5.55 億～5.50 億年前，一般認為廟河生物群繁盛的年代和生物種類均與發現於澳洲南部的埃迪卡拉生物群一致。

高家山生物群

高家山生物群生活在埃迪卡拉紀末期，其年代可能在 5.48 億～5.42 億年前，它是目前已發現最早的動物骨骼的發現地。在現代動物中，骨骼扮演著極為重要的角色，無論是人類的內骨骼，還是蝦蟹類的外骨骼，都為動物提供了強大的運動能力和保護功能。而高家山生物群中種類多樣的有骨骼的動物化石無疑為我們研究骨骼的起源提供了完美的素材。

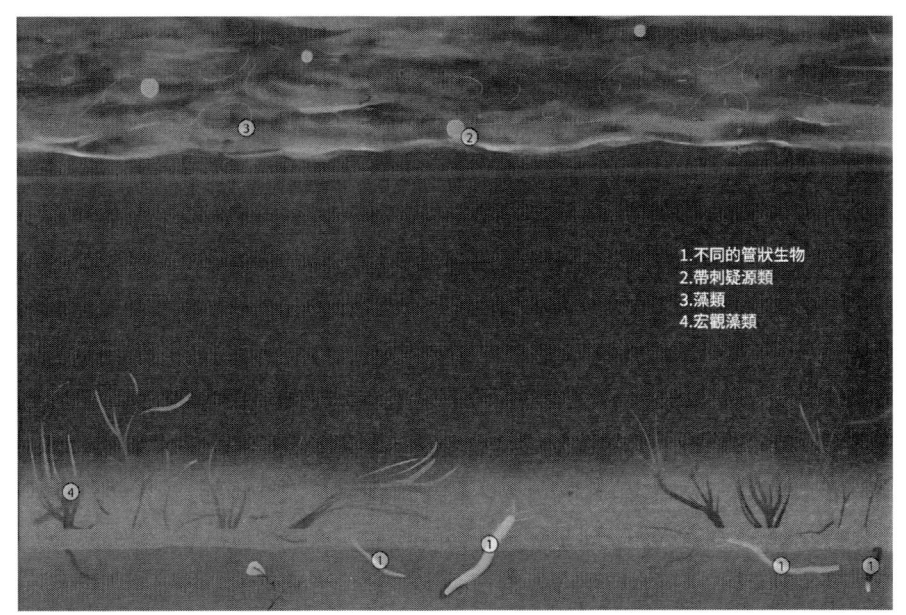

	1. 不同的管狀生物
		2. 帶刺疑源類
		3. 藻類
		4. 宏觀藻類

高家山生物群部分生物想像復原圖。　金書援／繪

　　高家山生物群中發現的骨骼動物基本上都是管狀動物，由外骨骼形成硬質管狀，軟的軀體則生活在這些管狀中。這些管狀的成分也不一樣，將生物分為完全由有機質構成的管狀生物群落、弱礦化管狀生物群落和具有礦化壁骨骼的管狀生物群落。

　　由此有科學家提出猜測，生物的骨骼最早可能完全由有機質構成，但隨後演化出一些生物，牠們能在生物體的有機質外側吸附部分無機礦物成分，形成礦化的管壁，最後，這些生物演化到連有機質外殼都不要了，直接在體外利用分泌或誘導的方式形成完全無機礦物構成的管壁生物。

　　根據在高家山生物群中發現的選擇性捕食現象，科學家推斷可能是由於生存競爭的激烈化導致了礦化外骨骼的快速出現和演化。這一時期的動物已經出現了一些能夠緩慢移動的蠕蟲狀捕食者，牠們會捕食管狀

生物，會選擇性攻擊管壁較薄的生物，而避開管壁較厚的生物。

雖然有些科學家認為高家山生物群中的骨骼動物與寒武紀時期的骨骼動物並沒有直接的演化關係，寒武紀時期動物的骨骼是單獨再次演化出來的，但高家山生物群至少為我們提供了一些有趣的骨骼演化的視角。

從中國的埃迪卡拉紀生物群的紀錄中，我們能夠大致得出一個埃迪卡拉紀生物演化脈絡來：大約 6.35 億年前（藍田生物群），化凍後的地球菌藻類異常繁盛，動物種類較少；從約 6.2 億年前開始（甕安生物群），動物種類增多，也變得更複雜了，甚至還有可能出現了最早的兩側對稱動物；從 5.5 億～5.0 億年前（廟河生物群），典型的埃迪卡拉生物占據了主導地位，牠們大多是一些軟體的扁盤狀生物；從 5.48 億年前開始（高家山生物群），在某些動物身上出現了誘導礦化的現象，這是最古老的動物骨骼。

為什麼埃迪卡拉生物演化失敗了？

我們最常見到的埃迪卡拉生物都是軟趴趴的模樣，而且絕大多數沒有移動能力，都是固著在海底營底棲生活的生物。牠們的出現可能與當時的地球環境有關：冰河時期為海洋帶來了充分的營養，冰期消退後微生物大爆發，整個海洋中到處都是各種有機、無機的營養物質，而且此時海洋中並沒有出現運動能力很強的捕食者，埃迪卡拉生物群中的生物自然也就沒有必要演化出運動這種費力不討好的功能──牠們只需要躺平在海床上，或者是底棲固著在海底，就能夠捕獲到充足的營養物質，要想得到更多，只要讓身體面積更大就行了！

這類生物在埃迪卡拉紀能夠活得很好，但是到了 5.42 億年前就基本消失了。因為這一時期地球上可能出現了有較強移動能力的生物和長骨骼的生物，面對這些氣勢洶洶的捕食者，埃迪卡拉紀那些軟綿綿毫無運動能力的奇特生物無疑會變成肥美多汁的食物，很快就被蠶食得一乾二淨了。換句話說，習慣性「躺平」，才是讓埃迪卡拉紀生物滅絕的原因。

第三章　元古宙—大氧化事件與多細胞生命的黎明

第四章
顯生宙──
生物大繁盛與文明之路

第四章　顯生宙—生物大繁盛與文明之路

■ 12　現代生物的黎明

從 5.41 億年前開始，地球進入了顯生宙，顯生宙的第一個時代就是寒武紀。從寒武紀開始，生命種類爆發式成長，生物體的複雜性也快速增加，這一現象被稱為寒武紀生命大爆發。

「金釘子」的故事

隨著埃迪卡拉生物的滅絕，從 5.41 億年前起，地球又進入了一個新的地質年代——顯生宙，顧名思義，這個時期的生物都已經大到肉眼可見了，所以才稱之為「顯生」。現在我們依然處於顯生宙中，目之所及的生物幾乎全都起源於顯生宙最早的一個紀——寒武紀。

> 顯生宙分為 3 個代：古生代、中生代、新生代，其中古生代是生命形式很古老的時代，新生代是生命形式比較新的時代，中生代則夾在兩者之間。代的下一級地質年代單位就是紀了，古生代之下有寒武紀、奧陶紀、志留紀、泥盆紀、石炭紀和二疊紀。

在寒武紀的故事正式開始之前，我們會先介紹一個在地質學相關領域應用非常廣泛的詞：「金釘子」。

「金釘子」原本並不是地質領域的詞，而是來自於一段鐵路修建中的歷史故事。1869 年，美國建成了太平洋鐵路，這是第一條橫貫北美大陸的鐵路，連接了大西洋西岸與太平洋東岸，為了紀念鐵路的成功修建，建造者在枕木上釘下了最後的 4 顆道釘，這其中就含有兩顆用黃金製作的金釘子（Golden Spike），釘子上刻有鐵路竣工日期和鐵路官員以及董事等人的名字，頂端則刻有「Last Spike」（最後一顆釘子）的字樣。由於太

平洋鐵路的修建對美國的統一和經濟、文化的發展產生了極為重要的作用，而金釘子的釘入則象徵著這項重大工程的完成，所以在地質學領域就借用了金釘子一詞，代表在地質學中的一項重大工程的完成。

油畫〈最後一顆道釘〉記錄了美國太平洋鐵路完成時釘下最後一顆道釘的場景。
圖片來源：Thomas Hill

為了避免被盜，金釘子在被釘入鐵軌後又被馬上取下，
換成了普通的鐵釘，現在它們被不同的博物館珍藏，
圖中的金釘子收藏於加利福尼亞州立鐵路博物館。
圖片來源：Wikipedia/BenFranske

在地質學上，「金釘子」正式的名稱是「全球界線層型剖面和點位」（Global Standard Stratotype Section and Point，簡寫為 GSSP）。用一個例項就很好理解了，比如，在寒武紀之後是奧陶紀，但是寒武系與奧陶系之間的確切界線在哪裡？不同地區的地質學家有不同的分法，因為全球

第四章　顯生宙─生物大繁盛與文明之路

各地的環境不一樣，因而形成的沉積岩也不一樣，假設 A 地在寒武紀時是濱海的環境，那就會沉積一層砂岩，我們現在在海岸邊看到的沙灘經過數百萬乃至數千萬年後就會形成這種岩石；但是 B 地在寒武紀時可能是熱帶淺海的環境，那麼可能會形成一層灰岩。隨後如果 A 地海平面上升，濱海環境變成了淺海─深海的環境，在砂岩之上就會覆蓋灰岩，再覆蓋一層泥岩；但是 B 地海平面下降，變成陸地，就會在灰岩之上覆蓋濱海的砂岩，隨後又會覆蓋一層河流沉積的砂岩或礫岩。那麼經過數億年之後，A 地和 B 地的地層將會完全不同。

> 還記得前文講到的年代地層單位嗎？寒武系、奧陶系分別代表著寒武紀和奧陶紀時期所形成的地層。

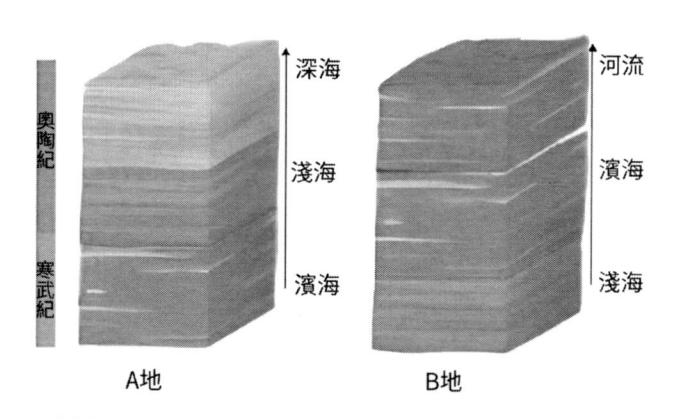

A 地和 B 地所處的環境不同，它們形成的岩層組合就會是完全不同的。
金書援／繪

當時放射性定年法的技術還沒有出現，地質學家只能根據古生物化石進行岩石的劃分。這時候又會出現問題，因為生物的種類與環境是息息相關的，比如熱帶魚類在南北極無法生存，而南北極的生物基本上也不可能到熱帶，同樣地，不同地區的生物化石種類也有極大的差異。那

麼如果要把地球作為一個整體進行研究，了解海洋和陸地的變遷和演化情況，勢必要把全球各地不同的地層都放到一起進行比較才行，而上述的情況就會導致研究有困難。

在 1960 年代，各個國家的地質學家確定地質年代的界線不同，依舊以寒武－奧陶紀的界線為例子，英國將這條界線放置在阿侖尼格期底部（約 4.78 億年前），中國和蘇聯則放在特馬豆剋期底部（約 4.85 億年前），澳洲的界線要低於特馬豆剋期（也就是說比 4.85 億年前要早），美國則在特馬豆剋期之上，雖然看起來只差了 0.08 億年，但如果換個單位就知道差別有多大了——0.08 億年就是 800 萬年，這麼漫長的時光足夠讓所有地方發生天翻地覆的變化了！

為了方便各地的地質研究能夠統一起來，國際地層委員會決定選取一系列標準點位來劃定地層界限，全球其他地方的地層界線的劃定都必須要以這些標準點位的特徵為依據，由於這一工程浩大且對於地質研究意義重大，所以地質學家把這些點位稱為「金釘子」。

> 目前已經有 77 枚「金釘子」被確立，其中只有一個在元古代的埃迪卡拉系底界，作為埃迪卡拉系的開始，其年代為 6.35 億年。其餘的 73 枚全部在顯生宙，中國有 11 枚「金釘子」。

這些標準並不好找，因為要滿足許多苛刻的條件，首先是點位要特徵明顯且易於辨識，由於生物在演化中的不可逆性，所以地質學家選擇了利用生物化石的成種事件來作為辨識特徵，也就是說某一個特徵物種的第一次出現就是主要的辨識指標。其次，由於這一標準要應用到全球，所以也要求這個特徵物種應該盡可能擁有更廣的地理分布。最後，為了保證在特徵生物化石稀少的情況下被辨識，還要求在點位上盡可能

第四章　顯生宙—生物大繁盛與文明之路

有較多的輔助指標和方式，如輔助生物指標、碳同位素演變指標、地磁極性變化指標等。

地質學上的「金釘子」雖然也金光閃閃，
但它們其實是黃銅製作的，圖中為埃迪卡拉系底界的金釘子。
圖片來源：Wikipedia/Bahudhara

對於「金釘子」的評定工作，一方面反映了當地的自然條件，另一方面反映了一個國家地質研究的水準，所以一直以來全球各個國家對於「金釘子」的評定工作競爭都很激烈。

中國華南[03]由於在古生代的絕大部分時間中都處於溫暖的淺海環境中，所以保存了豐富的生物化石，在確定這一時期的「金釘子」方面具有得天獨厚的優勢—中國的地質學家從1977年開始，就在此進行前寒武系 - 寒武系界線的研究，並取得了豐富的成果。

1983年5月，在國際前寒武系—寒武系界線工作組會議上，中國雲南晉寧梅樹村地層剖面、蘇聯西伯利亞阿爾丹河畔的烏拉漢—蘇魯古剖面和加拿大紐芬蘭布林半島的某些剖面（當時無具體剖面）一同被定為3個候選剖面。會議否決了西伯利亞的剖面，理由之一是這裡非常偏遠，「金釘子」是全球唯一標準，所以需要廣泛的國際交流，因此交通不便是極大的劣勢。

---

[03] 華南：地質學裡的華南板塊，包括如今的中國華南和西南地區。—編者注

地質學家對當地的研究並不細緻，到了 1983 年 12 月，加拿大紐芬蘭依然無法提出具體的候選剖面和詳細的研究結果。工作組以接近 80% 的支持率決定將中國雲南晉寧梅樹村剖面作為唯一的候選剖面。

加拿大紐芬蘭幸運角照片。
圖片來源：Wikipedia/Liam Herringshaw

當時的界線工作組在確定候選剖面時，經過了充分的討論，決定選取小殼化石的出現作為寒武系與前寒武系的主要鑑定特徵。紐芬蘭的剖面主要生產痕跡化石，這些痕跡化石是有運動能力的動物在海底活動的時候留下的，雖然也有少量小殼化石，但都在更晚一些時候才出現。因此紐芬蘭的研究者對採用小殼化石的劃界方法提出了質疑，並大力主張利用痕跡化石進行劃界的優勢（雖然梅樹村剖面也有痕跡化石）。

界線工作組要對國際地層委員會負責，並由國際地層委員會表決才能確定是否選用。

1984 年國際地層委員會要求重新評估界線，並決定推遲表決中國的候選剖面。這一推遲就是 6 年的時間，在這期間紐芬蘭的研究者對紐芬蘭布林半島進行了充分研究，從中選取了幸運角剖面作為候選剖面，並用一種名為足狀毛藻跡的痕跡化石作為特徵化石定義寒武系與埃迪卡拉

第四章　顯生宙—生物大繁盛與文明之路

系的分界線。隨後在 1991 年的投票中，加拿大的幸運角剖面以 52％的得票率擊敗了中國的梅樹村剖面 (32％)。

寒武紀生命大爆發

不管是梅樹村剖面還是幸運角剖面，其中的特徵化石都是相同的：骨骼動物遺留的小殼化石和動物運動遺留的痕跡化石。這也體現出寒武紀生物與埃迪卡拉紀生物的最大區別：具有更強大的運動能力和廣泛出現的動物骨骼。

雖然埃迪卡拉紀也出現了這兩種類型的化石，但是與寒武紀還是有一些區別。比如埃迪卡拉紀生物所留下的痕跡化石大多只是在海底的爬跡，但是寒武紀生物留下的痕跡化石則包括了垂直向上的痕跡，換句話說，這些生物可能已經會在海底打洞生活了。由於牠們的運動能力大大增強，使得海洋環境發生了底質變革——原本在埃迪卡拉紀海底沉積物中分層性良好，表面往往有發育完好的微生物席，但到了寒武紀，由於生物的擾動，海底沉積物上下層混合，導致海底的微生物席衰減，最終消失。這都說明了寒武紀生物運動能力的巨大進步。

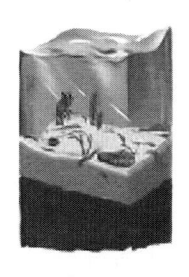

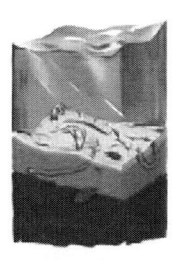

底質變革前後海底的變化示意圖。　金書援／繪

此外，埃迪卡拉紀僅有克勞德管等寥寥數種生物有礦化的外骨骼，但是寒武紀生物則爆發式地出現了大量小殼生物，牠們不僅存在外骨

骼，還出現了原始的內骨骼。所以雖然埃迪卡拉紀生物與寒武紀生物之間存在著繼承的關係，但也有巨大的區別。

研究寒武紀生命的演化避不開中國的華南。在梅樹村剖面中出現的小殼生物化石是寒武紀早期生物的面貌，這被科學家看作是寒武紀生命大爆發的一個序幕。

> 小殼化石是一些體型比較小的骨骼化石，埃迪卡拉紀骨骼生物稀少，僅在晚期發現了少量帶骨骼的化石（如克勞德管等）。但是進入寒武紀之後，骨骼生物爆發式成長，因為牠們體型小，所以殘留下來的化石也比較小，而且由於暫時無法鑑別牠們的親緣關係，所以將其籠統地稱為小殼化石。小殼化石中包含了腕足動物、軟體動物、環節動物、節肢動物、腔腸動物和海綿動物等。

在 5.25 億年前，小殼生物大規模滅絕了，隨之而來的是大約從 5.2 億年開始，寒武紀生命大爆發的主幕出現了——這就是發現於中國雲南省澄江縣帽天山的澄江生物群。澄江生物群保存在粉砂岩和泥岩之中，組成這些岩石的顆粒極為細膩，當它們覆蓋在生物體上以後，就好像一層嚴密的被子將生物完美包裹，一直保存到現在。因此澄江生物群的化石種類多樣品質精細，保存了 280 多個物種，可以歸屬到 20 多個門一級的生物分類單元中，包含了大部分現代生物門類的祖先類型。從這些化石中我們可以大致看出現代動物界是如何一步步成形的。同時，在澄江發現的化石保存了原始的消化道、生殖腺、神經系統、心血管系統等多種動物的內部結構，這些結構為科學家研究動物各種器官的起源提供了證據。

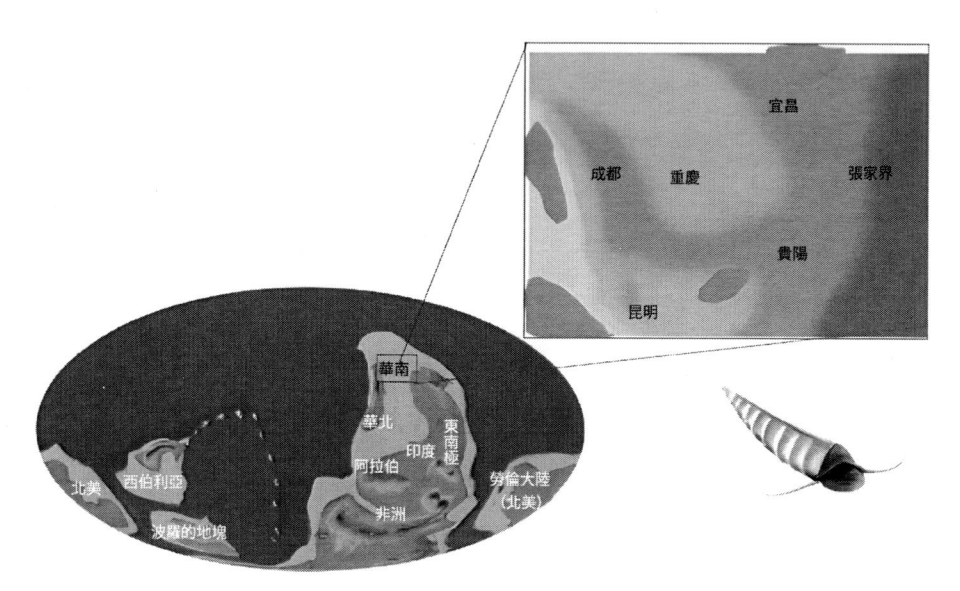

第四章　顯生宙—生物大繁盛與文明之路

約 5.4 億年前的全球古地理圖，當時的中國，絕大部分都還是海洋，
其中華南地區因為有零星陸地，且大部分處於淺海環境中，
因此非常適宜生命生存。這些生物化石保存至今，
讓華南成為研究寒武紀生物的極佳地點。

軟舌螺的復原想像圖。
圖片來源：Wikipedia/Smokeybjb

12　現代生物的黎明

澄江生物群部分生物想像復原圖。　金書援／繪

　　在澄江生物群中發現的最著名的生物就是昆明魚了，這是目前發現的最古老的脊椎動物，從某種角度來說，牠算是人類的遠祖了。另外一些被人熟知的生物包括三葉蟲和奇蝦，牠們都屬於節肢動物門。三葉蟲以其數量巨大，種類眾多而著稱，奇蝦則因其巨大的體型而被認為是寒武紀海洋中的霸主。這些明星生物與其他生物一起構成了一個繁盛的寒武紀生物群。

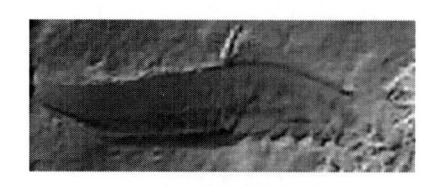

第四章　顯生宙—生物大繁盛與文明之路

昆明魚化石及其想像復原圖。
圖片來源：舒德干

> 中國發現的寒武紀時期化石眾多，對於研究寒武紀生命大爆發，以及現代動物的起源具有獨特優勢。目前已發現的寒武紀生物群包括：梅樹村生物群、寬川鋪生物群、岩家河生物群、清江生物群、澄江動物群、遵義動物群、馬龍動物群、關山動物群、杷榔生物群、石牌動物群、凱里動物群等。

「寒武紀生命大爆發」一詞的由來

19世紀的地質學家在研究地層的時候發現了一個奇怪的現象：在寒武紀及以後各時代的地層中能夠輕易找到多種動物化石，但是在寒武紀之前的地層中卻怎麼也找不到這些動物化石。當時他們將其歸結為地層的缺失，也就是說，他們認為包含有動物早期演化化石的地層可能由於某種原因缺失了，因此才找不到這些化石。

12　現代生物的黎明

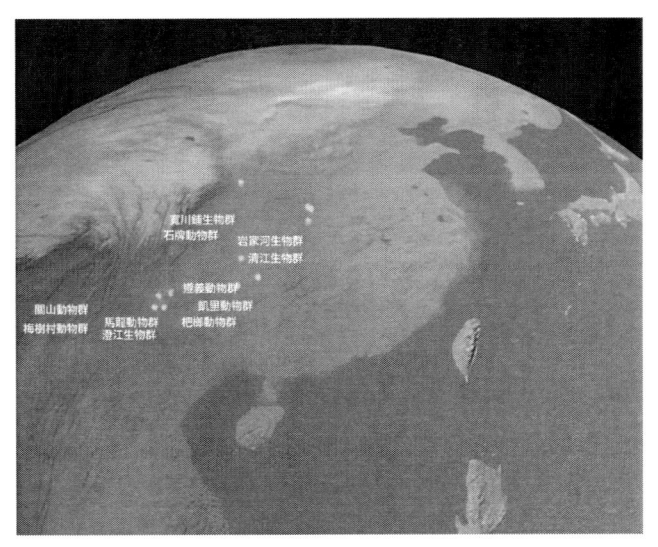

在澄江動物群中發現的動物有 37% 都是節肢動物，是所有生物中占比最高的，
因此也可以說，寒武紀是節肢動物的世界。

圖源來源：Pixabay

這個問題也被達爾文寫進了《物種起源》(*On the Origin of Species*)的第十章中：

「還有一個相似的困點，更加嚴重。我所指的是動物界的幾個主要分門的物種在已知的最下化石岩層中突然出現的情形……例如，一切寒武紀的和志留紀的三葉蟲類都是從某一種甲殼動物傳下來的，這種甲殼類一定遠在寒武紀以前就已生存了……遠在寒武紀最下層沉積以前，必然要經過一個長久的時期，這個時期與從寒武紀到今日的整個時期相比，大概一樣地長久，或者還要更長久；而且在這樣廣大的時期內，世界上必然已經充滿了生物……至於在寒武系以前的這等假定最早時期內，為什麼沒有發現富含化石的沉積物呢？……目前對於這種情形還無法加以解釋；因而這會被當作一種有力的論據來反對本書所持的觀點。」

從達爾文時代一直到 20 世紀中葉，大部分地質學家都秉持著一個觀點：生物是逐步、緩慢地演化出來的，在寒武紀之後的地層中突然發現

第四章　顯生宙─生物大繁盛與文明之路

大量化石的原因只不過是因為更早的地層缺失了，或者那些前寒武紀的化石壓根沒有被保存或發現。

1948 年，著名的美國古生物學家普雷斯頓・克羅德（Preston Cloud）提出了另一個新的觀點，他認為並不存在所謂的地層缺失事件，寒武紀地層中動物化石的突然出現就反映了生物演化的情況：這些動物是突然、快速地從某種生物演化出來，並很快在寒武紀中佔據了主導地位。為了表示這種演化的快速和突然，他採用了「eruptive evolution」這個詞，這就是寒武紀生命大爆發概念的雛形。1979 年，英國古生物學家馬丁・布拉希爾（Martin Brasier）在文章中使用了寒武紀生命大爆發（Cambrian Explosion），很快這個詞就被傳播開來。

許多人對這個詞的理解僅僅是望文生義，簡單地理解為：在寒武紀之前生物並不存在，寒武紀時期生物才突然出現並爆發式成長。

當然，看了之前內容的讀者應該明白了，這種理解是錯誤的。生命早在 35 億年前（或更早）就已經出現，但是它們在隨後近 30 億年的時光內演化得極為緩慢，一直到 6.3 億～5.42 億年前才出現了大量的宏觀生物、出現了動物和植物的分化，並演化出能運動的動物和原始的帶骨骼動物，不過絕大部分埃迪卡拉紀生物都跟現代生命沒有什麼親緣關係。

所以對寒武紀生命大爆發的正確理解是：生物在經過前寒武紀漫長的演化後，開始了一個物種種類突然增加、生物體的複雜性迅速提升的過程。

寒武紀生命大爆發的原因是什麼？

這是一個迄今為止眾說紛紜的問題。大致分為兩種理論，一種強調外部環境因素，另一種強調動物本身。

強調外部環境因素的理論包括：

1. 含氧量上升假說。前寒武紀到寒武紀期間由於氧氣含量上升，不僅增強了動物的運動能力，也使得動物能長出更大的體型，還讓大氣臭氧層變得更濃密，隔離了紫外線，令更廣大的海洋都適合生物生存。

2. 海水中鈣離子濃度上升假說和磷酸鹽分泌過程假說。這兩種假說都認為是寒武紀早期的海洋中鈣離子或磷元素含量較高，這些物質促進了生物骨骼的形成。

3. 雪球地球假說。7.2 億～ 5.41 億年前，地球環境極度寒冷，多次被冰雪覆蓋，形成雪球地球，生物不得不依靠火山噴發口附近的溫暖海水生活，這種極端環境的壓力和地理隔離導致了它們的快速演化。

強調動物本身的理論包括：

1.Hox 基因假說。Hox 基因被稱為同源異形基因，它是生物體中一類專門調整控制生物形體的基因，一旦這些基因發生突變，就會使身體的一部分變形。不同動物的 Hox 基因框架是一樣的，其形態不同的原因是在適應環境的過程中，Hox 基因的某一段發生了變異。有人認為 Hox 基因是從寒武紀之前的某個祖先演化來的，因為環境的變化，其後代的 Hox 基因發生了不同的變異，才使得寒武紀生命大爆發成為可能。

2. 神經系統假說。生物到了寒武紀，感覺系統和神經系統開始完善，腦部和視覺器官都發育完全了，這導致了寒武紀的生命大爆發。

3. 捕食壓力假說。動物骨骼的出現可能與捕食活動所造成的環境壓力密切相關，骨骼的出現不僅有助於自身的捕食活動，也可提高抵禦被捕食的能力，礦化事件主要源於食肉動物或草食性動物捕食或被捕食之間的競爭所致。

第四章　顯生宙—生物大繁盛與文明之路

4. 生物礦化假說。大氣氧含量的增加，使得大體型動物的有氧代謝成為可能，大的生物體需要礦化骨骼來支撐。

5. 空缺生態空間假說。寒武紀大爆發時存在大量沒有被生物占據的空缺生態空間，使得寒武紀初期新出現的許多動物可以快速占領這些生態空間。

13　植物登陸

從 4.76 億年前的奧陶紀早期開始，植物登上陸地。這些植物一方面改造了地表環境，另一方面以「自己」這種有機物為誘餌，最終使動物開始登上陸地。

奧陶紀生物大輻射

寒武紀生命大爆發後，現代生物群的原始祖先又經歷了約 6,000 萬年的演化，從 4.85 億年前開始進入了古生代的第二個時代：奧陶紀。

奧陶紀其實也是一個「生命大爆發」的年代，從 4.76 億年前的奧陶紀早期開始，海洋中的動物物種數量快速增加，為了與寒武紀相區分，科學家將其命名為奧陶紀生物大輻射。這一次輻射的規模是寒武紀的 3 倍多，只不過寒武紀出現的多是門一級生物，而奧陶紀則出現的多是科一級生物。在奧陶紀大輻射之後，動物群的多樣性在科一級上成長了700%；海洋中的主導生物也發生了變化 —— 從寒武紀的節肢動物為主導，變成了腕足動物、棘皮動物、頭足動物、腔腸動物（如珊瑚）等為主導。此外，寒武紀時期的生物多在淺海處生存，但是到了奧陶紀時期，生物開始向更淺和更深的地方擴展自己的生存空間。

> 在現代生物分類系統中，是按照界－門－綱－目－科－屬－種進行分級分類的。其中界之下包含若干門，門之下包含若干綱，以此類推。

所以如果我們穿越回到那個時代，將會發現奧陶紀的海洋中大部分形狀奇特的節肢動物（如奇蝦）已經消失了，取而代之的是徜徉在海洋中的各色腕足動物和頭足動物，以及繁盛的珊瑚礁。

對於奧陶紀發生生物大輻射的原因，地質學家有不同的說法。

一種說法是奧陶紀板塊活動加劇，原本存在於寒武紀的岡瓦納大陸解體了，產生大量小地塊或島嶼向赤道方向移動，圍繞著這些地塊形成了大面積的淺海，彼此遠離的淺海就像是一個個孤島，將生物隔離起來分別演化。

另一種說法認為，奧陶紀的全球海平面是整個顯生宙最高的時期，總體比現在高出 100～150 公尺，並且在此期間發生過至少 3 次大規模的海平面上升事件，導致全球海洋廣布，海洋生態領域擴大，淺水部分的氧氣含量顯著升高，由此造成了生物的大輻射。

還有說法認為在奧陶紀早期氣溫約 42°C，之後逐漸變涼至 28°C，並在這一溫度上保持了很久，一直到奧陶紀末期才開始再次降溫進入冰期。奧陶紀生物大輻射的時間點與氣候變涼的時間點相對應，所以可能是氣候變涼導致了大輻射。除此之外，還有天外物質對地球的撞擊頻率增加導致生物大輻射的假說等。

伴隨著這次海洋生物的大規模快速演化，還發生了另外一件極其重要的事情：植物開始登上陸地了！

第四章　顯生宙—生物大繁盛與文明之路

陸生植物的出現

地球上最早的植物都在海洋中生活，正如我們在前面所提到的，一些光合作用的原核生物（極有可能是藍綠菌）與某些古菌類內共生，就演變為早期的真核藻類。隨後這些藻類在海洋中繼續演化，因為多個單細胞藻類共生在一起，慢慢產生了功能的分化，進而變成多細胞藻類。在這個過程中，可能有一部分藻類和光合作用的原核生物等，透過大河的入海口倒灌進入淡水河流中，並逐漸適應了陸地淡水中的生活，成為最早的一批「內陸」居民。

陸地對於這些生物來說灼熱難耐，因為那時候地球大氣中的氧氣含量低，臭氧層可能極其稀薄，幾乎完全無法阻擋紫外線的照射；同時，陸地上處於一片荒漠狀態，一如現代的火星地表一般，貧瘠、乾旱、沉寂。

要登上陸地，首先要有一些遮擋物擋住炙熱的陽光與致命的紫外線。這些最早的遮擋物可能是地衣。地衣並不是一種植物，而是一種獨特的真菌和藍綠菌的共生體，能夠在極端嚴酷的環境中生存。如今在高緯度的極寒山區、炎熱的沙漠、貧瘠無土壤覆蓋的岩石等極端環境中都能見到它們。在這種組合中，真菌能夠分泌地衣酸類物質，並透過菌絲體向下扎入岩石中，將岩石溶解破壞，從而吸收岩石的礦物營養，同時也能吸收雨水、露水等水分；真菌將這些養分供應給藍綠菌等光合作用生物，它們利用光合作用製造的營養反哺真菌。透過這種共生關係，地衣可能是最早適應陸地的生物，同時持續不斷改造陸地岩石，將其變成原始土壤。

13 植物登陸

海邊礁石上的地衣，在遙遠的奧陶紀，
它們可能就像這樣一點點覆蓋在岩石上，並緩慢將其改造成原始土壤。
圖片來源：Flickr/Chris Eccles

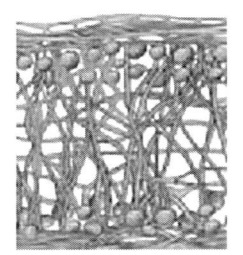

地衣結構示意圖，綠色即為綠藻或是藍藻，絲狀物為真菌菌絲體。
圖片來源：Wikipedia/Falconaumanni

> 地衣有三種形態：殼狀、葉狀、枝狀。
>
> 　　緊貼在岩石上難以剝下來的那種是殼狀地衣；貼在岩石上生長，但是很容易剝下來的是葉狀地衣；生長的時候直立如一顆小植物的就是枝狀地衣。曾經有些科學家根據枝狀地衣的形態認為陸地植物是由地衣演化而來的。

　　目前，地質學家已經在 6 億年前左右的甕安生物群中發現了疑似地衣的化石，因此它們可能至少在 6 億年前就出現在河流、海洋等水體附近的陸地上了。地衣這個先鋒的開拓作用顯示，至少在水體附近的陸地上已經有了適合植物生存的條件。地衣雖然低矮，但是早期的植物更微

139

第四章　顯生宙──生物大繁盛與文明之路

小，所以能夠為其提供一定的保護；地衣不斷破壞岩石，將其變成薄薄的土壤層，這些土壤層為植物提供了足夠的無機營養物質。

雖然不知道最早的陸地植物是如何上岸的，又是什麼樣子，但是科學家透過分子生物學和其他方式已經確定，現生植物與綠藻之間的關係最近，可能是由綠藻演化而來的。有一種屬於綠藻門的水生植物輪藻，還具有類似陸生植物的根莖葉的分化，從外表看去，它的形態與許多現生的陸地植物已經沒有什麼大的差別了，或許陸生植物的祖先就跟它類似吧。

也許是這些水生的類似植物的綠藻登陸，或是地衣中的部分綠藻發生了變故，總之，它們演化成了一類被地質學家稱為隱孢植物的早期植物。我們還不太確定隱孢植物的樣子，不過從大約 4.76 億年前開始，地球表面可能已經大量出現了這些植物，它們非常微小，高度為公釐級，最多為公分級。地質學家作此判斷的原因是這一時期的地層中廣泛出現了一些隱孢子，隱孢子的直徑僅為 20～60 微米，它們具有耐腐蝕的孢子壁（暗示著存在孢粉）和四面體結構（暗示著這是單倍體減數分裂的產物），這些特徵與現代植物中的孢子很相似，因而可能預示著這是一種陸生植物。不僅如此，地質學家還在某些地層的化石中發現了疑似隱孢植物碎片的化石，這些碎片僅有 0.3 公釐，卻包含了 2,700 多個隱孢子，這進一步顯示了隱孢植物可能就是一些微小的生物。

根據隱孢子化石的種種證據，科學家判斷，隱孢植物可能類似現代的苔蘚植物，因此將其稱為似苔蘚植物，當然很有可能真正的苔蘚植物在那時也已經出現了。所以，我們可以想像，至少從 4.76 億年前開始，地球上靠近水體的地方已經開始被各色地衣，以及綠色的似苔蘚植物和苔蘚植物占領，在陸地上鋪成一大片毛茸茸的綠色地毯。

輪藻綱輪藻屬下的球狀輪藻形態
已經與一般的陸地植物看上去非常相似了。
圖片來源：Wikipedia/Christian Fischer

為什麼植物的登陸很重要？

植物的出現，迅速地改變了地球陸地的環境，同時為動物的登陸創造了條件。

首先，植物的活動再次改造了地球的大氣。一方面光合作用形成的氧氣讓大氣中氧含量進一步提高，另一方面植物以及地衣的活動迅速破壞了地表岩石，岩石破碎後露出更大的表面積與大氣和水進行化學反應，進一步消耗了空氣中的二氧化碳。這一升一降之間，既讓氧氣增多，臭氧層增厚，又讓溫室效應降低，地球溫度下降。

其次，植物死亡以後形成有機物覆蓋在岩石碎屑表面，有機物與無機物的混合形成了肥沃的土壤，這為其他微生物和新的植物提供了養分，這是一種正向循環，植物 ── 土壤 ── 更多的植物 ── 更多的土壤……在這種正向循環下，植物迅速向全球的水岸蔓延擴散，就這樣，地球的陸地上最初形成一圈海濱、湖濱、河濱的狹窄綠帶。

最後，植物登陸後，首先到達的地方是海濱和河濱地帶，在這些地帶的溼地中開始生長，溼地上的植物產生的有機物對於海洋中的植食性生物來說是一種很大的誘惑，這種誘惑「吸引」著動物隨著植物的腳步開

第四章　顯生宙─生物大繁盛與文明之路

始登陸。所以，當我們講到植物登陸的時候，緊隨其後的是動物的登陸和演化，當然還有重大的氣候變化。

1. 海蠍
2. 牙形石
3. 角石
4. 甲冑魚類
5. 海百合
6. 三葉蟲
7. 珊瑚
8. 腹足動物
9. 雙殼動物
10. 疊層石
11. 地衣

奧陶紀生物想像復原圖。　金書援／繪

14 奧陶紀生物大滅絕

從 4.45 億年前的奧陶紀晚期開始，由於地球氣候變冷，海平面下降，奧陶紀生物大滅絕的第一幕開始了；從 4.43 億年前開始，地球氣候快速回升，冰川消亡，海平面上升，這拉開了奧陶紀生物大滅絕的第二幕。最終，海洋中有大約 50% 的屬和 80% 的種消亡了。

得益於最近這幾十年來大眾對恐龍的好奇和熱愛，恐龍的滅絕事件，連帶生物大滅絕事件一直都有很高的關注度，所以我們在科普作品中經常能看到顯生宙五次生物大滅絕的故事。而奧陶紀生物大滅絕就是其中的第一次生物大滅絕事件，因此其重要性毋庸置疑。

奧陶紀的地球長什麼樣

上一篇我們簡要介紹了奧陶紀與寒武紀生物的差異，也介紹了奧陶紀生物大輻射和最早的植物登陸事件，但大家可能對真正的奧陶紀地球依然沒有什麼直觀的概念。因此在介紹奧陶紀生物大滅絕之前，我們不妨幻想自己坐上了時光機，飛到了奧陶紀。

大約 4.6 億年前，地球處在奧陶紀中晚期，奧陶紀生物也處於鼎盛的時代。從太空看上去，地球與如今完全不同，陸地都集中在南半球，其中最大的一塊就是岡瓦納大陸了，這塊大陸從赤道以北一直延伸到南極附近，圍繞著岡瓦納大陸的則是一系列分散的小型板塊。中國此時大部分區域還是海洋，其中華南地區處於赤道偏北一點，幾乎全部都是海洋；華北則與華南隔著一片海洋，大部分也都是海洋。

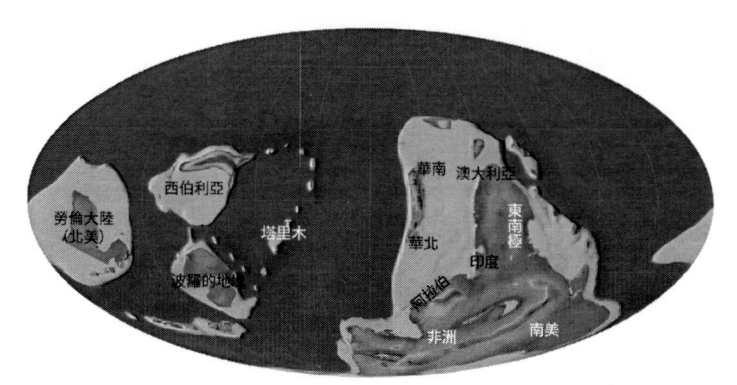

第四章　顯生宙—生物大繁盛與文明之路

約 4.6 億年前的奧陶紀全球古地理圖。

> 在講到顯生宙五次生物大滅絕的時候，人們往往忽視了「顯生宙」這個限定詞。它的意思是從寒武紀（顯生宙的起點）以來的 5.41 億年內發生了五次生物大滅絕，但是絕不意味著整個生物演化史上只發生過這五次大滅絕現象。前面的故事中講到了兩次雪球地球事件，當時很可能就有兩次（或更多次）全球的生物大滅絕事件，只不過那時候生物都還是體積微小的單細胞菌藻類，它們保存下來的化石稀少，因此無聲無息地滅絕了，容易讓人忽略。

如果時光機進入到地球大氣層，我們會看到，大陸邊緣以及內陸河流的邊緣被一圈淺淺的綠色包圍——這是已經登陸的似苔蘚植物和地衣，它們是改造地表的先鋒，正在年復一年將荒蕪的岩質大地變成適合生物生存的鬆軟肥沃的土層。但是陸地深處依舊毫無生機，其外表很可能與如今地球上那些最乾旱的荒漠別無二致了。

要是時光機飛躍河流進入海洋中，我們會看到生機勃勃的景象：海洋與河流中漂浮著眾多藻類和肉眼不可見的光合細菌，讓水體表面呈現一片綠色。

在河口和三角洲的地方底棲生活著各種腹足動物、腕足動物，我們如今一般會籠統地稱之為螺類、貝類，除了牠們之外，還生活著眾多的節肢動物。其中自然有各類三葉蟲，牠們類型眾多，大小不一，大多數以濾食為生，但是真正可怕的是鱟類，尤其以板足鱟為最。板足鱟是群居動物，一些種類的頭部長出了兩隻巨大的鉗子用於捕食，而牠們身上則披著堅硬的外殼用以保護自身。這一時期的板足鱟可能長達1.8公尺，是繼寒武紀奇蝦之後節肢動物門中的王者。

> 　　板足鱟雖然已經滅絕了，但是牠們還有近親存活下來，這就是人們口中的「馬蹄蟹」。全球僅存3屬4種，中國東南沿海能見到其中的一種——中華鱟。不過近年來由於人類的大肆捕殺，牠們也成了瀕危物種。

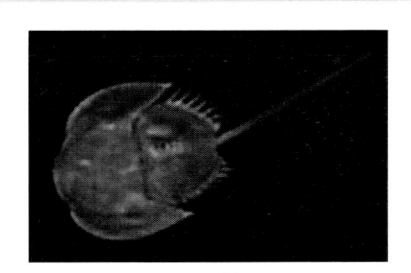

中華鱟背檢視。
圖片來源：Wikipedia/Didier Descouens

　　繼續深入海洋，會發現眾多長相奇特的筆石動物，牠們透過濾食微觀植物生活，這些筆石動物在海洋中的地位就好像現在的水母一樣，處於食物鏈的底端，經常被其他動物捕食。不過筆石動物演化迅速，種類繁多，而且由於牠們絕大部分是浮游生活，無論在淺水還是深水中都廣泛分布，所以是一種具有全球分布特徵的生物。正是由於這些特點，所以筆石動物是一種良好的特徵化石，可以幫助地質學家確定岩層的年

第四章　顯生宙─生物大繁盛與文明之路

代。例如，筆石 A 最初出現在 4.6 億年前，200 萬年後出現了筆石 B，那麼一旦地質學家在野外看到某一個地層中只有筆石 A 的化石，那麼就可以大致判斷這個岩層是 4.6 億年前的；要是地層中有筆石 A 和筆石 B，那麼可以大致判斷岩層的年代是 4.58 億年前的。而且由於牠們分布廣泛，全球都有發現，所以就方便把全球不同地方但是同一時代的地層連繫起來進行比較。在「金釘子」中有不少都是依靠筆石動物確定的，比如位於中國湖北省宜昌市王家灣村的「金釘子」，它是奧陶系與志留系的分界線。

> 筆石動物體型很小，只有 1～2 公釐長或更小，牠們在身體外圍分泌甲殼質或硬質蛋白，形成一個包裹自身的微型殼，由此保護自己。牠們一般群居生活，多個筆石動物聚集在一起會構成筆石體，形成最長可達 70 公分的大型生命集合體。有時候，多個筆石體會聚集在同一個浮胞上生長，形成類似水母的樣子。等牠們死亡後，硬質外殼就會被壓扁形成碳質薄膜形式的化石，乍看很像鉛筆在岩石層面上書寫的痕跡，因此被稱為筆石。
>
> 筆石動物在生物學分類上屬於半索動物門，其硬體特徵與現生的半索動物門羽鰓綱類似。這些現生動物也都居住在蟲管中，管壁由薄的硬蛋白質構成。

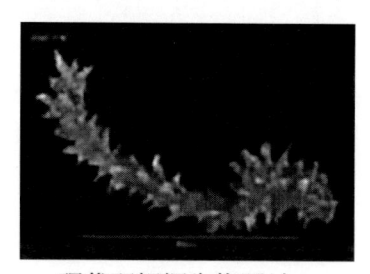

現代羽鰓綱生物照片。
圖片來源：Adrian James Testa

板足鱟是奧陶紀時期河口處最凶猛的捕食者。
圖片來源：Wikipedia/Obsidian Soul

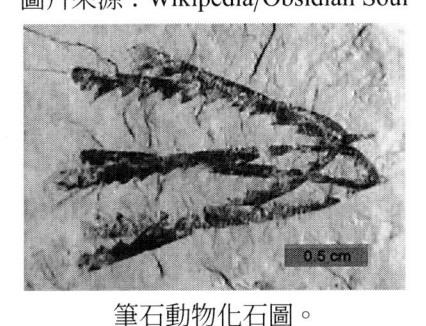

筆石動物化石圖。
圖片來源：Wikipedia/Wilson44691

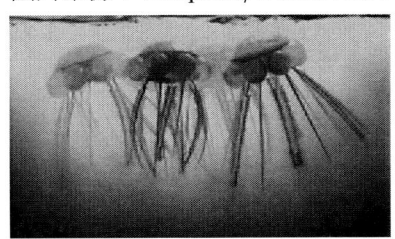

筆石動物的想像復原圖。
圖中水母狀結構並不是一個生物體，而是眾多筆石動物的集合體，
最上面為浮囊，其每一根「觸手」上細小的刺狀物才是單個的筆石動物。
圖片來源：123RF

　　時光機繼續下降，我們會看到在海面之下生活著多種動物，其中頭足類毋庸置疑是新一代的海洋霸主，牠們種類繁多，依靠著自身堅固的外骨骼和相對強大的運動能力肆意捕食海洋中的其他生物。鸚鵡亞綱在

第四章　顯生宙—生物大繁盛與文明之路

這一時期已經出現,其中的房角石是這一時期最大的生物,最長可達9公尺以上,有些科學家認為牠可能以三葉蟲、海蠍、其他頭足綱以及無頜魚為生,也有科學家認為牠們只是一些溫和的濾食動物。除了房角石之外,這時候鸚鵡螺也可能已經出現了,與房角石不同,牠們延續到了現代,所以我們確定,牠們是一種肉食性動物,會主動捕食比牠們體型更小的動物。

現代水族館中的鸚鵡螺,牠短小的觸手中間有個粗大的噴水口,
牠們能夠靠這個噴水口在海洋中相對快速地游動。
同時,在側面還有一對看似無神的眼睛,這在當時已經是很先進的器官了。
圖片來源:Flickr/Bill Abbott

　　海裡還有另外一些動物在遊蕩著,牠們形似魚,體長只有1～4公分,以濾微體植物為生。牠們的完整化石極少被保存,但是其牙齒卻經常被留存下來,而且牠們演化迅速,化石形態多樣,常被用來作為「金釘子」的特徵化石,牠們被稱為牙形石,我們在後面的故事中會介紹到。

　　此外,水母也拖著長長的觸手在海水中漫無目的地四處遊蕩,牠們可能在埃迪卡拉紀時期就已經出現,並一路繁衍至今。

　　當時光機到達海底時,我們會發現奧陶紀的海洋與現在看上去已經沒什麼差別了。珊瑚蟲和苔蘚蟲構成的礁石就好像海底的摩天大廈,為其他各類生物提供了棲息之處。海百合在礁石之間搖曳,牠們從奧陶紀

開始出現，形似植物，實則是一種動物，以濾食海中的微生物為生，牠們在海洋中留下了豐富的化石，中國貴州就盛產海百合化石。

在礁石之間，游動著的是我們的祖先 —— 魚類。不過這時候的魚類都是無頜魚，所謂的無頜就是沒有可以張合的嘴巴，所以牠們只能張著嘴巴濾食。這些古老的無頜魚運動能力非常有限，大部分時候牠們可能都在海底的泥沙間穿行，只有極少數時間才會真正像現在的魚一樣靈活地游動。正是因為運動能力有限，又沒有頜，牠們幾乎沒有應敵的方法，躲避的能力也乏善可陳，所以不得不在身上披上厚厚的盔甲作為保護自己的方式 —— 所以牠們也被稱為甲冑魚類。

海百合化石。
圖片來源：Wikipedia/Berengi

牙形石動物經常只留下這些牙形結構的化石，一度讓人們對牠的身體形態非常困惑。
圖片來源：Rexroad，Carl Buckner

現生海百合。
圖片來源：Wikpedia/Alexander Vasenin

第四章　顯生宙─生物大繁盛與文明之路

奧陶紀部分生物及生態鏈示意圖。　金書援／繪

　　而在海底，則生活著瓣鰓類、腹足類、棘皮類動物如海膽、節肢動物如三葉蟲等多種底棲動物，牠們或是固著在海底礁石上，或是匍匐在泥沙之間，或是在泥沙之下打洞生活，其生活方式已經與現代我們見到的生物沒什麼區別了。這些種類繁多的古老生物在奧陶紀可能存在著複雜的攝食生態和食物網，不過很快，牠們將會面臨第一次重大打擊──奧陶紀生物大滅絕降臨。

14 奧陶紀生物大滅絕

當時的魚體型都很小，大多身披重甲，行動緩慢，而且都沒有上下顎，以濾食為生，可能絕大部分處於被捕食的地位。

圖片來源：Nobu Tamura

奧陶紀生物大滅絕

1980年代初，芝加哥大學的古生物學家傑克·賽科斯基（Jack Sepkosk）教授在研究海洋中科級生物多樣性變化曲線的時候，首次提出了五次大規模生物滅絕現象。而後數十年間科學家不斷地研究這些大滅絕，為我們提供了越來越多關於生物大滅絕的證據。

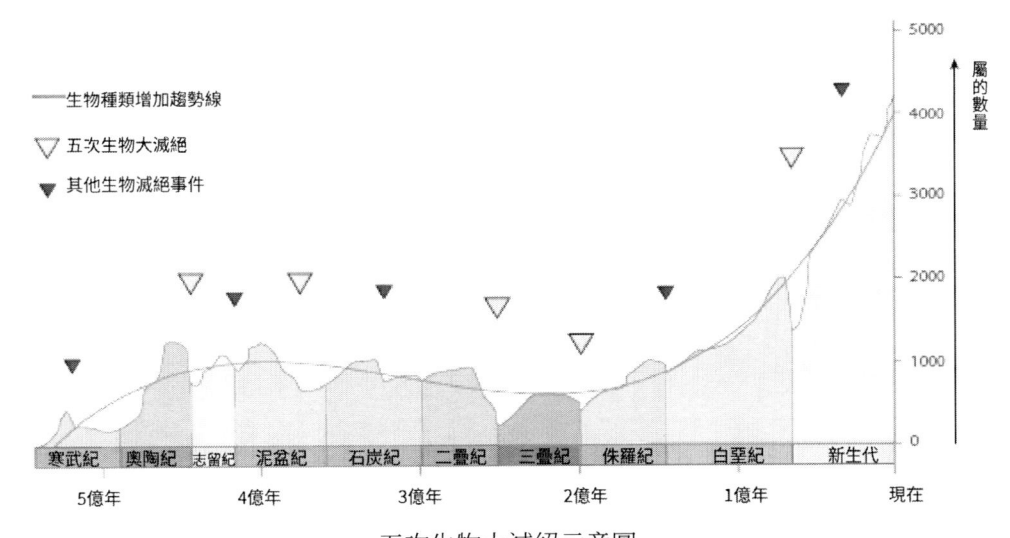

五次生物大滅絕示意圖
圖片來源：Albert Mestre，有修改

第四章 顯生宙—生物大繁盛與文明之路

在這些研究中，中國的科學家也提供了許多寶貴資料。其中一個原因是中國華南地區有大量完整、化石豐富且時代連續的奧陶紀—志留紀地層，在此基礎上，中國的古生物學家對這些地層進行了精密研究，他們對這一時期內各地層的精確同位素年齡測量已經達到了十萬年級甚至是萬年級，利用定年據搭配不同地層中發現的化石，就能以十萬年或萬年為單位，向我們建構出一幅完整連續的生物演化面貌。

> 一般來說地質學的基本時間單位是百萬年（Ma），也就是說地質學家只能將某一地質事件的時間確定在百萬年級別，可能上下相差一百萬年左右甚至更多。但是這在生物演化的研究中就非常不精確了，因為生物演化的速度非常快，一百萬年間足以發生翻天覆地的變化。比如劍齒虎和猛獁象的滅絕，距今也不過是一萬年而已。
>
> 所以科學家在研究 4 億多年前的事件時，能夠將時間精確到萬年級別，真的是一件不容易的事。

研究結果表明，奧陶紀大滅絕導致了海洋中大約 50% 的屬和 80% 的種消亡，滅絕量在整個顯生宙五次生物大滅絕中位居第二，但是儘管如此，生態系統卻並未受到嚴重傷害。這種原因可能與奧陶紀生物大滅絕的特殊模式有關。

奧陶紀生物大滅絕是五次生物大滅絕中唯一一次滅絕原因沒有什麼爭議的，各國專家一致認為是奧陶紀末期的冰川事件導致了生物的滅絕。

在大約 4.45 億年前的奧陶紀晚期，地球上進入一次短暫但比較強烈的冰期，全球海水溫度在 50 萬年內就下降了大約 5°C。位於南極的岡瓦

納大陸幾乎遍布冰川，冰川的形成導致了海平面快速下降，海平面的下降則導致適宜海洋生物生存的淺水區域大面積減少，棲息地嚴重喪失後大量生物滅絕了；與此同時，海水的迅速降溫導致原本適宜於暖水環境的生物也大量死亡，這些生物被一些適宜於涼水生存的生物替代，這是滅絕的第一幕。

到了大約 4.43 億年前，氣溫又快速回升，冰川融化海平面迅速上升，海洋深處的缺氧海水占領了原先的淺水區域，再一次導致了涼水生物群的滅絕，這是滅絕的第二幕。

不過是什麼觸發了冰川的生成呢？這一點目前還沒有一個能夠得到公認的解釋，但是人們提出了一些推測原因：造山運動和陸地植物的擴張導致了風化和光合作用的增強，這兩種作用都會導致二氧化碳含量的降低；岡瓦納大陸漂移到南極可能使海洋暖流循環遭到破壞，熱量無法正常循環，導致溫度降低；劇烈的火山運動噴發出來的火山灰迅速遮蔽了陽光，這也是導致溫度降低的原因之一。

奧陶紀生物大滅絕的啟示

大滅絕使得原本的生態平衡重新洗牌，原有的優勢物種快速衰落從而被新的優勢物種替代，比如恐龍滅絕後被哺乳動物替代，這讓生命演化的過程和軌跡發生了重大的變更，假如大滅絕未曾發生，今日的生物群必將面目全非。

在滅絕過程中，我們看到了溫室－冰室－溫室的快速氣候變化對於生物演化的巨大影響，這對於現在也是一個很重要的啟示，人類目前面臨的氣候暖化問題是不是也會導致大規模的生物大滅絕？這些生物滅絕導致的生態平衡被打破後，人類應該何去何從？人類目前的活動對於地球環境的改變速度前所未有，但是我們也需要發展，如何平衡發展與環

第四章　顯生宙─生物大繁盛與文明之路

境之間的關係？

　　地球演化中有很多「坑」，我們不踩很難知道，但是只要踩了就有可能滅絕，比如奧陶紀生物大滅絕就是因為環境的快速變化導致的，如何能夠避開這些坑？這其實就是地質學家工作的一部分意義所在了。我們無法預測未來，但是希望能夠透過揭示地球過去的歷史，為人類的未來找到方向。

■ 15　維管束植物出現

　　從4.32億年前的志留紀早期開始，地球上出現了最早的維管束植物──原蕨類植物。那時它們還沒有根和葉，只有光禿禿的莖桿，但很快就演化出根和葉，大規模製造土壤並提升大氣中的氧氣含量，為即將到來的動物登陸做好了準備。

　　自從奧陶紀時期植物登上陸地以後，它們就迅速在陸地上繁衍開來了，就算是奧陶紀末期的生物大滅絕也未打斷它們的演化過程。

　　最早的植物只是一些體型微小的似苔蘚植物，這些植物雖然對陸地的惡劣環境有不錯的適應能力，而且也可能極大改善了地球上的早期陸地環境，但是生存的壓力卻逼著這些植物繼續演化下去。

> 一部分科學家認為維管束植物起源於藻類中的綠藻，還有一部分科學家認為蕨類植物起源於苔蘚植物，這是一個有爭議的問題。

學會用「吸管」喝水

在多細胞植物中,細胞已經產生了分化,一部分細胞專職進行光合作用製造營養,另一部分細胞則會變成一種類似生殖細胞的細胞,這些細胞無法自己合成營養物質,因此需要來自於光合作用細胞的營養物質才能夠生活下去。原始的多細胞植物會形成一種被稱為胞間連絲的結構,利用這種結構能夠進行細胞質和營養物質的運輸,這種方式所能運輸的距離極短,可能經過短短幾個或十幾個細胞之後就已經效率幾近於零了,因此早期的多細胞植物體型都很微小。

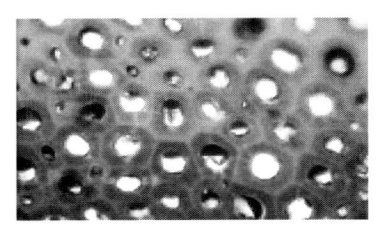

在細胞壁之間,穿越細胞壁的細絲狀結構即為胞間連絲。
圖片來源:Wikipedia

當登陸之後,這些微小的植物可能會面臨兩個問題:光合作用和繁殖。如果植物生長的地區剛好較為低矮,那麼獲得充足的陽光進行光合作用就是一件極為重要的事情,因此植物需要長得更高;此外,如果地面遍布低矮的同類,那些長得更高的植物無疑能夠避免遮擋,獲得更多的陽光,從而有可能存活得更久。此外,生物繁殖的本能要求它們將自身的孢子傳播到更廣泛的地方去,於是向高處生長就成為生存的關鍵。

更高的植物就意味著更多的細胞,原有的胞間連絲方式傳輸營養不再可行。此外,植物如果要長高,那麼來自地下土壤中的礦物質需要向上運輸,而來自高處光合作用的營養要向下運輸到整個植株中去,所以演化出更有效率的營養傳輸方式就成為必然的選擇。

第四章　顯生宙—生物大繁盛與文明之路

　　基於這個需求，植物中開始分化出一些新的細胞，這些細胞構成了一種管狀的通道，這種通道就好像一根根吸管，植物透過它們能夠自由地將營養物質傳遞到全身各處。同時，為了支撐這些長長的「吸管」，細胞的細胞壁也開始變硬——這些新形成的結構被稱為維管組織，維管組織集合在一起就形成了維管束。

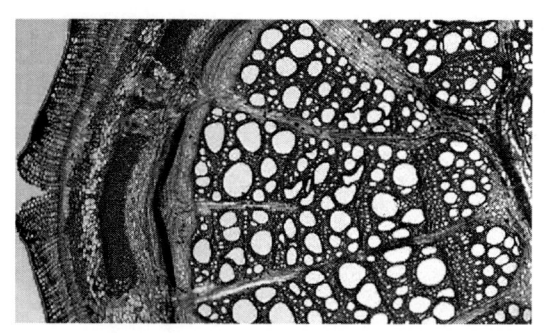

顯微鏡下的現代維管束植物結構圖，圖中的大圓孔就是維管束，我們可以想像將一大把吸管插入水中，然後從吸管的正上方向下俯視，就是與本圖差不多的效果。平時我們經常吃的蓮藕、芹菜，折斷時出現在斷口的細絲也是維管束。
圖片來源：Berkshire Community College Bioscience Image Library

　　當維管束出現之後，一種新的植物類型誕生了，這就是維管束植物。目前我們發現最早的維管束植物的證據是一些孢子。2009 年，科學家在阿拉伯石油勘探的岩芯中發現了一些 4.5 億年前左右微小的三縫孢子。在現代植物中，唯有蕨類植物才會產生這種三縫孢子，因此科學家們認為，這可能說明 4.5 億年前就已經有最古老的與蕨類植物相似的維管束植物了。

　　目前真正被公認的早期維管束植物的實體化石證據是頂囊蕨，這種植物在大約 4.32 億年前的志留紀早期就已經出現了。頂囊蕨體型纖細，莖稈直徑可能只有 2～3 公釐左右，其末端可能只有 1 公釐，但其高度

卻可達到 10 公分左右。而且最怪異的是，它們並沒有葉子，只有光禿禿的莖稈和莖稈頂端的孢子囊。此外，它們與現今一般意義上的植物還有很大的區別，比如它們沒有真正的根，只具有一些擬根莖或假根，這些器官主要發揮了固著植物的作用，也初步具備了吸收土壤中的無機物和水分的作用，但是與現代植物的根系相比還是差得很遠。因此，科學家專門為頂囊蕨以及其他類似的原始蕨類建立了一個植物門——原蕨植物門。

頂囊蕨到志留紀中晚期之後，已經廣泛分布到全球了。地質學家在新疆、雲南等地都發現了這種生物的化石，它們來自大約 4.2 億年前的志留紀晚期的地層中。而且由於此時距離頂囊蕨最早出現的時候已經有 1,000 萬年之久，包括頂囊蕨在內的最早的維管束植物已經演化出了更多新的類型，它們組成了一個原始的陸地植物生態群落。

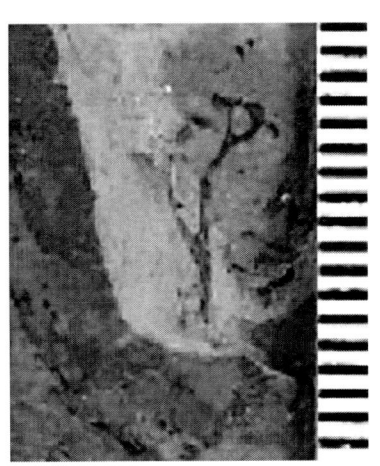

頂囊蕨的化石，右側比例尺中黑白格子長度為 1 公釐。
圖片來源：Bruce Martin

第四章　顯生宙─生物大繁盛與文明之路

頂囊蕨的想像復原圖。
圖片來源：Matteo De Stefano/MUSE

　　4.32 億年前，頂囊蕨出現之後，原始的蕨類植物很快就演化出多種類型。科學家在中國江蘇大約 4.23 億年前的地層中研究植物孢子時發現了 11 屬 20 種的三縫孢，這說明在 1,000 萬年內，原始的蕨類植物就已經快速演化了。而到了大約 4.1 億年前的泥盆紀早期，它們就已經演化出了類似根和葉的結構，而且可能有些植物的體型已經達到了公尺級。從 4.02 億年前開始，現代植物特徵和多樣性基本上都已經出現了。

　　基於這些研究，科學家將陸生植物的演化劃分為 3 個時代：始胚植物時代、始維管束植物時代和真維管束植物時代。始胚植物時代從 4.76 億～ 4.32 億年前開始，這個時代並沒有發現植物的實體化石，只有大量的隱孢子被發現，它們預示著植物的登陸；始維管束植物時代是從 4.32 億～ 4.02 億年前開始，這一時期發現了具有維管束但卻非常原始的蕨類植物，它們包括前面提到的頂囊蕨、石松類和工蕨類等；而 4.02 億～ 2.56 億年前就被稱為真維管束植物的時代。

15　維管束植物出現

志留紀晚期，植物已經登陸，並開始形成原始的生態群落。　金書援／繪

維管束植物出現的意義

奧陶紀出現的似苔蘚植物雖然已經登上了陸地，但是它們與現代的苔蘚植物生活習性類似，只能生活在潮溼的岸邊，無法向陸地更深處生長。維管束植物的出現改變了這一狀況。

就植物的生態意義而言，維管束植物與苔蘚植物類似，都有助於製造土壤、改變地球上的氧氣含量，並為動物搭建合適的生活環境。不過，維管束植物體型由於比苔蘚植物高大許多，也有著與此對應的更加龐大的根系，這些根系破壞陸地裸露岩石的能力要比苔蘚植物高出許多倍。

維管束植物更大的體型也意味著它們倒下後會形成更多有機物，這些有機物與破碎的岩石一起，以前所未有的速度形成土壤。此外，龐大的根系和更多的土壤也攔截了雨水，讓原本較為乾旱的內陸變得潮溼起來。這些因素加在一起，使得新鮮的土壤成為一個富含無機物、有機物

第四章　顯生宙—生物大繁盛與文明之路

和水分的地方。土壤表層變成了苔蘚植物的天堂，而土壤內部則成為古菌、真菌、細菌、藻類等各種微生物的樂園。這些生物構成了一個複雜而全新的生態系統 —— 土壤生態系統。

在這個生態系統中，生物們各司其職。大型植物為底層生物提供了遮蔽，它們死亡後則為這些生物提供了充足的有機物營養；有些微生物利用其固氮能力與植物根系生長在一起，為植物提供充足的氮肥。有些則利用其分解無機物的能力，將岩石碎屑分解為更容易被植物吸收的無機物離子；有些腐生性生物將死亡的各類生物重新消化變成無機物回到整個生態循環中去。

隨著維管束植物的擴張，這個複雜的土壤生態系統也隨之擴張。遊戲《星海爭霸》裡有一個蟲族，必須要在被菌毯覆蓋的土地上才能建造建築，生產蟲族士兵。土壤就像菌毯一樣，隨著維管束植物的擴張而不斷在地球表面擴張。土壤的擴張最終為動物的登陸和演化提供了完美的棲息場所。

在增加氧氣含量方面，這些維管束植物也做出了非常大的貢獻。有科學家曾經計算過地質時期的氧氣變化情況，在 4 億～ 3.6 億年前，地球上氧氣含量從現代氧氣含量的 15% 躍升到 30% 左右，這可能就與維管束植物演化出了葉片後的大規模光合作用過程有關。

■ 16　動物登陸

至少從 4.28 億年前的志留紀晚期開始，地球的陸地上就已經出現了陸生動物。這些節肢動物早早地登上了陸地表面，與各種植物一起構成了完善而複雜的陸地生態系統。

志留紀是一個非常重要的過渡性時代，不僅植物長出了維管束，真正有能力進軍內陸地區，與此同時，可能也發生了節肢動物登陸的事件。

> 科學家對登陸這一概念也有爭議，比如是全生命週期中都在陸地才算登陸，還是說絕大部分生命週期都在陸地，只有產卵才回到海洋也算登陸？

在生物演化方面，節肢動物是一種非常成功的生物，單看現在的動物界，節肢動物門的物種數量約為 120 萬種，占整個動物界物種數量的 80%。牠們活躍在各個地方，從令人討厭的蚊子、蒼蠅、蟑螂，到可怕的蠍子、蜈蚣、蜘蛛，再到水中的蝦蟹類等，都屬於節肢動物。要是從地質歷史上來看更不得了，寒武紀時期最先稱霸海洋，也最先爆發性演化的就是節肢動物——當其他動物還是運動能力差、身體微小的模樣時，體型長達 1 公尺的奇蝦已經稱霸海洋了，而種類繁多的三葉蟲更是貢獻了澄江動物群中 37% 的生物種數。

這些生物擅長適應極端環境，生存能力強大，演化迅速，因此很容易在演化中捷足先登，在登陸中和登陸以後都是如此。目前發現最古老的陸地足跡化石、最早確定的陸生生物、最早的陸地霸主、最早能飛的生物，都是節肢動物。

可能也正是節肢動物在演化中如此耀眼的原因，很多小說、電影、遊戲中都特地設定了一個「蟲族」的角色作為人類星際時代的強大對手。比如在遊戲《星海爭霸》、科幻電影《星艦戰將》(Starship Troopers) 中設定了一個極其強大的種族，牠們沒有個體智慧，完全靠腦蟲的指揮，蟲群中等級分明，有專門的工蟲、兵蟲等職業劃分，一如現代的蟻群和蜂群。而且牠們的基因變異極快，能夠迅速根據敵人的武器配置進化出對

第四章　顯生宙—生物大繁盛與文明之路

應的對抗方式。在電影中，人類幾乎次次都被蟲族打退。

當然，真實的「蟲族」並沒有發展出如此高的智慧，不過牠們的適應能力確實也令人嘆為觀止——牠們可能在 4.9 億年前的寒武紀末期到奧陶紀早期就已經開始嘗試登上陸地或者在海灘上活動了。牠們的活動足跡被細膩的沙灘掩埋，變成了砂岩中的珍貴化石。

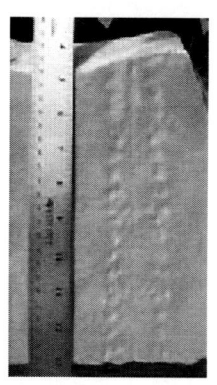

寒武紀時期的某種節肢動物足跡化石，
有科學家認為這是它們在潮間帶活動時留下的。
圖片來源：Wikipedia/Kennethcgass

不過當時的陸地上並沒有節肢動物生存的環境：大氣中氧氣含量稀薄，紫外線很強烈，而那時候陸地植物可能也沒有出現，牠們自然就找不到庇護所和食物，所以可能只在海灘上短暫停留後就再次回到了海洋中。

至於牠們為什麼會冒險到海灘上，也有不同的說法。有些人認為牠們可能是為了躲避捕食者，或追逐獵物；有些人則認為是拜潮汐所賜。來自月球和太陽的引力會吸引海水，讓海水週期性漲落，漲潮時生物自然隨著海潮到達了海灘的高處，但是隨著海潮回落，有些生物被遺落在溼答答的海灘上，其中不僅有各色藻類植物，還會有各種小動物，這些小動物為了逃回海洋中自然就會在海灘上爬行留下足跡。現代趕潮的原

理也是類似，潮水漲落使得許多生物遺落在了海灘上，人們就趁著潮水退去撿拾各種海洋生物。

> 無論是植物還是動物的登陸都與潮汐有關係。動物可以移動回到海洋中，但是植物並沒有長腿，它們不得不匍匐在海岸上忍耐著強烈的紫外線和陽光曝曬，其中不能適應的就直接死亡了，但是總會有少數幸運兒能夠堅持到下一次潮水來臨，獲得水分和海洋暫時的保護，從而能夠繼續生活下去，久而久之，一部分植物適應了這種半海水半陸地的環境，再有一部分則乾脆與真菌結合形成地衣，能夠長期生活在陸地上。這些地衣中又演化出原始的似苔蘚植物，或者是與此同時另外一部分海洋植物也適應了陸地環境，變成似苔蘚植物。

現代海岸邊，每次退潮之後總會有各式各樣的海洋動植物出現在海灘上，地質作用的基本原理也都是類似的，在遙遠的地質歷史時期，潮汐之後，每到退潮之際，就會有大量海洋生物被遺留在海灘上。

圖片來源：Flickr/Yoni Lerner

真正無可置疑的最早的陸地生物出現在 4.28 億年前，牠們被命名為紐氏呼氣蟲，這是一種非常類似現代千足蟲（馬陸）的生物，體長只有 1 公分左右。說紐氏呼氣蟲是無可置疑的陸地生物是因為在牠們的化石附

第四章　顯生宙—生物大繁盛與文明之路

肢上發現了氣門，氣門是一些非常細小的小孔，能夠讓空氣進入牠們的氣管融入到呼吸過程中。這種氣體交換系統只能在陸地上發揮功能，因而牠可能就是最早的陸地生物之一。考量到氣門的演化也需要時間，所以科學家認為這些節肢動物可能從奧陶紀時期就開始了陸地化過程，牠們與植物一起登陸，然後逐漸適應陸地生活。

紐氏呼氣蟲想像復原圖。
圖片來源：Matteo De Stefano/MUSE

　　關於動物與植物一起登陸的證據有很多，世界各國都發現過。在中國新疆發現的志留紀晚期植物化石中，人們發現頂囊蕨孢子囊的邊緣帶有刺，另外一種植物的枝幹表面也布滿刺。在現代植物中，這些小刺主要是植物用於保護自身免受陸生無脊椎動物的傷害。志留紀植物出現這些小刺意味著當時可能早已出現了陸生無脊椎動物了，而且動物與植物一起協同演化了許多年。

　　國外的證據則比較清晰地展示了這一點。地質學家很早就在德國、加拿大、美國、英國等多地的地層中都發現了古老的千足蟲化石，但是最近才確定了牠們的精確年齡為 4.25 億年。從這些化石的保存環境看，當時生物可能生活在內陸淡水湖泊中。化石本身並無陸地生存的特徵，但在化石發現地附近也發現了維管束植物化石，因此有科學家推測其中的一部分化石可能是水陸兩棲節肢動物，以岸上的維管束植物（頂囊蕨）的腐爛部分或植物體為食，但平時生活在水下。可能正是陸地上旺盛生長的植物誘惑著水中的節肢動物，讓牠們從水中爬出到岸上取食，而後隨著時間的流逝，牠們越來越習慣陸地生活，最終完全變成了陸生生物。

16　動物登陸

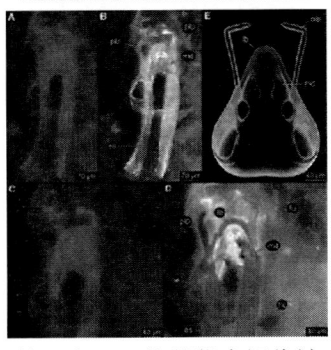

根據最新的對萊尼蟲化石的研究，一些科學家認為這不過是一種千足蟲而已，並不是昆蟲，不過這個化石非常破碎，所以這一研究也只是猜測，目前很多人依然將萊尼蟲認為是最古老的昆蟲。
圖片來源：Carolin Haug &Joachim T. Haug

　　當然，需要說明的是，節肢動物的登陸並不只發生了一次，牠們可能獨立發生了許多次。換句話說，現生的陸生節肢動物來自多個不同的海生節肢動物祖先。根據分子鐘的估計，在 5 億年前左右的寒武紀時期很有可能就已經有一部分多足動物開始以沿海的微生物席藻和可能已經存在的地衣為食了，而這些植食的多足動物則吸引了古老的蛛形綱生物（包括如今的蟎、蜱、蠍子、蜘蛛等）的捕食，這些蛛形綱生物可能從那時起就是肉食性生物了，牠們追逐著多足動物的腳步也逐漸變成了陸生生物，那些海邊的古老生物足跡化石也是一個佐證。節肢動物還有另一個興盛的門類，那就是現在圍繞在我們身邊的蜜蜂、螞蟻、蟑螂等極為常見的昆蟲，根據分子鐘的推算，最古老的昆蟲可能出現在 4.79 億年前的奧陶紀早期，不過其最早的疑似化石證據則出現在 4.2 億年前，那是

第四章　顯生宙—生物大繁盛與文明之路

一隻萊尼蟲的頭部殘片化石。有些人認為化石頭部很像雙髁亞綱昆蟲的上顎，因此認為這是一隻昆蟲，不過還有科學家在研究之後認為牠可能更像是一隻千足蟲。

分子生物學的證據顯示地球很早就已經出現了節肢動物登陸的現象，而且化石的證據確實也表明節肢動物是與植物同步登陸的，所以如果大膽一點假設的話，可以把植物登陸的時間就定位成動物登陸的時間。不過鑑於化石證據的稀缺，我們可以保守一點認為至少在 4.28 億年前節肢動物就已經完全生活在陸地上了。那時候的陸地上已經開始多樣化起來，維管束植物與苔蘚、地衣、土壤、真菌、細菌等構成了矮小但層次分明的原始陸地生態系統，節肢動物可能跟現在相似，大部分生活在土壤中，千足蟲一邊以植物為食，一邊躲避著蛛形綱生物的捕食。

17　頜的出現

從 4.23 億年前的志留紀晚期開始，有頜魚類開始出現。頜是一種極為重要的器官，讓魚類迅速擺脫了被捕食的命運，並取代節肢動物和頭足動物成為海洋中的新霸主。但同時，頜們也將自己的前輩——無頜魚趕盡殺絕了。

志留紀對動植物都是一個極為重要的過渡時代。這一時期出現了維管束植物，它們讓植物擺脫了微小的體型，成為高大的植物，並極大改變了地表的面貌、製造了土壤生態系統，同時還極大提高了地球大氣中的氧氣含量。而對新環境適應能力極強的節肢動物則隨著植物擴張的腳步幾乎同時登陸到了地面生活，並建構出複雜的生態系統。

17 頜的出現

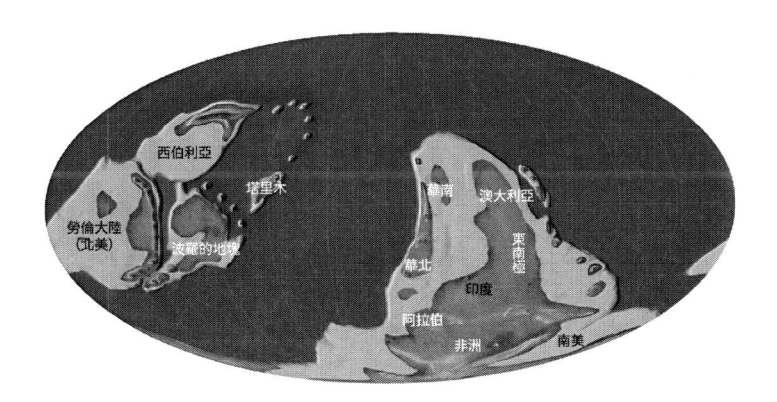

大約 4.3 億年前志留紀中晚期的地球古地理復原圖，這時候隨著植物的擴張，地球陸地上已經出現了一絲絲的綠意。

而這一章將會介紹發生在脊椎動物身上的故事。在說故事之前，不妨做個小遊戲：試著張一張嘴、講一句話，或吃一口小零食，然後體驗一下發生了什麼事情。在這個過程中，肌肉牽動了你的下顎，讓它張開又閉合，尤其是在吃牛肉乾的時候這種體驗會更強烈——肌肉發力讓下顎使勁與上頜閉合，堅硬的牙齒就在這個張開又閉合的過程中將食物嚼成可以下嚥的糊狀。

再回想一下我們在電視、電影中見到過的那些史前怪物：巨鱷、恐龍、洞獅、劍齒虎，牠們無一不是以血盆大口的形象出現。藝術家可能沒有意識到，在他們的潛意識中，這些巨獸最可怕的武器不是牠們的利爪，而是牠們的嘴巴！

在真實的地質歷史中也的確如此。早期的脊椎動物不具備可以開閉的上下顎，因此被稱為無頜生物，牠們最初只能在海底的泥沙間游動，濾食其中的有機顆粒。但是牠們逐漸演化出了頜骨，這讓牠們迅速翻身，成為海洋中新一代霸主，並最終登上了陸地，成為陸地主宰——這一章的故事將會介紹頜的演化過程。

第四章　顯生宙─生物大繁盛與文明之路

人類遠祖的艱難求生路

在最新的生物演化理論中，脊椎動物可能演化自某種海鞘的原始類型。觀察現代的海鞘可能會對理解這個故事有所幫助。在現代，海鞘種類繁多形態各異，不過總體而言牠們的身體結構與茶壺類似，壺底固著在礁石之上，壺口和壺嘴則分別是其入水管孔和出水管孔。牠們將海水從入水管孔吸入體內，咽喉部過濾獲取了海水中的有機顆粒後再將其從出水管孔排出。

但是真正的主角是海鞘的幼體。牠們的幼體外形酷似蝌蚪，有明顯的頭部和尾巴，最重要的是，在牠們體內有一個直達尾部的脊索。這些幼體會在海水中像蝌蚪一樣自由游動，當牠們找到合適生存的固著物如礁石後，就會用身體前端吸附住礁石開始生長。在牠們生長的過程中，其尾部連同體內的脊索都逐漸萎縮消失，整體膨大變形成為成體海鞘的模樣。

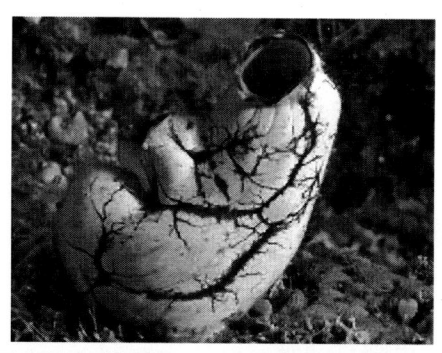

印尼科莫多國家公園內的金嘴海鞘，可以明顯看出牠的出水管孔和入水管孔。
圖片來源：Nhobgood Nick Hobgood

海鞘的這種幼體－成體完全不同的生長過程被稱為變態發育，就跟我們見到蝌蚪－青蛙的變形是一樣的。最原始的海鞘可能就與現代海鞘類似，牠們分為固著生活的成體和蝌蚪狀的幼體兩個生活階段。但是在

17 頜的出現

　　某個時候牠們的幼體由於某種原因並沒有固著生長，而是長時間保持則幼體狀態，形似蝌蚪的幼體以濾食為生，但是具有性早熟的現象，也就是說牠們不需要經歷成體的固著階段即可繁殖後代。

　　其中的一個側支演化成頭索動物。這些動物原本只在尾部有一條尾索，但是在演化過程中，脊索向前延伸到背神經管的前方，所以叫做頭索動物。牠們的名稱中雖然有「頭」字，但是卻並沒有真正的頭部，不過牠們的形態已經很像真正的魚了。牠們喜歡生活在水質清澈的淺海海底的泥沙中，平時會將大半身體埋在泥沙裡面，身體的前端則暴露在水中，所以也被人們用作一種海水潔淨程度的指示生物——是的，頭索動物中的代表動物至今還存活著，而且一度被作為一種著名的零食，牠們的名字叫做文昌魚，中國的青島和廈門是牠們的主要棲息地。文昌魚的古老性對於研究脊椎動物起源有極為重要的意義，牠們也因為捕撈面臨枯竭，所以也成了中國的保育動物。

> 　　在現代生物界中，幼態持續現象非常常見。比如墨西哥鈍口螈，因為頭部的六根外鰓讓牠看上去類似中國傳統神話中龍的形象，所以在中國也比較有名。牠在自然狀態下從幼體到成體基本不會發生變化。但有科學家在人工飼養下將其誘導變成了成體，其成體與虎紋鈍口螈很相似。最神奇的是，可能由於牠的幼態持續性，所以許多重要器官都可以重生，比如腦部、眼睛、四肢等都能夠在受到創傷後重新長出新的來。
>
> 　　也有科學家提出，人類身為靈長類中唯一沒有茂盛體毛的類型，很可能因為人類也是幼態持續的——我們以靈長類幼年的形態生長並性成熟。而那些渾身長滿毛髮的人，可能就是極少數長到成體的。

第四章　顯生宙──生物大繁盛與文明之路

> 而最近又有科學家利用分子系統學的理論認為海鞘幼體的發育並不能演化成脊椎動物。

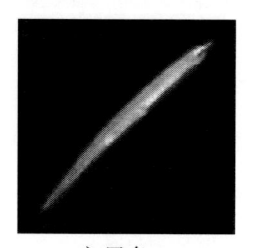

文昌魚。
圖片來源：Hans Hillewaert

墨西科鈍口螈就是幼態持續的典型生物。
圖片來源：Flickr/Luke.Larry

這些古老海鞘幼體中的主幹部分繼續演化並分化為兩支，一支恢復了變態發育的過程，成體繼續固著生活，最終變成了現代的海鞘；另一支幼體期繼續延長，最後固著生活的狀態逐漸被淘汰掉，生物在全生命週期中都只以幼體的狀態生活。這一支就演化成了早期的無頜脊椎動物，也就是我們在寒武紀生命大爆發中提到的最古老的脊椎動物──大約 5.4 億年前出現的海口魚、昆明魚等。這個理論最早是由英國生物學家沃爾特・加斯坦格（Walter Garstang）在 1928 年提出的，被稱為幼態演化假說。

這些古老的脊椎動物最初延續了蝌蚪狀幼體的濾食特徵，因而沒有可以開閉的上下顎，這使得牠們只能在海底的泥沙間移動。牠們最初體

型極小,只有幾公分長,自然不是那時候龐大的節肢動物的對手,所以在寒武紀時期,這些古老的脊椎動物可能處於生態鏈最底層,被其他體型更大的肉食生物肆意捕殺。

寒武紀晚期這些古老的魚類開始演化出一個分支 —— 牙形動物。我們在前面提到過這種化石,科學家將其作為地層對比的特徵化石使用。目前中國的 11 個金釘子中,有 4 個就是主要依據牙形石來確定的。

牙形動物形似鰻魚,體長只有 2～5 公分,擁有一對大眼睛,這讓牠們看起來非常可愛。根據牠們的牙齒齒形來看,有一部分牙形動物是濾食性的,另一部分則是主動捕食的,牠們並沒有頜,無法透過上下顎的閉合來咀嚼,不過牠們創造性地將多個不同形態的牙齒組合在一起,用肌肉直接控制這些牙齒的運動,產生類似於兩顆齒輪咬合在一起的效果,這就讓牠們的牙齒有了類似「咀嚼」的功能。牙形動物的出現可能讓原始的脊椎動物一定程度具備了肉食能力,不過牠們體型一直較小,依然處於被節肢動物和頭足動物捕食的境地。到了三疊紀末期,牠們最終全部滅絕了。

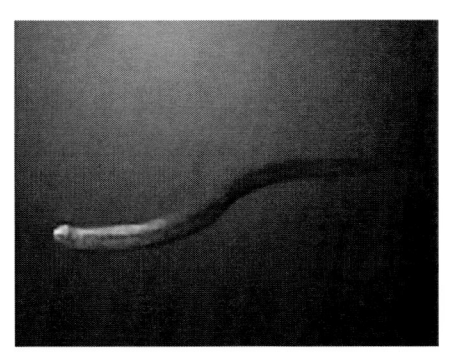

牙形動物的想像復原圖。
圖片來源:Nobu Tamura

第四章　顯生宙─生物大繁盛與文明之路

人類的直系祖先魚類可能到了奧陶紀時期才稍稍有了一點自保能力──牠們開始在身體外側長出厚重的盔甲。目前發現最早的甲冑魚是奧陶紀中期（大約 4.7 億年前）的阿蘭達魚，除此之外在奧陶紀時期還有另外一種比較主要的魚──4.5 億年前的星甲魚。總體而言，奧陶紀時期這些甲冑魚大多體型比較小，約 10～20 公分左右，因為其外部包裹了厚厚的甲冑，游動能力比較弱。不過牠們利用了磷灰石作為骨骼，這種材質具備介電效能，能夠探測到附近生物的生物電及其位置，所以雖然笨重不堪，但是甲冑魚依然能夠提前逃跑，從而大大提高存活率。

一直到奧陶紀末的生物大滅絕，無脊椎動物的大量減少為甲冑魚類讓出了一定的生態空間，因此在奧陶紀之後的志留紀，甲冑魚類開始繁盛起來，同時，牠們也開始演化出頜這個重要的武器。

頜的出現

在熬過了奧陶紀末期的生物大滅絕之後，甲冑魚們迅速繁盛，演化出了異甲魚亞綱、骨甲魚亞綱、盔甲魚亞綱等 6 個亞綱的魚類。其中異甲魚亞綱下就有 300 多個種，骨甲魚亞綱之下有 200 多個種，盔甲魚亞綱也有 100 個種左右。不過這些魚的體型依然比較小，大部分體長在 20 公分左右。相較而言，那時候最大的節肢動物──板足鱟體長普遍約 1～2 公尺，所以無疑，這些甲冑魚在志留紀時期的生存競爭中依然處於非常不利的位置。

但是，在這種甲冑魚類的大擴散之中，有頜魚逐漸開始出現了，這些證據來自中國的化石。2011 年，中國的古生物學家發表了一篇論文，介紹到了他們在浙江發現的一條魚化石，這條魚生活在 4.35 億年前的志留紀早期，被命名為曙魚，意思是為頜的演化帶來曙光的魚。傳統的無頜魚只有一個鼻孔，它們長在魚的中央鼻垂體板之上，而這個鼻垂體板

與其他結構一起構成了一個鼻垂體複合體，阻擋了無頜生物形成頜。而有頜生物則都有兩個鼻孔，這是因為鼻垂體複合體已經分裂，在分裂的過程中讓開了空間，讓頜骨得以發展。曙魚是一種盔甲魚，雖然並沒有發育出頜來，但是已經有了分裂的鼻垂體複合體，這是頜出現的曙光。

曙魚想像復原圖，中間的大孔是鼻子而不是嘴巴。
圖片來源：Nobu Tamura

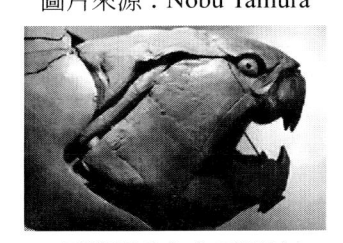

國外鄧氏魚化石照片
圖片來源：Flickr/Neil Conway

藝術家對鄧氏魚的想像復原圖，右下角為人與鄧氏魚體型大小對比。
圖片來源：Wikipedia/Tim Bertelink

由於盔甲魚與盾皮魚有共同的祖先，盔甲魚可能從牠的祖先處繼承了鼻垂體複合體分裂的特徵，不過這一特徵並沒有被盔甲魚善加利用，而是被盾皮魚發揚光大了——盾皮魚因為這個優勢而演化出了真正的頜。

第四章　顯生宙——生物大繁盛與文明之路

　　有了頜的盾皮魚很快發展壯大，其中最著名的要數泥盆紀時期的鄧氏魚了，牠們的體長最大可達 9 公尺，重量達到 4 噸。其頭部由厚甲覆蓋，口中並無牙齒，但是頭甲的銳利邊緣形成了類似嘴喙的結構，牠強而有力的上下頜則讓嘴喙代替了牙齒，成了牠最有力的武器。喙尖的咬合力可達 6,000 牛頓，後排的刃片咬合力可達 7,400 牛頓，這種強大的咬合力讓牠們可以一口咬碎節肢動物、其他甲冑魚以及菊石等頭足動物的外殼，這讓牠們成為泥盆紀的海洋新霸主。

　　當然鄧氏魚只是盾皮魚的一支。在盾皮魚出現後，牠們在志留紀晚期很快演化出硬骨魚、軟骨魚、棘魚這三種魚，其中硬骨魚是現代世界主要的魚類型，鯽魚、鯉魚、黑魚等都是硬骨魚，連人類自己，其實也是由硬骨魚中的肉鰭魚演化而來；軟骨魚中的典型代表就是現代海洋中的鯊魚了，牠們除了牙齒之外，所有骨頭都是軟的，人們所說的魚翅就是牠們的魚鰭；棘魚則是一種已經滅絕的魚。

　　從盾皮魚向硬骨魚演化的中間化石由中國的科學家發現了。這一化石的發現地在雲南曲靖瀟湘水庫附近，這裡有眾多魚類化石，牠們構成了瀟湘動物群。這個過渡的化石被稱為長吻麒麟魚，牠前半部分覆蓋有大塊骨甲，與盾皮魚非常相似，但是頜部的骨骼卻是典型的硬骨魚樣式，證明了硬骨魚就是由盾皮魚直接演化而來的。隨後，科學家又在瀟湘動物群中發現了最古老的硬骨魚：初始全頜魚。從盾皮魚到過渡時期的長吻麒麟魚到最早的硬骨魚初始全頜魚的演化鏈條中，不難看出來，我們的直系祖先可能就是這種全身被盔甲包裹，但是卻長了頜的原始模樣。

當時中國南方魚類復原圖，近景是鄧氏甲鱗魚，
中間的是初始全頜魚，遠景是宏頜魚。
圖片來源：Wikipedia/Tim Bertelink

有頜魚類出現後，很快就占據了生態鏈中的高位。依然是在瀟湘動物群中，科學家發現了一條生活在 4.23 億年前的大魚：鈍齒宏頜魚。牠的體長竟然達到了 1.21 公尺，幾乎是此前發現過的化石中最大的魚類了。鈍圓形的牙齒暗示著牠們可能為甲食性，也就是說主要吃帶硬殼的食物，無論是節肢動物、頭足動物還是甲冑魚類，都是這些張開血盆大口的魚類的美食。

由於有頜生物的出現，原本在志留紀及泥盆紀早期極為繁盛的無頜生物——甲冑魚類開始迅速衰敗。牠們沒有頜，因此依靠鰓進行濾食，為了獲取足夠的食物又不得不把牠們的鰓腔加大，這導致牠們普遍都有一個異常寬大的頭部，和相對不成比例的尾部。同時，濾食性導致的進食效率低下和能量獲取效率低下，又使得甲冑魚運動能力不足，後果就是不得不依靠厚厚的甲冑進行防護，這進一步降低了牠們的運動能力。

第四章　顯生宙—生物大繁盛與文明之路

等到有頜動物出現，張開血盆大口的甲冑魚很快就將自己的前輩作為了食物來源 —— 無頜生物就此逐漸滅絕。

1.筆石　10.板足鱟
2.角石　11.甲冑魚類
3.牙形石　12.皆賢蟲
4.海百合　13.三葉蟲
5.浮游藻類　14.鈍齒宏頜魚
6.海葵　15.初始全頜魚
7.珊瑚　16.丁氏甲鱗魚
8.腹足動物　17.在陸地活動的節肢動物
9.雙殼動物

隨著頜的出現，魚類開始變成海洋中的捕食者，海洋中的競爭一下子變得激烈起來。　金書援／繪

18 魚類登陸

魚類在 4.19 億年前就演化出了肉鰭,但登陸是一個艱難而漫長的過程,直到 5,000 萬年後的 3.7 億年前,才逐漸出現了真正意義上的四足動物 —— 棘螈和魚石螈,牠們的出現意味著魚類完成了由水向陸的進階。

3.8 億年前,此時距魚類長出頜骨已經過去了 4,000 萬年,在以鄧氏魚為代表的有頜魚的捕殺下,志留紀和泥盆紀早期繁盛的甲冑魚類已經開始走下坡路,節肢動物和頭足動物此時也威風不再,開始成了有頜魚類的獵物。正是在這種生態優勢之下,牠們從原始的有頜魚 —— 盾皮魚中演化出 7 個支系,350 多個屬,游弋江河湖海之間,尋覓著體型比牠們小的各類生物,占據了從高到低的各種生態位,讓泥盆紀成了名副其實的「魚類時代」。

魚類登陸

盾皮魚出現後,演化出棘魚和硬骨魚,棘魚隨後又演化成軟骨魚,具有代表性的是鯊魚;而硬骨魚則是脊椎動物演化的主力,牠們的後代占據現代脊椎動物種數的 98%,這一篇的故事就發生在硬骨魚中。

硬骨魚高綱之下有兩支,一支被稱作條鰭魚,牠們的魚鰭是輻射狀的,就像一把把小扇子,由此得名。如今的草魚、鯉魚等都是條鰭魚。目前發現最古老的條鰭魚是位於中國的晨曉彌曼魚,牠生活在距今 4.1 億年前的泥盆紀早期。

第四章　顯生宙─生物大繁盛與文明之路

軟骨硬鱗魚亞綱
全骨魚亞綱
多鰭魚亞綱
真骨魚亞綱
陸鰭魚綱
肺魚亞綱
兩棲類
爬行類
鳥類
哺乳類

軟骨魚綱

已滅絕的原始
有頜魚類

硬骨魚高綱
肉鰭魚總綱
①
②

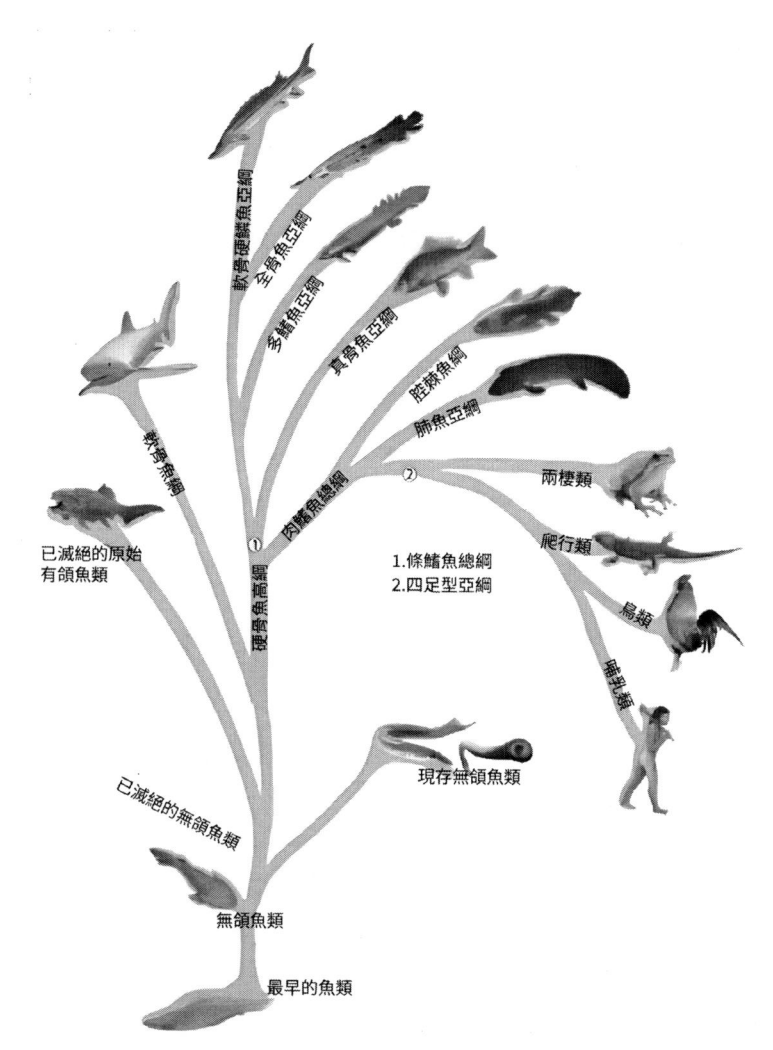

1. 條鰭魚總綱
2. 四足型亞綱

現存無頜魚類

已滅絕的無頜魚類

無頜魚類

最早的魚類

魚類是所有現代哺乳動物的祖先。
金書援／繪

　　硬骨魚的另一支被稱為肉鰭魚，牠們最大的特點就是鰭變成了肉肢狀，在肉肢內部開始出現支撐性的骨骼，這種獨特的結構讓某些肉鰭魚得以登上陸地並在陸地行動，最後演變成我們現在見到的陸生脊椎動物。

178

18　魚類登陸

> 　　肉鰭魚的祖先可能與如今肺魚的祖先類似，具有肺和鰓兩套系統，因此能夠在陸地上短暫生存。但是這種肺極為原始，氣體交換效率遠遠比不上鰓，所以最初登陸的肉鰭魚可能面臨稍微動一動就缺氧瀕死的危險。
> 　　肉鰭魚的肺和條鰭魚的魚鰾是同源器官，牠們在演化過程中發生了分化，一個變成了儲存氣體的魚鰾，另一個變成了充滿細小血管和肺泡的肺。這種分化也讓條鰭魚完全失去了登陸的可能性。

　　可能有些人認為這些肉鰭的出現是魚類在主動適應陸地環境，為了爬上陸地才演化出來的。但實際上肉狀鰭只是生物演化過程中多樣性變異的一種。在演變過程中，有些海中的魚逐漸演化出了肉鰭，這些肉鰭最初並沒有讓牠們的存活率下降，於是就一直保存了下來。目前發現最古老的肉鰭魚是夢幻鬼魚，牠體長只有 30 公分左右，生活在大約 4.19 億年前的志留紀晚期，其化石發現於中國雲南，牠生存的年代比魚類登陸要早 4,000 萬～ 5,000 萬年。

　　隨後，有一些肉鰭魚逐漸開始定居到海底或淡水環境中，肉鰭的存在讓牠們在水底爬行更有優勢，於是這一特徵也就越來越突出，這些魚越來越像四足動物。科學家把這些像四足動物的魚類以及牠們的後代 —— 真正的四足動物，合併在一起稱為四足形類，或四足動物全群。

　　早期的四足形類更像魚，目前發現最古老的四足形類是奇異東生魚，牠全長只有 12 公分，生活在大約 4.09 億年前的泥盆紀早期，其化石位於中國雲南省昭通市。牠們出現了一部分四足動物的特點，但其他部分依舊保留著肉鰭魚的特徵。

第四章　顯生宙—生物大繁盛與文明之路

夢幻鬼魚想像復原圖，可以看到短小的肉鰭。
圖片來源：Wikipedia/ArthurWeasley

稍晚時候出現了大量其他四足形類的魚，牠們與真正的四足動物也越來越像。比如潘氏魚，體長可達 1.5 公尺，前肢發達，頭部扁平似兩棲類，背部無鰭，只有尾鰭。牠們可能生活在 3.85 億年前，主要在淺灘或河底淤泥中活動，但是已經能用前肢在陸地活動，並利用肺呼吸了，不過牠們依然是魚而不是四足動物。

大約 3.75 億年前出現的提塔利克魚則被看作是魚──四足動物之間的過渡物種。牠身上既有魚腮和魚鰾這些魚類的特徵，也有強壯的前肢和肋骨、肺和頸部等兩棲類的特徵，而且在牠的前肢處還出現了趾骨，這些特徵都讓提塔利克魚能在陸地上爬得更久一點。

到了大約 3.7 億年前，這些生物中演化出了棘螈和魚石螈，我們從牠們的化石和復原圖中可以看出來，牠們不再是魚的模樣，而是更加接近四足動物。一般認為牠們絕大部分時間依然生活在水中，依靠前後肢划動和尾巴的擺動來游泳。根據化石也可以分析出牠們的運動方式，由於牠們後肢依然比較弱小，無法支撐自身的體重（魚石螈體長 1.5 公尺，棘螈體長 0.7 公尺，都是不折不扣的大傢伙），因此牠們可能像是現代的彈塗魚一樣，依靠前肢快速移動一段距離之後就需要休息。

18 魚類登陸

泥盆紀魚類登陸過程及部分生物想像復原圖，
部分生物因畫幅原因未按比例繪製。　金書援／繪

1.鄧氏魚　　4.提塔利克魚　7.蘇鐵植物　10.鱗木
2.奇異東生魚　5.魚石螈　　　8.肋木　　　11.節蕨植物
3.潘氏魚　　6.種子蕨植物　9.古羊齒　　12.原始蕨綱植物

蹣跚之旅

在正統的解釋中，魚類登陸是因為泥盆紀氣候炎熱，河流、湖泊等經常乾旱，所以肉鰭魚需要不斷遷徙，尋找未乾涸的水域。在遷徙中，牠們不可避免地要在陸地上爬行前進，最終牠們適應了陸地上的生活。

但還有科學家認為，驅使這些肉鰭魚登陸的因素是食物。在泥盆紀末期，森林已經在陸地上廣泛分布了，節肢動物也早已登上了陸地，植物和節肢動物讓陸地成為一個食物繁多的樂土。雖然原始的四足形類看上去都很笨重，似乎無法靈活地捕捉獵物，不過牠們的幼體因為體重小，相對靈活，所以捕食更加容易。同時，幼體在陸地上待的時間相較於成體也更長一些。於是在對陸地食物的開發過程中，四足形類上岸的時間越來越長，最終出現了都在陸地生活的四足動物。

第四章　顯生宙—生物大繁盛與文明之路

　　在這些肉鰭魚登陸的漫長歷程中，牠們不得不經歷多方面的考驗和改變，如支撐和運動方式、捕食和呼吸方式、感覺系統等。

　　在水中，魚類受到水的浮力會抵消很大一部分重力，牠們幾乎不需要花費額外的力量就能支撐起自己的體重。所以牠們可以長得很龐大，一如現代生物中的藍鯨一樣。但到了陸地上，沒有了海水的浮力，重力將會作用到身體的每一個部分。體內過於龐大的內臟必須縮小才能防止擠壓和坍塌，孱弱的骨骼和肌肉不得不加強才能支撐起整個身體的重量。這種巨大的環境變化需要花費漫長的時光才能適應。

　　還有就是運動方式的改變。在水中，肉鰭魚只需要划動肉鰭，左右擺動脊椎拍打水流就能獲得前進的動力，但是當牠到陸地上以後，單靠扭動脊椎是無法為自己提供前進動力的。

　　肉鰭首先要向下垂直支撐身體，然後利用肉鰭的抬起—落下這種往復式的運動才能讓身體匍匐前進。但是單靠肉鰭的力量遠遠不夠，牠們還得繼續左右扭動脊椎，利用脊椎扭動過程中的位移來帶動肉鰭的位移。由於魚類沒有頸部，在這一過程中，牠們無法扭頭，不得不調整整個身體才能改變頭部的方向，這些都對陸地上攝取食物非常不利。我們看下面的示意圖就明白了。

　　此外，在陸地上的呼吸方式也面臨巨大的改變。水中呼吸需要鰓，只需要將水從鰓中濾過就能獲取到氧氣，但是在空氣中則需要將氣體泵入肺中，然後利用肺中的肺泡交換空氣中的氧氣，這就需要一個泵入—泵出氣體的新系統。

　　最後，感覺系統也要做很大的改變。在水中，魚類一般利用側線系統來感知水中的情況，這些體側線能夠感受水流和壓力的變化，有些甚至能夠感受到電流的變化。但到了陸地上，側線系統毫無用處，反而是

耳朵和眼睛的感受變得極為重要。因此，為了適應陸地，這些肉鰭魚還得大大加強牠們糟糕的聽力和視力才行。

這些各方面的改變綜合起來是一個大工程，因此，從 4.19 億年前四足形類第一次出現，一直到 3.7 億年前魚石螈登陸，這之間花費了 5,000 萬年的時間。不過，這些登陸的魚類即將打開一個新世界的大門，地球正在變得更加有趣。

現代的爬行動物依靠脊椎在水平方向上的「S」形扭動獲得前進的力量，
這種方式與魚類在水中游動時候的方式一樣，很容易獲得推動力，
但是在陸地上的效率並不高。
圖片來源：Brian Gratwicke

19 泥盆紀末期生物大滅絕

從大約 3.85 億年前，泥盆紀就開始發生生物滅絕事件，這些生物大滅絕事件陸續持續了 2,000 萬年，到 3.6 億年前左右的泥盆紀末期才結束。在這次生物大滅絕中，淺海海洋生物遭受到滅絕性打擊，陸地生物幾乎未受到影響。

從大約 4.19 億年前開始，地球進入了泥盆紀。泥盆紀時期的地球，海陸格局與志留紀時期相差不大，陸地依然主要分布於南半球，其中南美洲、非洲、印度板塊、澳洲、東南極等構成了一個靠近南極點的超級大陸，這個大陸就是著名的岡瓦納大陸。除了岡瓦納大陸之外，地球上

第四章　顯生宙—生物大繁盛與文明之路

大一點的陸塊就是勞倫大陸（北美洲的前身）和西伯利亞大陸。圍繞著這些大型陸塊的則是眾多小型陸塊。它們大多集中在赤道附近，這裡氣候溫暖，生物在此自由生長。

由於動植物在志留紀時期早已登陸，牠們對陸地環境快速適應之後就開始爆發式成長。這讓泥盆紀的地球看上去已經與志留紀完全不同了，其中最大的變化發生在陸地之上。

植物出現維管束之後，體型變大，構造也變得更複雜，到了大約3.8 億年前泥盆紀中晚期，地表的河流、湖泊等臨水處已經出現了大面積的森林和真正的喬木。這一時期的森林主要由蕨類植物主導，最旺盛的要屬枝蕨類、石松類和一些更為先進的前裸子植物類型了。在發現的化石中，它們普遍都在 6 公尺以上，而前裸子植物則是其中的佼佼者，最高可以超過 30 公尺。這些植物或是單種成林，或是混合成林，它們的樹冠遮天蔽日，將林間變得如同現代的森林一般幽暗，陽光偶爾從樹葉間投射到林下的地面上，在這裡生長著各種低矮的蕨類植物。在植物的陰影下，肥沃的土壤層裡生活著大量千足蟲、蠍子、蟎蟲等節肢動物，同時可能還有蝸牛等腹足動物也已登陸。牠們與森林一起形成了獨特的泥盆紀蕨類植物—節肢動物生態系統。森林的出現極大改變了整個地球，不僅讓地球上的二氧化碳含量一路走低，還初步塑造出了陸地生態系統，讓地球從原始的、只有海洋生命的狀態過渡到更接近現代地球的面貌。

19　泥盆紀末期生物大滅絕

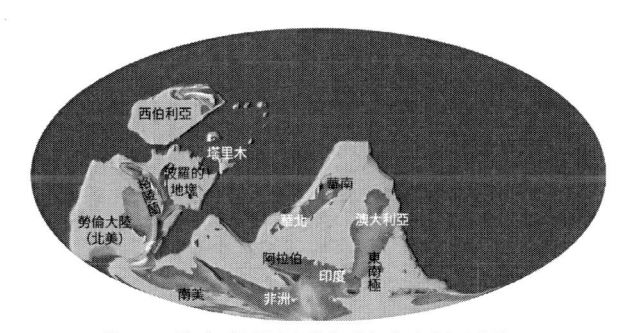

約 3.8 億年前的泥盆紀地球古地理圖。

泥盆紀末期，無論是海洋生態系統還是陸地生態系統，都是一派欣欣向榮的景象。　金書援／繪

第四章　顯生宙—生物大繁盛與文明之路

> 目前在全球都發現了大量泥盆紀中晚期的高大植物化石。其中最著名的要數美國吉爾博阿 3.8 億年前中—晚泥盆紀時期的森林化石了，這些化石在 1875 年就因為採石場的岩石爆破而被發現。2010 年，科學家在一片 1,200 平方公尺的區域內發現了多達 200 棵樹木的痕跡，它們由枝蕨類、無脈蕨（一種前裸子植物）、石松類等多種植物組成，形成了一個龐大的泥盆紀森林。這裡的樹木與現代的棕櫚樹很相似，只在樹冠部分有枝葉生長，樹冠之下是光禿禿的樹幹。
>
> 2019 年科學家在中國安徽省宣城市新杭鎮發現了另一片泥盆紀森林化石，這個森林的年代稍晚，出現在 3.65 億年前的泥盆紀末期，不過它的面積很大，超過 25 公頃，以石松類為主，植物大部分在 3.2 公尺以下，但是其中高的可以生長到 7.7 公尺以上。根據研究，這些植物可能生活在多洪水的沿海環境中，狀態類似現代紅樹林環境，植物根系長時間被淹沒在水下。這是迄今為止在亞洲發現的最古老的森林，也是目前世界上第三個泥盆紀古森林。

另一個變化就是海洋中出現了極大規模的生物礁。這些生物礁大部分由層孔蟲、珊瑚蟲等造礁生物形成，牠們在大陸邊緣水深 20～100 公尺的淺海中生長，形成了一個個環繞陸地的巨大礁群。

生物礁對海洋生態系統極為重要，以現代珊瑚礁為例，珊瑚礁僅占海洋面積的不到 1%，但是生活其中的動植物卻占海洋物種數量的 25%，被譽為海洋中的「熱帶雨林」。泥盆紀時期的生物礁是整個地球有史以來珊瑚礁數量最多和規模最大的時期，共生在珊瑚蟲中的蟲黃藻能夠利用光合作用合成大量有機物，為整個珊瑚礁生態系統提供了豐富的初級生產力。依託於這龐大且富含有機物的珊瑚礁系統，泥盆紀時期的各種海洋生

物數量與多樣性也達到了高峰。在這裡生活著眾多的有頜魚類和正在衰敗中的甲冑魚類，同時還有牙形動物、鸚鵡螺、菊石、葉蝦、三葉蟲等各種生物。牠們讓泥盆紀的海洋中出現了前所未有的繁榮景象。

> 珊瑚礁中，珊瑚蟲與蟲黃藻共生在一起，蟲黃藻吸收珊瑚蟲代謝產生的含氮廢棄物，並利用光合作用製造營養回饋給珊瑚蟲，由此為整個珊瑚礁中的生物提供了充足的有機物來源。也正是由於與蟲黃藻的共生，珊瑚礁才呈現出五彩斑斕的模樣，一旦蟲黃藻死亡，珊瑚礁將變白並逐漸死亡，這就是珊瑚白化。現代海洋中珊瑚白化的現象越來越多，這與氣候變化有較大的關係。

泥盆紀生物大滅絕

這些生物的繁榮並沒有持續多久，牠們很快就遇到了顯生宙第二次生物大滅絕事件：泥盆紀生物大滅絕。提起生物大滅絕的原因，大家可能第一時間想到類似小行星撞地球、超級火山爆發等快速發生並在短時間內帶來重大創傷的災難。但是實際上地質學家所說的生物大滅絕都不是這種瞬間的事情，而是指在百萬年乃至上千萬年的時間內，生物化石的多樣性下降的現象。

> 另外 4 次生物大滅絕事件基本上都發生在一個紀的末尾，但是泥盆紀生物大滅絕中主要的事件卻發生在泥盆紀的中晚期。

泥盆紀生物大滅絕就是一個持續時間超過 2,000 萬年的滅絕事件。泥盆紀持續了 6,000 萬年的時間，從泥盆紀中晚期的 3.85 億年前開始，

第四章　顯生宙—生物大繁盛與文明之路

就陸續發生了一系列大大小小的生物滅絕事件。科學家在泥盆紀中後期辨識到的生物多樣性較大規模下降至少就有 4 次，其中位於 3.72 億年前的弗拉斯階 - 法門階之間的 F-F 大滅絕和位於約 3.6 億年泥盆紀末期的罕根堡大滅絕是其中最為嚴重的大滅絕事件。F-F 大滅絕甚至被認為是泥盆紀生物大滅絕的主要滅絕事件。

這些滅絕事件影響最大的就是淺海生物群落，珊瑚是其中受創最為嚴重的物種。當時全球有 47 個屬 151 個種的珊瑚，滅絕事件之後，大約 150 個種都滅絕了。在中國的華南地區，滅絕事件發生前皺紋珊瑚有 22 個屬，床板珊瑚有 8 個屬，但滅絕事件之後，牠們幾乎全部滅絕。其他諸如腕足動物、棘皮動物、節肢動物以及脊椎動物都損失慘重。大體來看，淺海海洋生物中約有 20% 的科、50% 的屬和 70% 的種滅絕了。

不過有趣的是，這種生物大滅絕對於陸地生態系統似乎並沒有強烈的影響，即使是在海洋生物滅絕規模最大的 F-F 大滅絕期間，陸地植物的多樣性甚至到達了巔峰。

生物大滅絕之謎

泥盆紀這種淺海生物大滅絕，陸地生物卻幾乎不受影響的奇特滅絕形式讓科學家迷惑不已，他們提出了多種解釋，但是依然無法取得共識，至今仍爭論激烈。

目前比較流行的第一種假說是海平面下降說。這種假說認為在泥盆紀中晚期之後全球多次海平面下降，導致淺海棲息地喪失，從而引起生物大滅絕。

第二種假說認為是海洋缺氧導致。在泥盆紀時期，由於某些未知原因，深海中的缺氧海水上湧到淺海中，使得淺海缺氧，來自陸地的有機物也不斷在淺海堆積、腐爛，這讓水體中氧氣更加缺乏，海洋生物大量

死亡。在這些缺氧水體中，有機物並不會腐爛，而是會大量堆積沉澱，最終形成有機質含量極高的黑色頁岩。我們目前在全球各地都發現了黑色頁岩的分布，在它們形成之前有大量生物存在，但是在黑色頁岩中卻罕見化石。

第三種假說是氣候變化說。有科學家認為由於陸地植物迅速擴張，光合作用大量吸收二氧化碳，導致了泥盆紀地球上二氧化碳含量持續下降。同時這一時期植物也出現了根系，龐大的根系迅速破壞地表岩石，使其更容易風化，岩石風化過程中也會大量消耗二氧化碳。二氧化碳是一種溫室氣體，它的降低導致溫室效應減弱，進而讓地表降溫。生活在海洋中的珊瑚等造礁生物對溫度非常敏感，一旦溫度快速下降，珊瑚就會大量滅絕，連帶著珊瑚礁生態系統也會崩潰。

另外還有火山爆發、外星隕石撞擊等多種假說，但是無一不處於爭議中。解決這些問題，科學家任重道遠。

20 羊膜動物出現

3.12 億年前，動物的受精卵演化出了羊膜，由此出現了可以脫離水域環境生活和繁殖的新動物類型——羊膜動物，最古老的羊膜動物是爬行類。

在泥盆紀晚期的一系列生物大滅絕事件之後，地球從 3.59 億年前起進入了石炭紀。這個時期的特徵聽名字就能大致知道：煤炭！煤炭！還是煤炭！植物在石炭紀時期演化出了木質素，能夠增強細胞壁強度，從而讓植物生長得越發高大起來。而且由於那時木質素剛剛演化出來，世界上還不存在能夠消化這些物質的微生物，因此一旦含有木質素的植物

第四章　顯生宙──生物大繁盛與文明之路

倒下之後，它們幾乎不會被微生物分解腐爛，這導致了石炭紀的樹木極易被保存下來成為煤炭。地質學剛剛誕生時，科學家發現這一時期的地層中富含煤炭，因此將這些地層命名為石炭系，這一時代自然也就被稱為石炭紀了。

石炭紀部分生物想像復原圖及與現代人體型對比圖。　金書援／繪

植物在抓緊時間占領地球上一切適宜生長的地方。如果我們能回到過去，會發現石炭紀的地球幾乎完全被鬱鬱蔥蔥的森林所覆蓋。這也使得地球氧氣含量急遽增加，甚至可能達到大氣含量的 35%（現代氧氣含量僅占大氣含量的 21%），這是整個地球演化史上氧氣含量的高峰值了。如此豐沛的氧氣讓早已登陸的節肢動物的體型迅速巨大化，將石炭紀變成了一個巨蟲的世界──總體而言，石炭紀的昆蟲要比現代昆蟲的體型大 5 倍以上。

如果穿越回到石炭紀，我們將會看到長達 2 公尺如鱷魚般大小的節胸蜈蚣在林間穿梭覓食，牠們在那個時代幾乎沒有任何天敵，既是最龐

大的陸地生物，也是有史以來最大的陸生無脊椎動物（不過牠們只是體型大而已，體重可能只有 10 公斤左右）；體長超過 70 公分的肺蠍，大小類似現代的狗，主要以體型更小的節肢動物或四足動物為食；翼展接近 70 公分的巨脈蜻蜓在高大的樹林間如海鷗那樣撲翼而過；現代「朝生暮死」的微小生物蜉蝣，在石炭紀時期體長接近 5 公分，要是在石炭紀牠們的習性也是群聚成團飛舞的話，那麼我們將會看到一群巨大的蜉蝣如黑雲一般在沼澤或河湖邊飛舞，雖然牠們都是植食性生物，但如此巨大的體型和群聚後的龐大規模也會讓人看得心驚肉跳頭皮發麻。

與此同時，地球板塊還在不斷發生匯聚，它們在未來會匯聚成一個超級大陸──盤古大陸。這一大陸的形成將會對地球氣候帶來重大影響，同時，也會為處於繁盛中的動植物帶來無與倫比的便利條件，讓它們能夠很快透過陸地擴散到地球的各個地方，並在隨後超級大陸裂解之後繼續在各地繁衍，形成更加多樣化的生物面貌。

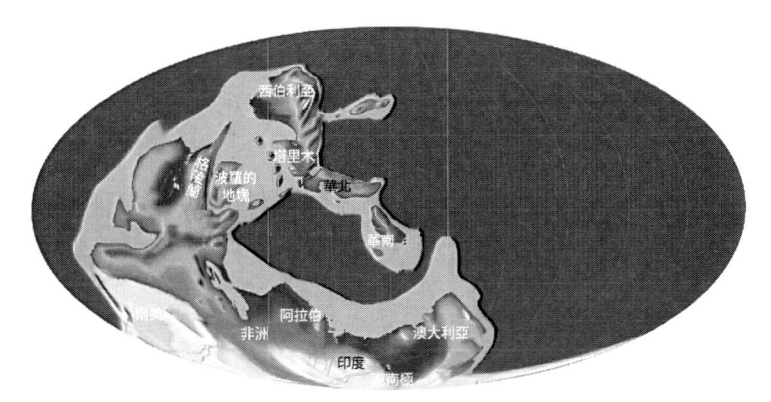

約 3.2 億年前石炭紀全球古地理圖。

但是除了這些故事之外，石炭紀還有另外一個重大演化事件，這個事件對整個地球影響深刻，直到現在。這個事件就是：蛋的演化！

「蛋的演化」，其實就是羊膜動物的出現。

第四章　顯生宙—生物大繁盛與文明之路

在前面的故事中，我們提到大約 3.7 億年前魚類登陸變成了原始的四足動物，由於有如上所述的各種巨大節肢動物先行登陸，森林中的植被也日益繁盛，泥盆—石炭之交的四足動物能夠在陸地上找到合適的遮蔽和充足的食物，因此四足動物開始積極登陸並適應陸地環境。

我們將這些原始的四足動物及其演化出來的後代都歸入四足總綱中。早期的四足動物雖然可以在陸地活動，但卻必須回到水中產卵——這實際上就是一種兩棲動物。牠們中的一支繁衍到了現代，變成了如今的蚓螈、蠑螈、青蛙等動物。我們比較熟悉的就是青蛙了，每到春夏時節，河邊會發現許多青蛙卵，這些卵都是透明的，大團地漂浮在水中。過不了多久這些卵就會被孵化成為黑溜溜的小蝌蚪，牠們無足有尾，像魚一樣依靠擺動尾部來游泳。小蝌蚪濾食水中的有機物逐漸長大，這個過程中牠們先是長出兩條後腿，然後兩條前腿也逐漸生長出來。當前後腿都長大以後，牠們就變成了小青蛙，這時候就能上岸生活了。

石炭紀時期的兩棲動物跟現代的青蛙一樣，必須依靠水才能產卵繁殖，雖然有一些動物和部分青蛙一樣，已經開始把卵產在雨林植物葉片的積水中，但是總體而言依舊無法遠離水域環境，這也極大限制了牠們的活動範圍。

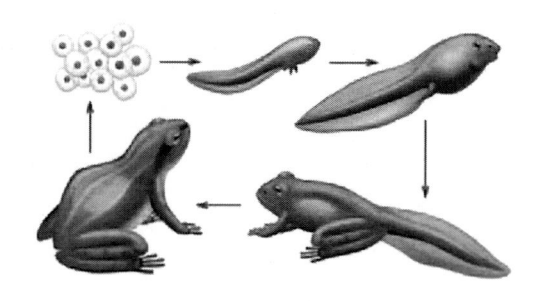

青蛙的繁殖過程示意圖。
圖片來源：123RF

這時候，有一些兩棲動物演化出了新的繁殖方式：羊膜卵。所謂的羊膜卵，就是在原本的受精卵外面包裹一層羊膜，這層羊膜不透水但透氣，因此能夠為受精卵提供必要的溼潤水環境，同時保證了受精卵的正常生長。羊膜卵的出現，讓兩棲動物可以到遠離水域環境的地方生活，這極大拓展了牠們的生存範圍。從此，地球上出現了一種全新的生命類型——羊膜動物。科學家將羊膜動物和比兩棲綱更接近羊膜動物的過渡型生物統稱為爬行類。

目前已知最早的羊膜動物，要數生活在 3.12 億年前左右的林蜥和古窗龍了。無論是林蜥還是古窗龍，都是一些中小型的爬行動物，體長可能只有 20 公分左右，牙齒尖銳，生活在樹林底層，主要以小型節肢動物為食，如昆蟲和千足蟲等，當然牠們也面臨被大型節肢動物追殺的威脅。

林蜥復原模型，牠與現代的蜥蜴已經別無二致了。
圖片來源：Matteo De Stefano/MUSE

早期的羊膜卵長什麼樣子我們無法知曉，但是或許能夠從羊膜動物的演化中推知一二：比較原始的羊膜動物是包括蜥蜴、龜鱉在內的爬行動物，這些動物的羊膜卵外殼柔軟，呈皮革質；而後出現了硬質外殼的羊膜卵，現代的鳥類擁有這些卵，卵的外殼由碳酸鈣構成；另一種羊膜動物就是哺乳動物了，牠們直接在體內孵化受精卵。

所以最初的羊膜卵可能也是皮革質的外殼，殼上有小氣孔以供氧氣

和二氧化碳的交換。外殼之下是外胚胎膜，外胚胎膜又分為絨毛膜、羊膜和尿膜。羊膜阻止了卵內液體的流出，為胚胎提供了完美的水環境，絨毛膜和尿膜則分別包裹著胚胎、卵黃和廢液。胚胎在絨毛膜中直接吸收高蛋白的卵黃，並將代謝廢物排泄到尿膜中。隨著孵化過程的持續，卵黃逐漸消失，而尿膜則逐漸充盈。

羊膜卵的出現是一次巨大的革命，它讓陸生脊椎動物不再需要水環境就能進行繁殖。羊膜動物一出現，就立即脫離了水環境的束縛，向地球各個角落開始出發，很快掀起了巨獸時代的帷幕。

一隻孵化中的烏龜，可以從卷邊的蛋殼上看出這種蛋殼是軟質的。
圖片來源：USGS

21　二疊紀末期生物大滅絕

2.52 億年前的二疊紀末期，可能由於超大規模的岩漿溢流，地表環境急速惡化，海洋和陸地上的生物一起大規模滅絕了，這也是顯生宙以來最大規模的生物大滅絕事件。

蜥蜴星球

從 3.12 億年前爬行動物首次出現在地球上，到大約 2.6 億年前的二疊紀晚期，這 5,000 萬年間，時光荏苒，地球發生了巨大的改變，其中

最大的要數地表的海陸分布情況了。

在地球內部巨大動力的推擠之下，地表板塊分分合合，逐漸向北運動，並在大約 2.6 億年前合併成了一個縱貫南北兩極的巨大大陸——盤古大陸。雖然此時盤古大陸還沒有完全拼合在一起，但我們已經能夠看到幾乎所有的大型陸塊都聚合在了一起。不過此時中國所在區域還是若干個分離的小陸塊，它們圍繞在一個古老的海洋——古特提斯洋的周邊。

超大陸的形成自然免不了板塊之間的劇烈碰撞以及隨之而來的造山運動和岩漿活動，這使盤古大陸西部形成了一系列巨大的南北走向山脈。這些高大的山脈完全改變了地球上的氣候。原本地球上的氣候帶與現今類似，是緯向氣候帶：赤道附近最熱，為熱帶；向南北極溫度降低，逐漸變為亞熱帶、溫帶、寒帶。但是連通南北極的盤古大陸和南北向巨大山脈的形成，隔斷了海洋中的洋流和大氣中的氣流流向，讓盤古大陸的絕大部分區域都處於乾旱帶中，只有在盤古大陸靠近南北極的寒冷地區、東部沿海，以及環繞古特提斯古洋盆一帶的大小陸塊才處於潮溼的環境中，這就形成了一個西部乾旱，東部溼潤的氣候分區模式。

中國此時分散成準噶爾陸塊、塔里木陸塊、柴達木陸塊、華北陸塊、揚子陸塊、崑崙陸塊等多個小板塊，它們環繞著古特提斯洋，這裡正好是氣候溫暖溼潤的熱帶環境，因此非常適合植物生長。科學家將二疊紀時期的植物分為安加拉植物群、歐美植物群、華夏植物群、岡瓦納植物群，由於中國所處的特殊環境，這四大植物群均可在其中旺盛生長，其中的華夏植物群更是只在中國才存在。

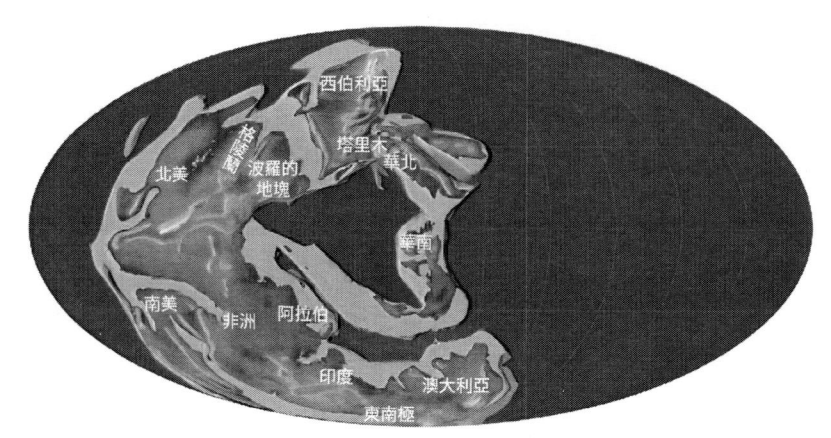

第四章 顯生宙—生物大繁盛與文明之路

約 2.7 億年前二疊紀全球古地理復原圖。

因為這時候華南大部分區域都是海洋，只有少部分區域才是陸地，所以華夏植物群主要生長在華北陸塊之上。以其中的禹州植物群為例，單在這裡就發現了 111 屬 307 種植物，可以想像當時華北陸塊上植物群落的繁盛。在這些植物中，不僅包含眾多的蕨類植物，還包含松柏類、蘇鐵類、銀杏等多種裸子植物。它們組成高達數十公尺的巨大森林，幽暗的林間為動物提供了充足的生存空間。

> 大羽羊齒是華夏植物群中最重要的植物，它數量最多，最有特色，高度可能只有 50 公分左右，但是極為茂盛，占據了禹州植物群中 11％ 的植物種類。其分類還不是特別清晰，有些科學家認為它是種子蕨，有些將它歸為裸子植物，但是它還兼具被子植物的特徵，因此目前它被歸為前被子植物類中。
>
> 另外一種有特色的植物是石松植物門中的東方型鱗木，它是華夏植物群中獨有的種，在二疊紀時期大量生長，埋藏於地下後成了北方重要的煤炭來源。

此時，爬行類的動物迅速適應了陸地上的生活，並在茂密的森林中一代代繁衍生息。牠們大多長得與現在的蜥蜴非常相似，無論從體型上還是速度上都開始對節肢動物產生了壓制。因此如果能夠回到那個時代，我們會發現，地球已經從一個「蟲子」的世界變成了「蜥蜴」的世界。

有趣的是，儘管這時候中國的氣候非常適宜生存，理應有大量的脊椎動物，但是實際上現在在中國發現的二疊紀晚期的脊椎動物化石卻很少。不過我們可以從全球其他地方的發現中一窺可能生活在中國二疊紀雨林中的「蜥蜴」們。

在水中，可能同時生活著魚類與中龍科生物，這是已知最早的水生爬行生物，牠們體長可達 1 公尺左右，身體修長，依靠長長的側扁尾巴來游泳，細長的頜骨中具有針狀牙齒，用來捕捉水中的魚類和節肢動物。

在地面上，則生活著米勒古蜥科、前稜蜥科、波羅蜥科夜守龍類、大鼻龍科、古窗龍屬、林蜥屬等各種小型「蜥蜴」，牠們或食蟲，或食草（如波羅蜥科），為了抵禦更大敵人的攻擊，牠們也不得不演化出加厚的皮膚或是額外的角狀凸起（如前稜蜥科）或者是其他一些特徵，可以讓自己看上去更大一點，來恐嚇獵食者。

第四章　顯生宙—生物大繁盛與文明之路

中龍科生物想像復原圖（上）。
圖片來源：Wikipedia/Smokeybjb
前稜蜥科生物想像復原圖（下）。
圖片來源：Dmitry Bogdano

在林間則生活有類似空尾蜥那樣能夠滑翔的小型爬行動物。牠們具有延長的肋骨，向兩側伸出，皮膜包裹後就形成滑翔翼，能幫助牠們輕易從一棵樹移動到另一棵樹上。

空尾蜥想像復原圖。
圖片來源：Nobu Tamura

除了這些小型「蜥蜴」之外，那時還生活著各種大型的「蜥蜴」。其中最著名的莫過於長了背帆的基龍和異齒龍了，牠們都是體長 2～3 公尺的大「蜥蜴」，前者為植食性生物，後者為肉食性生物。牠們的背帆是用來控制體溫的，巨大背帆的表面可以使得加熱和冷卻都更有效率，因

為爬行動物是一種變溫動物（冷血動物），相較於人類這種恆溫動物，牠們無須額外的能量維持體溫，因此只需要更少的食物就能存活。有研究顯示，相較於溫體動物，同樣重量的變溫動物只需要 1/10 至 1/3 的能量就能生活。省下了能量，就無法省時間，所以每次在活動前，這些變溫動物都必須晒太陽，獲取了充足的能量後才能活躍起來，否則就都是懶洋洋的。於是有一些生物就演化出了背帆這種結構，加大受熱面積自然就能省時間了。

> 在現代也有許多長了背帆的蜥蜴，如帆背龍蜥、帆斑蜥等，背帆一方面用來晒太陽和散熱，一方面用來求偶。二疊紀的這些前輩無非是體型更大一些而已。

另外一些大傢伙包括獸孔目下的二齒獸亞目和麗齒獸。二齒獸亞目的生物是似哺乳爬行動物，其下有 60 多個屬，牠們都以植物為食，不過體型差異很大，大小從老鼠到河馬都有，但平均體長也有 1.2 公尺左右。而恐面獸科的生物則是這個時代占據主導的肉食性脊椎動物，大多數體型長達 1 公尺，牠們大多長有巨大的獠牙，獠牙相互交錯能輕易切斷獵物的肌肉和血管。

德國卡爾斯魯厄國立自然博物館中的異齒龍化石。
圖片來源：Wikipedia/H. Zell

第四章　顯生宙─生物大繁盛與文明之路

異齒龍想像復原圖。
圖片來源：Wikipedia/Max Bellomio

當然，除了這些大大小小的「蜥蜴」之外，還有人類的祖先──犬齒獸亞目的生物，牠們也是獸孔目的成員，但是牠們將會在未來演化成哺乳動物。不過這時候的犬齒獸依然長得比較像蜥蜴，目前發現最早的犬齒獸亞目的生物是原犬鱷龍科和德維納獸屬的生物，牠們體長數十公分，可能與現代小型狗一般大小，以昆蟲和其他小型四足動物為食。

同時，在二疊紀的海洋中，珊瑚蟲和苔蘚蟲形成的生物礁依舊極為繁盛，但此時海洋中遊蕩的獵食者中又多了一種生物──屬於軟骨魚綱的鯊目生物。其中最著名的可能要數旋齒鯊了，牠們是軟骨生物，極少留下化石，全身上下只有牙齒能夠變成化石被保存。牠們的牙齒是奇特的螺旋狀，因為留下的化石眾多，一度在《巨齒鯊》(The Meg) 等關於史前鯊魚的電影播出之後成為熱門化石藏品。曾經發現過長達 60 公分的旋齒化石，反推其體型可能有 12 公尺左右，牠們可能是當時海洋中的統治者。

21 二疊紀末期生物大滅絕

二疊紀時期部分生物想像復原圖。　金書援／繪

1.中龍
2.腹齒獸
3.菊石
4.貴州龍
5.空尾蜥
6.節胸蜈蚣
7.原大鱷龍
8.恐面獸
9.米勒古蜥

大滅絕！

但是好景不長，時間來到 2.6 億年前的二疊紀晚期，災難性的二疊紀末期生物大滅絕開始了。科學家認為，二疊紀末期的生物大滅絕可以分為兩幕，第一幕發生在 2.6 億年前，這一次滅絕規模比較小；第二幕發生在 2.52 億年前，這是一次規模空前的巨大滅絕，是二疊紀生物大滅絕的主要階段。

這次生物大滅絕事件與其他的幾次生物大滅絕事件有很多不同的地方。

第一是滅絕速度極快，在其他的顯生宙生物大滅絕事件中，滅絕的速度基本上都是以十萬年、百萬年為單位進行，比如位於泥盆紀末期的生物大滅絕，斷斷續續持續了近 2,000 萬年。但是二疊紀末期第二幕大

第四章　顯生宙—生物大繁盛與文明之路

滅絕持續的時間卻極短，目前主流的看法認為這次大滅絕事件只持續了6萬年！

第二是滅絕規模非常大，為顯生宙五次生物大滅絕中規模最大的一次。在這次大滅絕中，海洋動物大約90%的種，陸地動物大約75%的種滅絕了。除了動物之外，植物也發生了大規模的新舊更替。從全球範圍看，二疊紀時期占主導的植物是高大的樹狀石松類、楔葉類、真蕨類、科達類等蕨類和前裸子植物。但是到了三疊紀早期則以蘇鐵、銀杏、本內蘇鐵、松柏植物等裸子植物和草本型石松以及矮小的蕨類為主，這種植被類型已經與現代某些裸子植物為主的森林很相似了。

旋齒鯊的螺旋狀牙齒化石。由於旋齒鯊是軟骨魚，牙齒之外其他部分很難保存，所以人們對旋齒鯊的模樣依舊爭議很大。
圖片來源：Wikipedia/Ghedo

當然，滅絕速度快與規模大之間可能是存在某種關聯的，生物的演化速度相對較慢，一旦遇到快速的環境變化，就會來不及適應而大規模快速滅絕。從這一點看，我對於現代我們所處的環境是比較憂慮的，現代人類活動所帶來的地球環境變化既劇烈又快速，這種快速變化的地球環境比自然情況下的地球環境變化可能要快百倍，在這種迅速變化情況下帶來的生物滅絕規模可能要遠超過二疊紀末期。

關於二疊紀末期生物大滅絕，目前公認的原因是環境的劇烈變化。地質學家在二疊紀岩石中找到了包括海洋酸化、海洋缺氧、急遽升溫、

陸地乾旱、森林野火頻發、土壤生態系統崩潰等多種環境劇烈變化的證據。

但是為什麼會產生這麼劇烈的環境變化？這就眾說紛紜了，有人認為是小行星撞擊，有人則認為可能是超大規模的岩漿活動。地質學家在中國峨眉山和俄羅斯西伯利亞地區都發現了超大規模的岩漿溢流證據，這些岩漿岩冷卻後形成大面積黑色火成岩，因而被稱為大火成岩省[04]。

峨眉山大火成岩省已知的出露面積約為25萬平方公里，這比廣西壯族自治區的面積（23.75萬平方公里）還要大一點，甚至有科學家認為峨眉山大火成岩省的面積可能超過70萬平方公里（這與青海省的面積差不多了），岩漿總量保守估計有30萬～60萬立方公里。峨眉山大火成岩省形成的時代與第一幕的時間正好吻合。

而西伯利亞大火成岩省的岩漿分布面積可能達到700萬平方公里（對比一下，中國的陸地面積約960萬平方公里），岩漿總體積可能為300萬立方公里，這是整個顯生宙以來最大規模的岩漿溢流事件，它的主要噴發時間則與二疊紀末期第二幕生物大滅絕完全重合。

如此巨量的火山噴發帶來了大量的溫室氣體，這使得全球迅速升溫，埋藏在海底的甲烷也因為海水升溫而釋放，這帶來的後果就是全球急遽變暖；同時，火山噴發出的大量二氧化碳使得海水酸化，以及海水缺氧。

升溫的海水、缺氧的海水、酸化的海水，其中的每一個單獨出現滅絕規模可能都沒有這麼大，但是當它們一起出現的時候，災難就降臨了——90%的海洋物種滅絕了。與此同時，升溫的環境也使得陸地氣候變得乾旱，造成野火頻發，森林快速消亡，植被的消失又使得地表土壤

---

[04] 這裡的「省」指的是一種岩漿建造，非行政區域的意思。—編者注

第四章　顯生宙—生物大繁盛與文明之路

失去了保護，土壤生態系統就此崩潰，這也造成陸地上各種生物的大規模滅絕。

這種超大規模的火山活動很可能是板塊運動的結果：盤古大陸在進一步聚合！二疊紀時期盤古大陸雖然已經成形，但是在很多地方並沒有完全閉合，存在著狹窄的洋盆，到了二疊紀晚期，這些地方在板塊運動的推動下進一步閉合，讓整個盤古大陸變成了真正意義上的一整塊。

由於這個過程很激烈，自然就導致了超大規模的火山活動。

當然，火山活動導致生物大滅絕這個理論也面臨很大的疑問，首先是火山活動的持續時間很長，但大規模滅絕的持續時間卻很短，而且從岩石證據中發現生物大滅絕時期雖然有火山活動，但是這些火山物質的成分與西伯利亞大火成岩省卻有著顯著的區別。

這些疑惑最終還是要留給地質學家去解決，我們現在所知道的就是，環境劇烈變化導致了二疊紀末期發生過一次規模巨大的生物大滅絕事件。而這過後，整個地球將會迎來新的紀元。

22　恐龍出現

2.31 億年前的三疊紀中晚期，在度過二疊紀生物大滅絕後接近 600 萬年的艱難時光後，恐龍從羊膜動物的蜥形綱中演化了出來。

劫後餘生

二疊紀末期的生物大滅絕是整個地球顯生宙以來規模最大的一次生物大滅絕，在大滅絕中，無論是陸地生態系統，還是海洋生態系統都受到了毀滅性打擊。這次打擊之後，在三疊紀早期－中期的至少 600 萬年

內地表環境都非常惡劣，生物一直在頻發的火山、氣候的變化、缺氧的海洋和嚴重荒漠化等災難中艱難求生。

如果我們從太空中看這時的地球，將會發現此時地球上盤古陸地拼合得更為緊密，原本陸地之間的海洋已經大部分閉合，古特提斯洋也開始縮小，全球的陸地以幾乎對稱的方式分布在赤道兩側，從南極延伸到了北極。這種海陸分布格局繼承自二疊紀，但是陸地面積更大，高峰期面積可能接近 2 億平方公里，而且其平均海拔可能超過 1,400 公尺。由於西伯利亞大火成岩省還在持續活動，因此此時的全球氣溫和二氧化碳含量依然遠遠高於二疊紀末期，這讓整個地球都陷入高溫狀態，在兩極可能完全沒有冰蓋的存在。

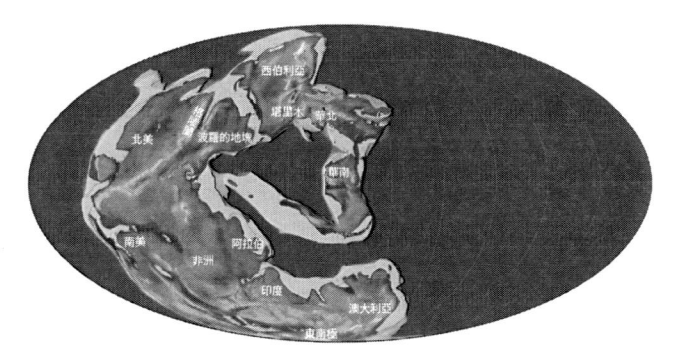

2.5 億年前三疊紀開始古地理復原圖。

> 三疊紀是一個非常重要的時代，它代表了中生代的開始。
>
> 寒武紀到二疊紀之間是古生代，海洋中以奧陶紀建立起來的、表生固著底棲濾食性動物占據主導的古生代海洋生態系統為主，陸地上則以蕨類植物和原始四足動物為主。
>
> 從三疊紀開始，海洋生態系統變成了以活動性底棲、內生和肉食性生物占主導的海洋生態系統；陸地則變成了裸子植物和更加先進的四足動物（如恐龍）組成的全新生態系統。

第四章　顯生宙—生物大繁盛與文明之路

　　這種海陸格局和氣溫狀態導致全球都處於巨型季風氣候中。現代非洲的熱帶草原氣候終年高溫，分為明顯的旱季和雨季，旱季炎熱少雨，雨季炎熱多雨。三疊紀早期的季風氣候比這要強烈很多倍，盤古大陸上赤道附近極度炎熱乾旱，南北緯40°之間，全年平均溫度高達20℃至30℃，而且僅在夏季數月有降雨，其他時候則幾乎沒有任何雨水。因此科學家推測三疊紀時期盤古大陸東部必定存在著廣袤的荒漠，隨著盤古大陸面積的成長，荒漠面積不斷向西部和向南北方向成長，這可能是顯生宙以來面積最大、最乾旱的荒漠了，在這裡只有雨季才有稀疏的草原出現，其餘時候則完全荒蕪。不過在盤古大陸西部情況可能稍好一點，這裡氣候潮溼，但也比二疊紀時期乾旱許多，最直接的證據就是植物化石，二疊紀時期這裡以熱帶植物為主，但到了三疊紀早期這裡已經變成了半乾旱氣候下的植被了。

　　盤古大陸的南北極附近則屬於涼爽的溫帶，這裡全年都有降雨，是相對比較適宜生物生存的地方。

　　不過總體而言，整個三疊紀就好似一個加強版的非洲——夏季炎熱多雨，其他季節炎熱乾燥，大陸上以荒漠、稀樹草原為主，陸地生物不得不極力適應這種乾旱且缺乏森林庇護的環境。

　　除了乾旱之外，生物還必須適應變化多端的氣候。在三疊紀早期，由於氣候炎熱，岩石風化率高，矽質岩石在風化過程中會消耗大量二氧化碳，這會導致全球溫度快速下降，而火山爆發噴出大量的二氧化碳讓溫度再次快速回升；氣候快速變化，又導致了海平面的快速升降。此外，火山多次噴發出大量酸性氣體也會導致水體的酸化。這些環境上的快速變化使生物的復甦過程波折橫生。

22　恐龍出現

龍族尋蹤

　　由於那些原本在生態系統中占據主導地位的古老生物幾乎被大滅絕一掃而空，許多原本被壓制的生物得到了發展的機會，其中就有本故事中的主角——恐龍。

　　在講述恐龍的演化故事前，我們用圖表簡要回顧一下恐龍的演化支：在羊膜動物出現之後，牠們很快就分化為兩大演化支：蜥形綱和合弓綱。從蜥形綱中演化出主龍形下綱和鱗龍形下綱，其中鱗龍形下綱最終將演化出現今的喙頭蜥、蜥蜴和蛇；而主龍形下綱則演化出主龍形類，最終演化出鱷魚、鳥類以及非鳥恐龍。合弓綱將會在下一個故事中提到。

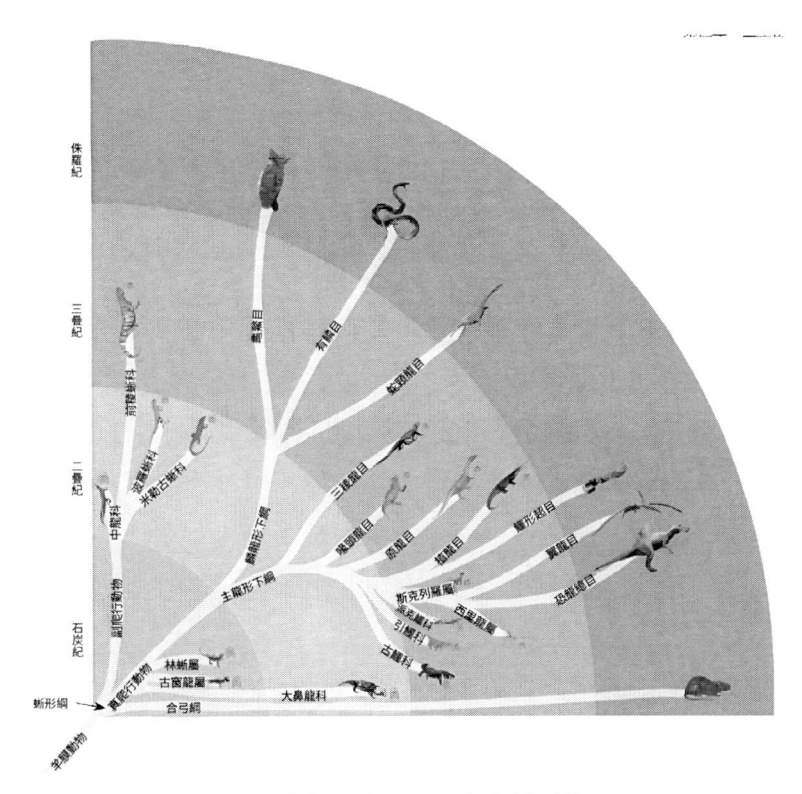

恐龍演化示意圖。　金書援／繪

第四章　顯生宙—生物大繁盛與文明之路

　　如果要追溯恐龍的祖先的話，不妨從主龍形下綱開始。主龍形下綱的生物由一個共同祖先演化而來，其下分為四類：喙頭龍目、三稜龍目、主龍形類和原龍目。恐龍就由其中的主龍形類演化而來，在主龍形下綱中我們找到最古老的生物是原龍目原龍屬，算是主龍形類的同胞兄弟，所以牠們可能能夠代表當時主龍形類的形象吧。

> 　　就好比要從你、你父親，以及你祖父的同胞兄弟中尋找一個與你祖父更相似的人，那麼無疑你祖父的同胞兄弟是最佳的選擇，這是同樣的道理。

原龍目生物體型修長，外表類似蜥蜴，
身長約為 2 公尺，可能以昆蟲為食。
圖片來源：Nobu Tamura

　　主龍形類在隨後的演化中，先是演化出諸如古鱷科、引鱷科、帕克鱷科等形似鱷魚的巨大生物，牠們都是凶猛的食肉、食腐生物。可能由於牠們的食腐性，也可能由於牠們能夠躲避到水中，避免過熱的氣候造成的影響，這些生物從二疊紀末期的生物大滅絕中倖存到了三疊紀。

> 　　中國也發現了大量三疊紀時期的鱷形生物，比如山西鱷，這是一種長達 2.2 公尺，高約 0.5 公尺，行動迅速的食肉動物。

22　恐龍出現

這是對一種生活於俄羅斯的引鱷的復原，其與現代鱷魚已經有些相似了。
圖片來源：Wikipedia/Dmitry Bogdanov

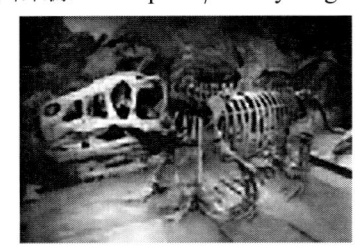

圖片來源：Jonathan Chen

　　這些生物（可能是帕克鱷科的近親）再次演化，牠們的踝關節處出現了一些不同尋常的變化，這讓牠們與這些「鱷」類區別開：牠們的踝關節在距骨和跟骨之間能夠旋轉了——具有這種特點的生物被稱為鑲嵌踝類。其中最古老的鑲嵌踝生物就是植龍目中的古喙龍了，牠們身長 2.5 公尺，外披厚重鱗甲，無論是體型、外表還是生活習性都與現代的鱷魚非常相似，牠們也可能就是這一時期恐龍祖先的模樣。

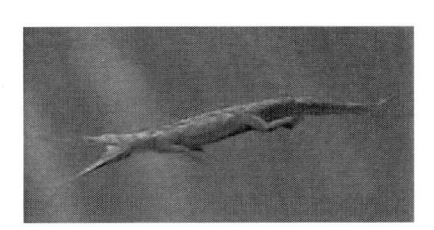

對古喙龍的想像復原圖。
圖片來源：Wikipedia/Smokeybjb

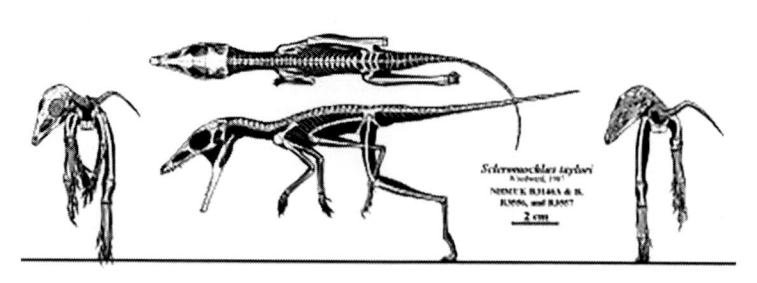

第四章　顯生宙─生物大繁盛與文明之路

科學家根據斯克列羅龍化石復原出來的骨架以及牠的運動特徵。
圖片來源：Jaime A. Headden

　　鑲嵌踝的另外一支在繼續演化後再次分為兩支，其中一支一直以鱷魚的形態出現，並最終也演化為現代的鱷魚；另外一支則演化為一種被稱為鳥蹠類的生物類型，這些鳥蹠類就是恐龍最近的親戚了。最古老的鳥蹠類可能是斯克列羅龍，這是一種小型生物，體長僅有17公分，前足比後足短很多，因此必然是兩足行走的，有人認為牠們是樹棲的，有人則認為牠們至少可以在地面上蹦跳。隨後，從鳥蹠類中繼續分化出兩支，其中一支就是如今熟知的翼龍類，而另外一支就是恐龍的直系祖先了。

藝術家繪製的斯克列羅龍棲息於樹上的想像圖。
圖片來源：Wikipedia/Pavel.Riha.CB

22　恐龍出現

目前發現的基位恐龍形類（長得跟恐龍有了一些共同特徵，但不是恐龍的生物）要數兔蜥屬和馬拉鱷龍屬了。其中馬拉鱷龍屬可能是一些長度 40 公分左右，靠奔跑捕獵的肉食性生物。

馬拉鱷龍屬想像復原圖。
圖片來源：Wikipedia/FunkMonk

在這之後，恐龍的祖先繼續演化，最終演化成兩個姐妹群：西里龍屬和恐龍總目。西里龍科中的西里龍長約 2 公尺，身體細長，頭小脖子長，四肢行走，其食性不明，這些生物發現於 2.44 億年前，理論上來說，牠們的出現也意味著恐龍在同時或稍晚一點就出現了，不過由於目前還未真正確定這一時期恐龍的化石，因此我們也只能從西里龍的外貌來推斷這一時代恐龍的樣貌。

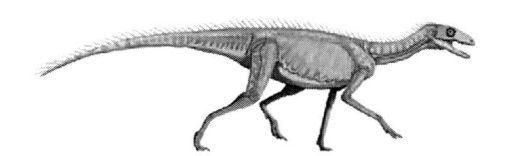

西里龍屬想像復原圖。
圖片來源：Wikipedia/Dmitry Bogdanov

科學家發現了與西里龍科生存於同一年代的尼亞薩龍，有研究指出這可能就是最早的恐龍，但是由於化石不完整，人們並未確定。真正確定的恐龍一直到大約 2.31 億年前才出現，這些恐龍被歸為始盜龍屬和艾雷拉龍屬。其中始盜龍體型較小，只有大約 1 公尺長，10 公斤重，可能

第四章　顯生宙—生物大繁盛與文明之路

靠奔跑捕獵小型動物為生。艾雷拉龍屬的生活時代也與之相近，不過牠的體型就大很多了，估計有 3～6 公尺，體重 210～350 公斤，雙足行走，是一種比較凶猛的肉食性動物。

現代人（左）、始盜龍（中）與艾雷拉龍（右）體型對比。　金書援／繪

從這兩種恐龍的形態我們就能推測出來，恐龍在當時已經多樣化了，但是這些恐龍都沒有被保存下來。而且，牠們的體型可能也並不大，雖然善於奔跑，以捕獵為生，但是三疊紀時期其實是另一種生物的天下—— 這就是前文中所說的那些形似鱷魚的巨型生物，這些生物才是三疊紀末期的王者。

■ 崛起之謎

由於鱷形生物出現得比較早，占據了大部分的生態位，所以三疊紀時期的恐龍處於競爭的下風。但是為什麼牠們在侏羅紀－白堊紀時期會突然崛起成為地球的主宰呢？

從恐龍的演化歷程能看出來，在從「蜥蜴」到「鱷魚」再到「恐龍」的演化過程中，恐龍的站立姿態發生了巨大變化。「蜥蜴」時期，牠們幾乎是匍匐在地；「鱷魚」時期，牠們已經靠肘關節的彎曲，讓身體離開了地面；「恐龍」時期，牠們的四肢直立，體重全部由骨骼支撐，再也無須依賴肘關節處的肌肉發力了。大家可以在家裡面體驗一下這幾種不同的姿態，應該能夠感受到最後一種姿態是最省力的。

因此在早期的研究中，一部分科學家將恐龍的崛起歸結為「恐龍站立了起來」；另外還有一部分科學家將其歸結為恐龍是一種溫血動物，牠相對於冷血動物具有更強的運動能力。

不過現在的研究認為，恐龍的崛起一方面固然有運動能力增強的原因，但更重要的可能是因為在三疊紀末期出現了一次生物大滅絕，讓其他物種（如各種鱷形生物）滅絕了，恐龍在倖免於難之後利用生態位空白迅速崛起，因為現在的研究顯示，與恐龍同期的那些四足動物的運動能力可能並不比恐龍差。

> 很多人經常將恐龍和人類進行比較，會問「恐龍和人類誰更厲害」「恐龍為什麼沒有像人類一樣演化出智慧」這些問題，但其實這些問題的前提條件就是錯的，因為人類只是一個物種（靈長總目－靈長目－人科－人屬－智人種）。但是恐龍實際上就是恐龍總目的簡稱，它可能包括了至少 3,400 個屬的非鳥恐龍，以及 9,000 多種現代鳥類和更多的已滅絕鳥類。
>
> 如果要做比較的話，恐龍總目和靈長總目才能是一個對等的單位。但是在靈長總目中，還包含了齧齒目（常見的就是老鼠、松鼠）、兔形目（常見的就是兔子）、樹鼩目、靈長目等多個現生目和許多滅絕的目。

23 哺乳動物出現

哺乳動物的演化歷史和恐龍的演化歷史一樣長，牠們從羊膜動物的獸孔目中演化出來，最古老的哺乳動物體型可能與老鼠、松鼠差不多大。

第四章 顯生宙—生物大繁盛與文明之路

由於中生代的地球被形形色色的恐龍統治，哺乳動物一直到恐龍滅絕後才開始崛起，所以可能很多人都認為哺乳動物出現得比較晚。但實際情況並非如此，哺乳動物的演化幾乎與恐龍同步，而且哺乳動物的祖先在演化中還曾一度領先。還記得在上一個故事中提到的羊膜動物演化出來的兩支嗎？一支是蜥形綱，牠們最終演化成了恐龍、龜鱉類、鱷魚以及現生的鳥類；另一支就是合弓綱了，哺乳動物就屬於合弓綱，合弓綱的演化歷程如下圖：

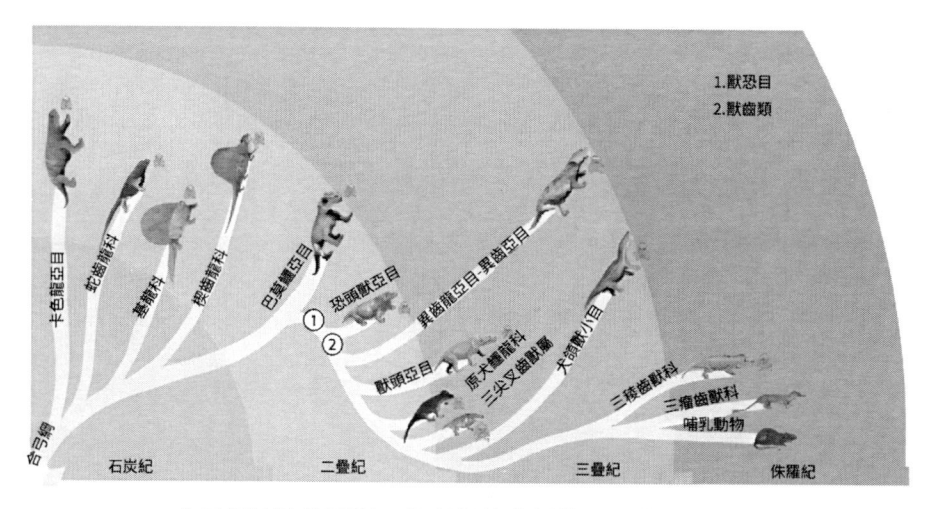

合弓綱的演化歷程，作者根據資料整理　金書援／繪

羊膜動物從 3.12 億年前開始出現，在短短 600 萬年後的 3.06 億年前就出現了最古老的合弓綱動物——始祖單弓獸。這是一種體長 50 公分左右的肉食蜥蜴形動物，牠們可能生活在石炭紀森林的沼澤地中。

始祖單弓獸想像復原圖，可以看到牠與蜥行綱生物非常相似。
圖片來源：Wikipedia/Nobu Tamur

始祖單弓獸屬於蛇齒龍科，隨後著名的基龍和楔齒龍從蛇齒龍中演化出來，牠們以巨大的背帆而廣為人知，也經常有人誤認為牠們是恐龍。大約從 2.75 億年前的二疊紀早期，由楔齒龍類中演化出一個分支——獸孔目。目前發現最早的獸孔目生物是四角獸屬，牠們依然與蜥蜴非常相似。

四角獸屬想像復原圖。
圖片來源：Wikipedia/Dmitry Bogdanov

　　獸孔目演化出來後，牠們很快擊敗了蛇齒龍、基龍、楔齒龍等早期合弓綱動物，成為二疊紀中期陸地上的優勢動物，此時牠們比蜥形綱生物要強大得多。獸孔目之下有三個主要分支：恐頭獸亞目、異齒亞目和獸齒類。恐頭獸亞目是比較早期的獸孔目，也是那個時代中體型最大的生物，牠們中的草食性和雜食性生物體長可達 4.5 公尺，體重可達 2 噸，而肉食性生物體（如巨型獸屬）體長約 2.85 公尺，體重超過 0.5 噸（現代老虎體重可達 0.4 噸，也就是說那些大型的恐頭獸體型比老虎還要巨大）。恐頭獸普遍具有加重加厚的頭骨，科學家推斷這是牠們進行種間打鬥的演化結果。平時他們為了爭奪地盤而爭鬥，每當繁殖季節，牠們會為了爭奪伴侶而爭鬥，爭鬥的方式就是用頭部相互撞擊對方，如今我們在許多動物身上都能見到這種情況，如綿羊、山羊、鹿、牛等。

第四章　顯生宙─生物大繁盛與文明之路

> 有些恐頭獸，如冠鱷獸、戟頭獸等還在頭部演化出了類似角的結構，這與現代的羊、鹿、牛等都很相似。

冠鱷獸頭骨化石，頭上的角非常明顯。
圖片來源：Wikipedia/Ghedoghedo

恐頭獸亞目下的巨型獸屬頭骨化石，可以看到頭骨上有明顯的增厚隆起。
圖片來源：Wikipedia/FunkMonk

巨型獸屬中兩種生物的想像復原圖，及其與人類體型的對比。
圖片來源：Wikipedia/DiBgd

這些恐頭獸幾乎都是肉食性動物，牠們的食譜中，除了蜥形綱生物，更多的其實是牠們的近親──植食性的異齒獸亞目。這是因為異齒獸亞目異常繁盛，尤其是其中的二齒獸下目，在晚二疊世發現的動物群化石中80%～90%都由二齒獸構成，牠們占據了從大型到小型，從吃樹

葉到吃草莖再到掘穴吃根部等全部的食草性生態位。但是在二疊紀末期生物大滅絕的第一幕中，異齒獸幾乎全部滅絕，只有其中的二齒獸倖存了下來；在隨後第二幕的大滅絕中，二齒獸中的絕大部分也滅絕了，只有水龍獸倖存了下來，並在三疊紀早期大量繁盛，成為當時陸地上唯一的大型生物。

二齒獸下目中的雙齒獸屬復原模型，這是一種體長僅有 45 公分的小型生物，其突出的兩顆犬齒是所有二齒獸下目生物突出的特徵，除了這兩顆犬齒之外，二齒獸下目中的動物嘴巴中基本沒有其他牙齒，牠們可能依靠角質喙咀嚼植物，犬齒則主要用來挖掘植物根莖。

圖片來源：Wikipedia/Viliam Simko

圖中左上是雙齒獸骨骼化石，螺旋狀結構則是對其地下洞穴結構的復原。雙齒獸擅長打洞，是一種穴居動物，生活方式可能類似現代地鼠，牠們往往螺旋向下打洞，在經歷兩個完整的轉彎之後開始直行，並將洞穴末端擴大，做成剛好夠自己掉頭的住室。

圖片來源：Wikipedia/Nkansahrexford

大約 2.65 億年前，獸孔目的第三個支系──獸齒類演化出來了，並在二疊紀晚期的時候演化出犬齒獸亞目來，牠們就是哺乳動物的祖先。目前發現最早的犬齒獸亞目生物是原犬鱷龍屬，牠們出現於大約 2.6 億年前。科學家在牠們化石的鼻吻部發現了一些細孔，推斷這是原犬鱷

第四章　顯生宙—生物大繁盛與文明之路

龍屬的觸鬚神經的通道，進而推斷出既然牠們已經有了觸鬚，那麼可能也已經有了毛髮。除此之外，牠們的頭骨也與哺乳動物更接近，因此科學家認為牠們形態上保留有一定爬行動物的特徵，但是卻具有和哺乳動物一樣的毛皮以及恆溫的特性了。

在二疊紀末期的生物大滅絕中，大部分犬齒獸亞目的生物都滅絕了，只留下幾個支系。

在隨後三疊紀早期的緩慢恢復過程中，可能由於生存壓力過大，這些犬齒獸身上出現了更多的哺乳類特徵，比如三尖叉齒獸的脊椎骨顯示出更適宜快速奔跑的特性和更適宜站立或直立的特徵，這讓牠們與運動緩慢的爬行類分離了開來。想想現在的獵豹是怎麼奔跑的？獵豹的四肢直接位於脊椎下方，膝關節是直立的，奔跑的時候是脊椎上下擺動，這提供了強大的運動能力。

原犬鱷龍屬想像復原圖，牠們可能已經具備了毛髮這一重要的哺乳動物特徵了。
圖片來源：Wikipedia/Nobu Tamura

與之相比，鱷魚的膝關節則是彎曲的，上臂與地面平行，靠下臂支撐身體，牠們運動的時候脊椎左右擺動。這種結構讓鱷魚的運動能力遠不及獵豹。

隨後的演化中，從三尖叉齒獸中演化出真犬齒獸類，這些真犬齒獸類的聽覺系統、攝食系統相對爬行動物都更加發達，這給了牠們強大的反應能力和運動能力。比如牙齒，真犬齒獸類的牙齒相對於原始爬行動物產生了分化，而人類的牙齒中分為犬齒、門齒、臼齒等，每一種牙齒都有不同的功能，這能提高進食效率。此外，牠們的牙齒替換速率也變

得緩慢起來，這種變化是有好處的，比如人類的牙齒只有乳齒向恆齒這一次替換，這樣上下牙的咬合面可以精準匹配，而爬行動物持續性的牙齒替換則無法形成精準咬合。真犬齒獸中的犬頷獸就是公認最類似哺乳類的一群似哺乳爬行動物──可以把牠們看作是爬行動物與哺乳動物之間的過渡物種。牠們體長大約 1 公尺，具有銳利的牙齒，四肢直立於身體下方，可能是一些類似於狼的靈活捕食者。

犬頷獸想像復原圖，牠們與現代的哺乳動物已經越來越像了。
圖片來源：Wikipedia/Nobu Tamura

> 在中國雲南就發現了不少中國特有的三瘤齒獸生物化石，如卞氏獸、滇中獸、祿豐獸、袁氏獸、雲南獸等。

一些犬頷獸繼續演化，很快演化出三稜齒獸和三瘤齒獸，牠們是哺乳類的近親，與哺乳類一起組成了哺乳動物形超綱。無論是三稜齒獸還是三瘤齒獸，牠們都是一些中小體型，極度類似哺乳類的生物，以食肉或食蟲為主，平時則主要生活在洞穴中，外表類似現代的水貂、黃鼠狼之類的生物。

對其中一種三瘤齒獸的想像復原圖，及其與人類體型的對比。
圖片來源：Wikipedia/Karkemish

第四章　顯生宙—生物大繁盛與文明之路

　　哺乳動物可能最早從三瘤齒獸中演化出來，許多科學家認為最早的哺乳動物是生活在大約 2.25 億年前的隱王獸，而隱王獸其實只被發現了一個頭顱骨骼，因此化石證據並不完全。真正有完好的化石保存的早期哺乳動物是摩根齒獸類，最早的摩根齒獸化石發現於 2.05 億年前的地層中，從其骨骼化石的分析來看，牠們個頭比較小，生長繁殖快速，代謝率較高，可能靠食蟲為生，而且是夜行性的。

摩根齒獸的想像復原圖，其與現代的老鼠非常相似。
圖片來源：Wikipedia/FunkMonk

　　不過，雖然這些動物都已經與哺乳動物極度相似了，但是牠們的繁殖方式可能還與現代的哺乳動物有很大差異 ── 牠們都是卵生的！現代的鴨嘴獸就是保留了卵生方式的哺乳動物，三疊紀時期的哺乳動物祖先可能就是這麼一代代繁殖的。

　　中國的遼寧西部是一個研究哺乳動物起源的絕佳地點。
　　這裡在中生代時期內長期有火山活動，火山噴發出來的細膩火山灰沉澱下來後形成了凝灰岩，它將古生物屍體埋藏得非常完好。中侏羅紀時期，這裡火山爆發保存了大量同時期的生物，這些生物被稱為燕遼生物群。
　　2014 年，科學家透過研究燕遼生物群中發現的古生物化石，命名了 3 個新種：陸氏神獸、玲瓏仙獸和宋氏仙獸，牠們生活於 1.6 億年前，都屬於摩根齒獸中的賊獸目。賊獸目的生物在英國的三疊紀地層中就有發現，但都是一些零散的牙齒、

> 頜骨，從未發現過完整的標本。燕遼生物群中的化石保存完整，全面展現了賊獸目的形態特徵，透過研究發現，這些生物體型介於松鼠到家鼠之間，體重 40～300 克，樹棲，食物為昆蟲、堅果和水果。這項研究建立的系統發育關係表明，哺乳動物可能至少起源於 2.08 億年前。

24　三疊紀末期生物大滅絕

2.01 億年前的三疊紀末期，可能由於海平面的快速升降或大陸分裂導致的大規模火山爆發，地球上再一次發生了生物大滅絕現象。在三疊紀時期的陸地上占據主導地位的形似鱷魚的巨型生物紛紛滅絕，為恐龍的崛起讓出了空間。

三疊紀無疑是一個多災多難的時代：它既是地球歷史上唯一一個以生物大滅絕開頭，又以生物大滅絕結尾的時代，還見證了超大陸的形成與分裂，同時也經歷了從極端乾旱到極端溼潤的重大氣候變遷──而這些事件全部都在短短 5,000 萬年內發生，並對地球後續的生命演化歷程產生了巨大影響。

> 　　與鐘錶上的時間刻度均勻分布不同，地質年代的分布是不等時的。無論是前文所述寒武紀、奧陶紀、志留紀等，還是紀之下的世和期的劃分，每一個階段的持續時間都不盡相同。
>
> 　　比如三疊紀中的早三疊世只有 500 萬年，但是晚三疊世卻有 3,600 萬年。這是因為地質學家是以岩石岩性的突然變化為指標劃分宙－代－紀－世－期－時這些地質時代的。上下岩層岩性的突然變化，實際上反映了地質歷史上環境的突然變化，

第四章　顯生宙—生物大繁盛與文明之路

> 而這些變化又是由地球本身的構造、火山活動、生物演化，以及來自地外的隕石撞擊等因素決定的。這些事件大都是隨機、無序且突發的，因此就會導致岩石岩性非均勻性的突變。

分分合合的大陸

三疊紀開端於 2.52 億年前，它繼承了二疊紀時期的海陸分布格局，地球上幾乎所有的陸地都拼合到了一起，形成了盤古大陸。從三疊紀早期到三疊紀中期，盤古大陸越聚越緊密，在大約 2.4 億年前的三疊紀中期到達巔峰，隨後全球板塊開始向北運動並逐漸產生分裂的跡象，盤古大陸的這種分裂將會在未來的侏羅紀和白堊紀中達到高潮，並最終形成現在的模樣。不過，相較於盤古大陸的分裂，一直游離於盤古大陸之外的中國華南、華北等眾多小板塊此時卻開始匯聚到一起，形成中國最初的模樣。

三疊紀不僅繼承了二疊紀的海陸格局，還繼承了二疊紀的糟糕氣候。二疊紀末期，大規模的岩漿溢流讓地球溫度快速升高，原本在石炭紀和二疊紀早期由於大規模森林生長而引起的二氧化碳含量降低，並造成寒冷環境開始改變。在岩漿溢流噴發出來的巨量二氧化碳影響下，二疊紀末期和三疊紀早期的地球溫度上升了 8°C 左右，兩極冰蓋完全消失。

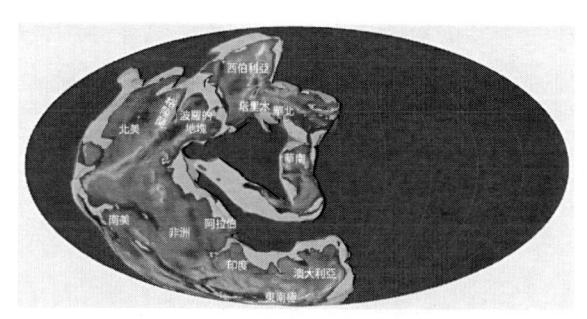

二疊紀（左）與三疊紀（右）古地理對比。

盤古大陸面積最大時從南極延伸到北極，由於面積巨大，平均海拔比較高，因此隔斷了洋流。岩石的比熱容比較小，陽光照射之後升溫比海水快，而且海拔高，得到的陽光熱量更多還在陸地上形成了一個巨大的熱源，由此造成了巨大的海陸溫差，並引起了地球歷史上最強烈的季風氣候。在季風氣候影響下，盤古大陸赤道及中緯度的內陸區域形成了面積巨大的荒漠地帶，這裡僅夏季部分時間能得到降雨，其他時候幾乎完全乾旱，越是深入內陸，越是如此。在這兩個因素的作用下，三疊紀早期－中期基本上都是乾旱炎熱的狀態。

不過這種氣候到了三疊紀晚期就突然變了，在卡尼期中期（2.34億～2.32億年前）的時候，地球氣候突然變得潮溼多雨，這個潮溼多雨的階段持續了近200萬年的時間。科學家在這一時期的地層中發現地層岩性從碳酸鹽岩（灰岩以及白雲岩）突然變成黑色頁岩或矽質岩。碳酸鹽岩一般形成於炎熱的淺海中，由於海水的快速蒸發，海水中的鈣離子和鎂離子過於飽和，與二氧化碳反應形成灰岩和白雲岩。而黑色頁岩的形成是由於水深變深，來自陸地的微小泥質沉積物在深水處沉澱所致；矽質岩也與此類似，是由於陸地風化增強，岩石中容易被風化的物質快速消失，剩餘的矽質成分難以被風化，又被帶到海洋中沉澱下來所致。此外，科學家還發現了當時陸地環境中有機土和潮溼土增加，喜溼性植物孢粉含量增加等一系列證據。

為什麼卡尼期會發生這麼巨大的氣候轉變，迄今還處於爭議中。

現在比較多人認同的說法是，由於這一時期板塊運動比較激烈，大量山脈隆起，巨大的地形差異促使山區風化加劇，風化產生的碎屑被河流帶入海洋中，破壞了碳酸鹽岩的形成；山

第四章　顯生宙─生物大繁盛與文明之路

脈的形成以及與之伴隨的大規模火山活動，改變了全球的氣候狀態（那時海洋平均溫度上升到了 37°C 左右，而現代赤道海水平均溫度僅為 27°C 左右），這些因素的共同作用促成了卡尼期的氣候變化。

伴隨著卡尼期氣候變化的，就是生物的演化過程了。我們從前面兩個故事中可以看到，確定無疑的恐龍出現在 2.31 億年前，而最早的哺乳動物可能出現在 2.25 億年前，牠們出現的時間都處於氣候變化之後。

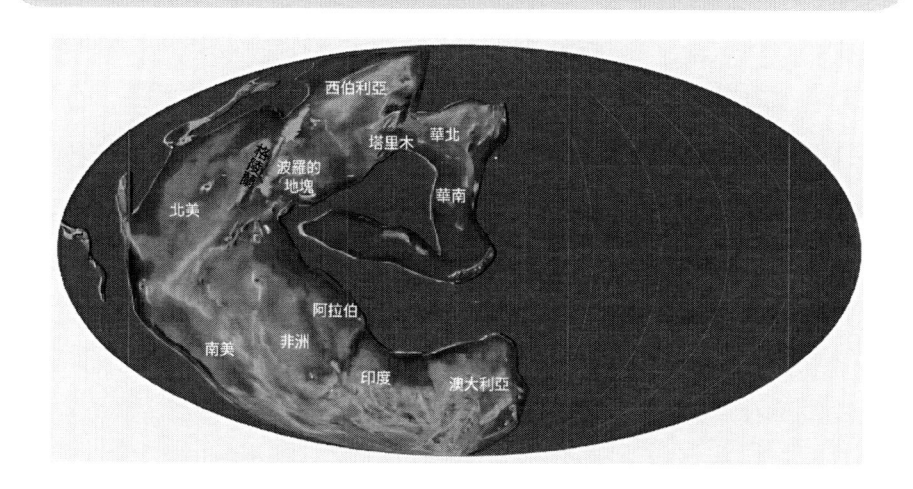

24　三疊紀末期生物大滅絕

1.半甲齒龜
2.蛇頸龍
3.安順龍
4.海百合
5.杯錐龍
6.盾齒龍
7.幻龍
8.長頸龍
9.本內蘇鐵
10.砂地木賊
11.新蘆木

三疊紀中國貴州地區生物想像復原圖。　金書援／繪

　　卡尼期發生的這個氣候轉變被稱為卡尼期洪積事件，關於「三疊紀時期，地球下了一百萬年的雨」這種說法是非常誇張且不正確的，實際情況是這一時期只是潮溼多雨而已，地球從炎熱乾旱的氣候轉變成炎熱潮溼的氣候。

第四章　顯生宙—生物大繁盛與文明之路

大滅絕！

　　大約從卡尼期開始，生物又陸續出現了大滅絕的現象 —— 三疊紀末期生物大滅絕拉開了序幕。對於三疊紀末期的生物大滅絕，有些科學家認為是多次快速災難性事件，這些事件間隔發生在長達2,000萬年的時間內；有些科學家則認為三疊紀末期生物大滅絕是一次長期的、緩慢的變化，生物的種類在三疊紀晚期的2,000萬年內逐漸減少。

　　但是不管怎樣，總體來看，這次大滅絕導致了海洋生物中52％的屬，76％的種滅絕 —— 其中奧陶紀就已經出現，在海洋中繁盛了數億年的牙形動物全部滅絕了，雙殼類、腕足類、菊石、珊瑚等都發生了大規模滅絕。而在陸地上，部分地區的植物超過95％的種發生了更替，與此同時在三疊紀短暫取得了主導地位的各種形似鱷魚的巨型爬行動物也都相繼滅絕了，這次大滅絕為恐龍的崛起讓出了生態位。

　　對於這次滅絕的原因，目前也有多種說法，比如海平面升降與大洋缺氧說，在晚三疊紀時期，海平面快速下降（地質學上稱為海退），隨之而來的侏羅紀則是海平面的迅速升高（地質學上稱為海進），也就是在這一時期，原本絕大部分時間位於海面之下的中國華南地區從此變成了陸地。這種海平面的快速變化讓生活在淺海的生物因為無法適應而快速滅絕了。這個說法雖然可以解釋海洋中的生物大滅絕，卻無法解釋陸地上的生物大滅絕現象。

　　不過，也有許多科學家認為是超大型火山噴發導致的。由於此時盤古大陸開始分裂，在大陸中央出現了一條大型裂谷帶，巨量岩漿從這條裂谷帶中湧出，火山活動持續的時間很長，可能從2.08億年前開始就偶有爆發，並且一直持續到侏羅紀的前2,000萬年。活動最猛烈的時候大約在2.02億年前，這次主要的噴發發生在不到100萬年的時間內，結果

就是在裂谷的南北兩側都形成了一個面積達到 1 千萬平方公里的岩漿覆蓋區，噴出的總岩漿可能達到 230 萬立方公里，如此巨大的噴發量讓大氣中的二氧化碳升高，使得全球溫度再次升高，同時各種酸性氣體溶解於海洋中，讓海洋迅速酸化⋯⋯這些過程與二疊紀－三疊紀之交的滅絕過程非常相似。

25　有花植物出現

至少在 1.99 億年前，被子植物就已經出現在地球上。它們依靠花這一強大的生殖器官很快擠壓了裸子植物的生態位，成為地球上最成功的植物門類。

世界上第一朵花

大約 2 億年前，在經歷過三疊紀末期生物大滅絕之後，地球上的生物再一次面臨大洗牌，許多舊的物種消失了，新的物種開始崛起，其中就有大名鼎鼎的恐龍。不過我們本節的主角不是恐龍，而是花。如果從對人類的重要性來看，花以及開花植物要比恐龍重要得多。

如果我們能夠回到 2 億年前侏羅紀早期或三疊紀晚期的森林中，將會看到那時候的森林與如今的森林既相似又不同。說它們相似，是因為那時候的森林裡大型木本植物主要由松柏類植物構成，在某些地方則可能是大規模的銀杏樹林，這些植物一直到現代都還在繁盛地生長，我們能夠在許多地方都看到由它們構成的樹林。不過如果仔細看，就會發現不同之處：那時候的森林中極少能夠看到花！當然也就看不到採蜜的蜜蜂和在花朵邊飛舞的蝴蝶了。

第四章　顯生宙—生物大繁盛與文明之路

從生物學來說，有花植物都屬於被子植物，而松柏類植物則屬於裸子植物，這是兩類完全不同的植物類型，按照現今中學生物課上的說法，被子植物是目前植物界中最高等的類群，也是演化程度最高、物種多樣性最高的類群，現在的自然界中至少擁有 30 萬種被子植物，占胚胎植物種類的 89.4%。

> 胚胎植物，幾乎包含了除綠藻之外的其他所有植物。包括苔蘚植物門、裸子植物門、被子植物門等，由於這些植物適應了陸地生活，所以在有些非正式場合也被稱為「陸生植物」。

侏羅紀時期的森林已經與我們現代某些以裸子植物和蕨類植物為主的森林非常相似了。
圖片來源：Pixabay/Muecke

要是從對人類的重要性來看，目前的農業作物幾乎全部仰仗被子植物，其中禾本科是最重要的一科，水稻、玉米、小麥、大麥、燕麥、高粱等構成了人類幾乎全部的主食；而豆科、茄科、葫蘆科、十字花科、藝香科、薔薇科等為我們提供了油料、蔬菜和水果；其他的一些開花植物，則為我們提供紙張、紡織纖維、藥物等原物料。

現生蘇鐵植物的孢子葉球，
一部分科學家認為被子植物的花就起源於本內蘇鐵類的孢子葉球。
圖片來源：123RF

　　因此，這些被子植物的演化無論是從生物演化的角度還是從對人類的重要性上來看，都是意義極為重大的。這些被子植物是什麼時候出現的？著名的科學家達爾文在研究這個問題的時候，就因為在白堊紀地層中突然發現了大量被子植物，但卻找不到在更早期地層中被子植物的祖先類型和它們演化的路徑，於是將這個問題稱之為「惱人之謎」(abominable mystery)。時至今日，這個問題依然面臨很大的爭議，從西元1790年到現在，人們提出了不下16種假說來解釋這個問題。其中比較流行的有兩種假說，一種是認為被子植物起源於具有兩性孢子葉球的本內蘇鐵類，另一種則認為它們起源於種子蕨類。但是這兩個理論現在都逐漸受到爭議。在研究了大量中國的化石，並與國外的化石進行比較之後，中國的科學家認為被子植物是從另一種古老的裸子植物科達類中演化而來的，科達植物中的一支演化為松柏類，一支演化為尼藤類，還有一支則演化成了現代的被子植物。

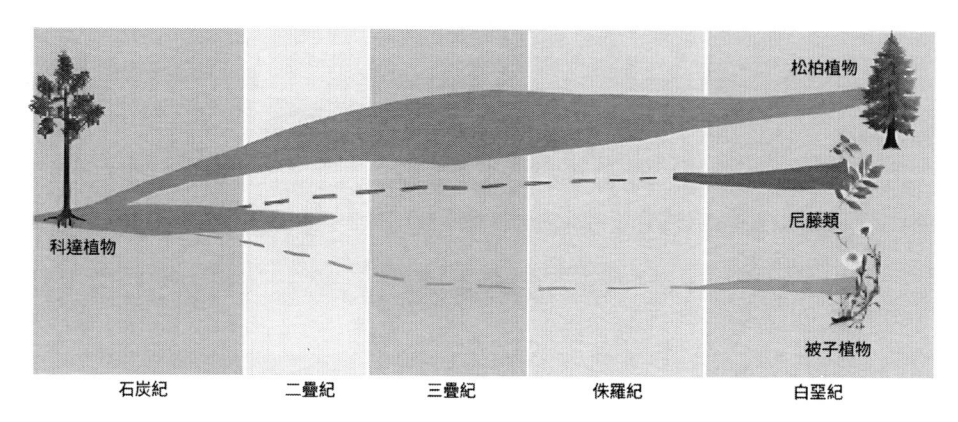

第四章　顯生宙—生物大繁盛與文明之路

被子植物起源的其中一種解釋，根據參考文獻 [137] 繪製。

　　當然，這種新的理論也處於爭議中，不過可以暫時只將目光放在這些發現自中國的化石身上 —— 它們能告訴我們花大致起源於什麼時候。

　　這些化石都來自中國的燕遼生物群。燕遼生物群的生物化石主要發現於中國的冀北和遼西地帶，最初主要是大量生活於 1.6 億年前中侏羅紀的昆蟲，因此被命名為燕遼昆蟲群。不過隨後這裡發現了大量脊椎動物，包括魚類、兩棲類、翼龍類、哺乳類以及獸腳類恐龍，所以被更名為燕遼生物群。除了這些動物化石之外，科學家也在此發現了植物化石，這就是今天的主角。

　　目前發現最早的被子植物化石被稱為施氏果。施氏果化石在 1833 年首次被發現於德國侏羅紀最早期（約為 1.99 億年前）的地層中，那時候人們將其認定為裸子植物化石。到了 1980 年代，中國科學家在燕遼生物群中也發現了施氏果的化石並進行了研究，直到 2007 年才有科學家意識到這可能是一種被子植物，成對的花呈串生長在植物花序的軸上，花瓣包圍著具有兩個腔室的子房，胚珠在子房壁上保留了清晰的印痕，毫無疑問，這是典型的被子植物。更深入的研究發現，施氏果的模樣可能與現

代的白鶴芋有點相似。由於它的種子極小，頂端帶毛，科學家推斷這是一種生活在開闊水邊，依靠風媒傳粉的木本植物。

中國部分原始有花植物想像復原圖。　金書援／繪

中國的施氏果被保存在 1.6 億年前左右侏羅紀中期的地層中，與它保存在一起的還有中華星學花、潘氏真花、渤大侏羅草等多種顯花植物。而到了 1.2 億年左右的白堊紀時期，就已經出現了大量的明確有花的植物，如著名的古果、中華果、麗花等，這些有花植物的化石均發現於熱河生物群中，我們能在遼寧朝陽鳥化石國家地質公園中看到其中的一些。

> 遼寧朝陽鳥化石國家地質公園中展出的是著名的熱河生物群中的化石，包括大量長羽毛恐龍化石、鳥化石、兩棲類化石、昆蟲化石，以及與之同時出現的有花植物化石。其中一系

> 列的有羽毛恐龍化石完整展現了從恐龍演化到鳥類的過程,而有花植物化石中的遼寧古果則一度被認為是最古老的花朵,因此這裡被譽為「花鳥源頭」。

此外,有科學家在三疊紀的地層中發現了一些與被子植物花粉極為相似,甚至無法區分的花粉,因此他們也認為被子植物在三疊紀就已經出現了;另外,還有一些科學家從分子鐘和系統分析進行估算,也得出被子植物可能在三疊紀時期就出現的結論。

雖然我們未能發現這些早期的被子植物化石,不過我們依然可以認為被子植物至少在 1.99 億年前就已經出現了。

為什麼被子植物如此繁盛?

被子植物與裸子植物,根據它們的名稱能大致確定它們的特徵:被子植物的胚珠被一層子房壁所包裹,裸子植物的胚珠沒有子房壁保護,直接裸露在外。而子房壁,則屬於創新性的生殖器官——花的一部分。一般認為,被子植物能夠在生存競賽中取得對裸子植物的壓倒性優勢的原因就在於花的出現。

被子植物花的中心為雌蕊,其下膨大變成子房,子房壁包裹著胚珠,而胚珠還有一層珠被的包裹,也就是說被子植物的胚珠被包裹了兩層。這兩層包裹為脆弱的胚珠提供了全面的保護,讓它們免受植食性動物的獵食;同時也為胚珠提供了一個穩定的發育環境,免受外界乾旱、雨水、陽光等造成的傷害。

這兩層包裹在種子的演化過程中又會演變成果皮和種皮,依然對種子提供了雙層保護。這種雙層的物理性保護,為被子植物種子的廣泛傳播提供了便利。

椰子的椰汁就是最典型的胚乳，最初椰子的胚乳是液態的，隨著椰子成熟，椰汁會逐漸硬化變成椰肉。如此豐富的胚乳，搭配上堅硬的椰子殼，讓椰子能夠在海上漂流數千里之後還能快速萌發成長。
圖片來源：Franz Eugen Köhler，Köhler's Medizinal-Pflanzen

另外，在裸子植物中，花粉在授粉前可以直接到達胚珠的珠孔，而被子植物的雌蕊閉合，上部為柱頭，柱頭上有辨識機制，只有符合條件的花粉才能長出花粉管，到達胚珠。這種機制避免了自交，促進了雜交，使得被子植物的基因多樣化速度大大加快。

從柱頭到胚珠的珠孔之間存在著一段距離，這發揮了挑選優質花粉的作用，只有最強壯的花粉，才能夠在眾多花粉的競爭中迅速找到珠孔——這與動物中的精子與卵子的結合何其相似！

最後，被子植物還存在一種雙受精的現象。被子植物胚囊中有 7 個細胞，其中只有 2 個可以與花粉結合從而受精，其中一個是卵細胞受精後形成了胚，這就是下一代的小生命；而另一個被稱為極核細胞，在受精後形成胚乳，胚乳中富含脂肪、蛋白質、水分，它們為胚的萌發生長提供了豐富的營養。這就相當於被子植物的胚胎自帶一個資源倉庫，即

第四章　顯生宙—生物大繁盛與文明之路

使一開始不理想，也能依靠這個資源倉庫度過前期危險而脆弱的萌發階段，這相較於無胚乳結構的裸子植物存活率自然提高很多。

> 稻米、小麥、燕麥、玉米等食用的都是植物的胚乳部分，而這些食物占據了主食的絕大部分。從這種意義上看，沒有被子植物就沒有人類的今天。

植物演化簡史

到被子植物的出現，整個植物界中所有的植物門類就都已經出現了，我們在前面的故事中零零散散提到過它們，在這裡不妨簡單回顧一下植物的演化歷程。

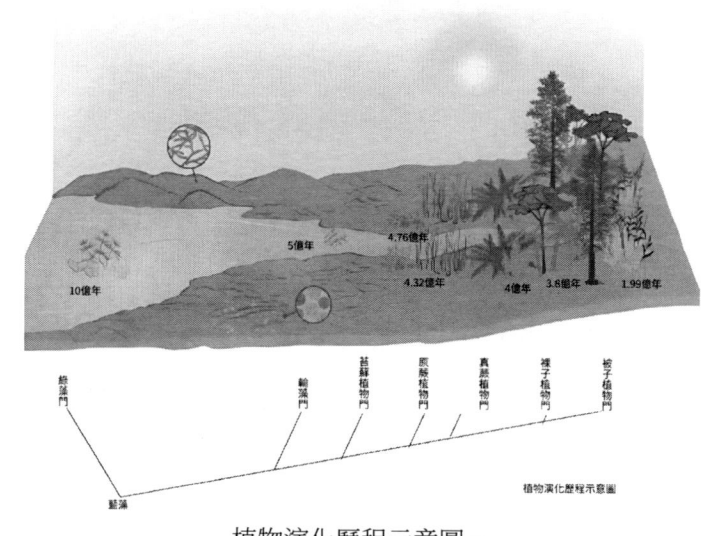

植物演化歷程示意圖。
圖片來源：JMR Fürst-Jansen，DV Sophie，DV Jan，有修改

38億年前，地球上出現了最古老的生命，所有的植物和動物都從這最古老的生命中演化而來。

25　有花植物出現

　　27 億年前，古細菌中的一部分演化出產氧光合作用，這是植物形成的前提條件。

　　18 億年前，在沿海的微生物席藻中，各種原始單細胞微生物混雜生長在一起，某些原始的真核單細胞生物「吃」掉了能進行光合作用的藍綠菌，藍綠菌與其內共生，從而形成葉綠體——這就是藻類植物了，它們是現生綠色植物的最早的祖先。

　　在至少 13 億年前，原本單細胞的藻類植物演化成了多細胞的藻類植物，其中紅藻就出現於這一時代。

　　大約 7 億年前，從綠藻中演化出了鏈型植物，絕大部分綠藻依然是單細胞生物，它們繁衍至今，而鏈型植物則是現生綠色植物的第二代祖先。

　　大約 4.76 億年前，鏈型植物中的輪藻門開始定居在淡水中，它們可能與某些真菌共生在一起，由於水浪而被拍打到潮溼的岸邊，由此演化出了苔蘚植物。

　　大約 4.32 億年前，苔蘚植物中的某些種類演化出維管束，這支撐著它們長高長大，由此出現了最早的維管束植物——蕨類。

　　大約 3.8 億年前，蕨類植物中的三向蕨綱演化出前裸子植物，這些前裸子植物包括古羊齒目、原髓蕨目、無脈樹目等。

　　大約 3.6 億年前的石炭紀早期，出現了裸子植物中的科達類，然後從科達類中演化出現今的松柏植物等常見的裸子植物，這些植物在石炭紀、二疊紀、三疊紀逐漸成為森林中的主要樹種。

　　大約 1.99 億年前的侏羅紀最早期，可能由科達類（或其他裸子植物）演化出了目前已知最古老的有花植物——施氏果。而到了 1.6 億年前的侏羅紀中期，有花植物已經在地球上廣泛存在了。

第四章　顯生宙—生物大繁盛與文明之路

26　恐龍地球

2 億～ 0.65 億年前，經歷過三疊紀生物大滅絕的恐龍倖存了下來，牠們的體型和種類都快速增加，成為這期間地球上的主導物種，與恐龍一起稱霸地球的還有海中的海龍類和天空中的翼龍類。這些巨獸已經消失數千萬年了，但是牠們遺留下來的各種化石依然讓我們對這個巨獸時代充滿了好奇。

恐龍的興盛

從大約 2 億年前的侏羅紀開始，一直到 0.65 億年前的白堊紀晚期，這 1.35 億年間發生的最重大的事件莫過於恐龍的興盛了。我們在前面的故事中提到過，恐龍在三疊紀中期就已經出現了，不過那時候的恐龍體型普遍比較小，小的體長在 1 公尺左右，大一點則平均在 2 ～ 3 公尺。與現代的生物比較一下，小型恐龍就跟大型犬差不多，大一點的跟牛、馬差不多，而且體重可能遠小於牛或馬，因為恐龍還有條長尾巴。

> 現在的恐龍分類中，在恐龍總目之下分為蜥臀目和鳥臀目。
>
> 這是根據牠們的骨盆形態進行劃分的，所謂蜥臀目指的是骨盆類似現代蜥蜴的生物類型，而鳥臀目則是指骨盆類似現代鳥類的生物類型。不過有趣的是，現代的鳥類雖然也是恐龍的後代，但是牠們卻屬於蜥臀目，而非鳥臀目。出現這種情況是生物趨同演化的結果。

但是到了侏羅紀中後期，恐龍的體型開始巨大化，最終成為我們在螢幕上為之著迷的巨獸。比如侏羅紀中期的早期隱龍（也就是角龍的祖

先)體長只有 1 公尺多，兩足行走，到了白堊紀時期，角龍就變成四足行走，單頭顱就長達 2.5 公尺，體重可達 12 噸。

除了體型的變化之外，恐龍的種類也在迅速增加。這種變化情況在中國的恐龍化石中表現得淋漓盡致。中國是目前世界上恐龍化石資源最豐富的國家，在 26 個省市自治區中都發現了恐龍化石。截至 2022 年 4 月的統計，中國已經發現並命名的恐龍共 338 種，排名世界第一。除了三疊紀恐龍化石尚未發現之外，中國已經發現了從侏羅紀早期到白堊紀晚期各個時期的恐龍化石，因此僅僅看中國恐龍演化的情況就可以清晰地看出恐龍演化的趨勢。

目前中國發現的最古老的恐龍位於雲南祿豐動物群，這些恐龍生活在距今大約 1.9 億年前的侏羅紀早期，包括三疊中國龍、許氏祿豐龍、新窪金山龍、黃氏雲南龍、奧氏大地龍等。當然，在這個動物群中，除了恐龍之外，還有諸如中國尖齒獸、摩爾根獸這樣的原始哺乳動物以及一些原鱷類生物，牠們共同構成了這個侏羅紀早期生物群的面貌。在祿豐動物群中，三疊中國龍是占據主導的食肉動物，牠的體長約 4～5 公尺，而新窪金山龍則是其中體型最大的生物，體長可達 8 公尺以上。

> 在蜥臀目之下，劃分為獸腳亞目和蜥腳亞目，其中獸腳亞目的恐龍都是肉食性的，我們經常聽聞的暴龍就是典型的獸腳亞目恐龍。而蜥腳亞目的恐龍則都是植食性的。在鳥臀目之下，主要劃分為劍龍亞目、甲龍亞目、鳥腳亞目、厚頭龍亞目和角龍亞目這五個亞目。根據這樣的劃分，恐龍就被劃分為了 7 大類（7 個亞目）。

第四章 顯生宙——生物大繁盛與文明之路

祿豐動物群想像復原圖。　金書援／繪

　　到了約 1.6 億年前的中晚侏羅紀，除了雲南祿豐之外，在新疆、四川、遼寧、內蒙古、西藏等多地都出現了大量恐龍。新疆是大型恐龍的王國，那裡出現了體長 34 公尺的中加馬門溪龍、體長 30 公尺的中日蝴蝶龍、體長 17 公尺的戈壁克拉美麗龍等巨大的植食性恐龍，還有體長 9 公尺的董氏中華盜龍這樣的巨型肉食性恐龍以及各種大型甲龍和角龍。當然，在其他地方也有大量的巨型恐龍，比如在四川有體長 21 公尺的安嶽馬門溪龍和體長 12 公尺的李氏蜀龍，在雲南祿豐則有體長 27 公尺的阿納川街龍。與恐龍體型增大一起出現的是恐龍種類的增加，比如，在四川發現了許多種類的劍龍。

　　到了大約 1 億年前的白堊紀時期，恐龍這種體型和種類增加的趨勢持續發展。這一時期在山東開始出現大名鼎鼎的肉食性恐龍──暴龍！牠在中國的種被命名為巨型諸城暴龍，體長超過 11 公尺。在內蒙古、遼寧、河南、山東、甘肅、黑龍江等地都出現了大量新的體長超過 10 公尺

的植食性恐龍；同時，在遼寧還開始出現了大量長羽毛恐龍和最原始的鳥，牠們見證了恐龍到鳥類的演化歷史。

恐龍巨大化之謎

恐龍為什麼會巨大化？這是一個科學界至今仍然爭論不休的話題，有些科學家研究了其中的蜥腳類恐龍，認為牠們的巨大化可能受到 5 個因素的影響：

1. 長脖子。蜥腳類植食性恐龍都有一個長長的脖子，這能讓牠們無須移動就能在很大的範圍內獲取食物，既節能又高效率。

2. 小頭顱。小小的頭意味著咀嚼功能的弱化，這些恐龍可能基本上不咀嚼或很少咀嚼食物，而是直接快速吞嚥，被吞嚥下去的食物需要更長時間進行發酵處理，意味著需要儲存更長時間，這讓恐龍不得不長出更大的胃部和身體來處理這些食物。

3. 鳥式呼吸。鳥類除了肺之外還有多個氣囊，分布在肺的前後，負責儲存空氣，肺只負責進行氣體交換。吸氣的時候，吸入的新鮮空氣一半進入肺交換，另一半直接進入後面的氣囊中；呼氣的時候，肺中的廢氣進入前面的氣囊然後排出體外，而此時後面氣囊中的新鮮空氣則隨之進入肺中——這樣，鳥類的肺部無論是在呼氣還是吸氣的時候都會接觸新鮮空氣。與之相對的是哺乳動物的潮汐式呼吸，哺乳動物的肺部既負責儲存空氣也負責氣體交換，在呼吸的過程中，高二氧化碳含量的廢氣就會與新鮮空氣接觸，從而降低肺中空氣的氧分壓濃度，因此在呼吸的時候效率會低於鳥類。另外，鳥類分布於身體中的多個氣囊嵌入骨骼中，不僅能夠進行氣體交換，而且能發揮減輕骨架重量的功能，也能減輕長脖子對肌肉帶來的負擔。

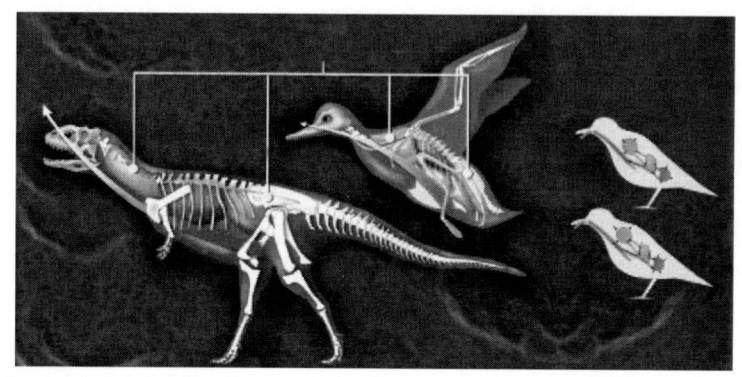

第四章　顯生宙──生物大繁盛與文明之路

鳥式呼吸無論撥出氣體還是吸入氣體都能高效吸收氧氣，提高了氧氣利用率。
圖片來源：Zina Deretsky，National Science Foundation；
Wikipedia/L. Shyamal 有修改

4. 高代謝率。恐龍通常具有高代謝率，這種高代謝率帶來了高生長率，能夠讓恐龍在幼年的時候就快速長大，從而度過脆弱的幼年期。據估計，蜥腳類恐龍可能每年能夠增加體重 0.5～2 噸，這樣在 15～30 歲的時候就能達到性成熟，否則，按照正常的生長率，牠們可能要 100 年才能到達生育年齡。

5. 蜥腳類恐龍的卵很小。恐龍每一次產卵數量巨大，體型相對較小的卵能夠產出更多的後代，使物種不容易滅絕，而這些免於快速滅絕的恐龍在長期演化後能夠變得越來越大。

當然，對於恐龍體型的巨大化還有很多其他的說法，比如有些人認為那時候地球上氧氣含量比現在要高等等，關於這些問題的爭議較大，甚至由此促成了科學家提出柯普定律。這個定律認為，生物在演化的過程中天生就傾向於體型變大，因為這會在種間競爭和種內競爭的過程中都具備更大的優勢。這些爭論可能會一直持續很久，我們繼續期待科學家的研究吧。

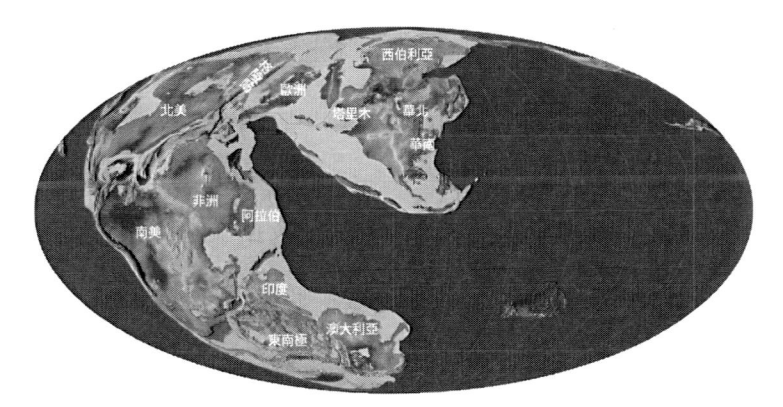

約 1.6 億年前的侏羅紀全球古地理圖。

另外一個疑問是，為什麼在侏羅紀時期恐龍的數量會快速增加？這一方面當然是靠恐龍們自身的演化，但是更重要的可能還是要考慮到歷史的過程。

地質學家認為侏羅紀－白堊紀期間的地球板塊運動是造成恐龍種類多樣化的重要原因。

在三疊紀時期，整個地球上的陸地都聚合在一起形成一塊超級大陸──盤古大陸，恐龍就在這塊大陸上起源。

到了侏羅紀時期，盤古大陸開始分裂為南北兩大塊，由此產生的環境變化和地理隔離導致了恐龍種類第一次快速成長。而到了白堊紀時期，盤古大陸已經裂解為多塊，並出現了現代大陸的雛形，在這次分裂中，恐龍被徹底隔離在不同的區域中，並在這些地方產生了適應性的演化歷程，由此造成恐龍物種數量的第二次成長。這奠定了我們如今看到的恐龍時代的多樣化恐龍化石的基礎。

與這些恐龍一起登場的還有其他有趣的生物，比如翼龍類和海龍類（蛇頸龍、滄龍、魚龍）等，牠們一個占據了天空，一個稱霸了海洋，雖然名稱裡面都有一個「龍」字，但牠們並不是恐龍，而只是一些會飛或會

第四章　顯生宙—生物大繁盛與文明之路

游泳的爬行動物而已。在白堊紀末期的生物大滅絕中，牠們與恐龍一起消失在時代的浪潮中，僅留下化石供我們垂思。

27　鳥類出現

1.5 億年前的侏羅紀晚期，鳥類從恐龍中演化了出來，牠們與恐龍共同演化了近 8,500 萬年。

從恐龍中來

在侏羅紀－白堊紀這長達 1.35 億年的時光中，除了恐龍統治地球之外，另一件重大的事件就是鳥類的出現。大約在 1.5 億年前，從恐龍中演化出了鳥類，這些鳥類在非鳥恐龍滅絕後，一直與哺乳動物共生至今，成為現代生態系中極為重要的一個類型。

> 事實上，在現代的分類中，科學家把鳥綱歸入恐龍總目－蜥臀目－獸腳亞目中的鳥翼類之中，也就是說，從定義上來看，鳥類是一種恐龍。

最早提出「鳥類可能起源於恐龍」這一理論的是 19 世紀偉大的生物學家湯瑪斯・亨利・赫胥黎（Thomas Henry Huxley），嚴復的《天演論》就是基於赫胥黎的演講與論文集所翻譯的。赫胥黎受過正規的醫學教育，在解剖學上有很高的造詣。據說，有一天他在博物館研究了一天的恐龍骨骼化石，下班後到一家餐廳吃飯，其中主菜是一道火雞，他在擺弄火雞骨頭的時候突然發現盤中的骨頭與白天在博物館研究的恐龍骨骼十分相似，由此啟發了他的靈感。後來赫胥黎比較了獸腳類恐龍中的巨龍的後腿與現代鴕鳥的後腿，發現二者有 35 個特徵是相同的，於是提出恐龍

和鳥類之間可能存在親緣關係。但是那時候其他的古生物學家大多不認同這一觀點。

差不多與此同時，人們也在德國索倫霍芬地區的灰岩中發現了始祖鳥──一種生活在 1.5 億年前的侏羅紀晚期，身披羽毛，骨骼卻顯示出恐龍和鳥類雙重特徵的過渡物種。不過有趣的是，儘管牠身上表現出了恐龍的特徵，但當時人們並沒有把牠與恐龍聯想到一起，而只是將其認定為最古老的鳥類。

直到赫胥黎的理論提出近一個世紀之後，到了 1960 年代，才再一次有科學家支持這個理論，不過也一直受到強烈的反對。真正讓「鳥類的恐龍起源」理論被科學界認可是從 1990 年代開始的，在中國的燕遼生物群和熱河生物群中發現了長羽毛恐龍化石和原始鳥類化石。

> 我們在前面的故事中提到了位於冀北遼西的燕遼生物群，裡面既包括可能最古老的被子植物，也包括最古老的哺乳動物，牠們生活在大約 1.6 億年前的中侏羅紀時期溫暖、潮溼的盆地中。不過由於板塊運動，1.6 億〜1.36 億年前太平洋板塊開始向中國俯衝擠壓，這導致了燕山山脈的形成，與此同時，劇烈的火山噴發產生的熔岩與遮天蔽日的火山灰使得燕遼生物群集體滅絕。
>
> 從 1.35 億年前左右開始，隨著火山的減弱，生物再次在此地興盛起來，這就是熱河生物群。熱河實際上是一個過去的省級行政區，包含現在的內蒙古、遼寧、河北的一部分地區。
>
> 1920 年開始，科學家在此發現了不少生物化石，因此將這些生物化石群命名為「熱河動物群」。現在，熱河行政區已經被撤銷了，但是「熱河動物群」這一名稱依然被沿用了下來，並最

第四章 顯生宙—生物大繁盛與文明之路

> 終被定名為「熱河生物群」。
> 　在隨後的研究中，科學家發現熱河生物群並不限於原本的熱河地區，而是廣泛分布在中國北部大部分地區，以及蒙古、朝鮮半島、日本甚至俄羅斯貝加爾湖附近。

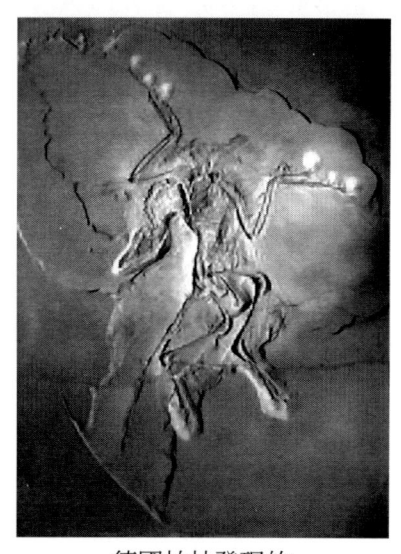

德國柏林發現的
始祖鳥化石標本。
圖片來源：Wikipedia/H. Raab

始祖鳥想像復原圖。
圖片來源：Wikipedia/Durbed

　　從大約 1.6 億年前的中侏羅紀，到大約 1.12 億年前的早白堊紀，中國的遼西大致處於水草豐美的盆地環境中，這裡分布著火山和湖泊，由於板塊活動在這一時期很活躍，因此火山不斷間歇性噴發。

　　火山的噴發導致生活在附近的生物大量死亡，而細緻的火山灰則會一層層沉澱在湖泊和陸地之上，將死亡的生物完美包裹起來。這些火山灰的細緻程度與淤泥不相上下，生物被包裹之後就很快與外界隔離，免

受風霜雨雪的侵蝕，以及微生物的腐壞，因而化石大多非常精美。經過一年又一年的累積，火山灰沉積下來的岩石形成了豐富的凝灰岩岩層，燕遼生物群和熱河生物群基本上都處於凝灰岩岩層中。

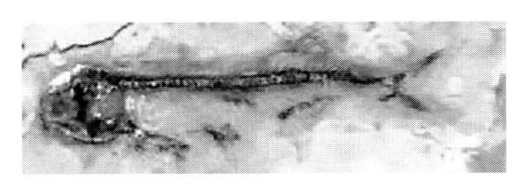

熱河生物群中最常見的就是狼鰭魚化石，這塊化石被保存在白色的細緻岩層中，這就是由火山灰沉積形成的凝灰岩。
圖片來源：Flickr/James St. John

一旦火山停止噴發，死亡的生物和厚厚的火山灰又變成了絕佳的肥料，植物很快重新占領荒蕪的盆地，動物也就再次遷徙至此，牠們繼續繁衍，一直到下一次火山噴發。不斷噴發－埋藏的循環使得遼西凝灰岩地層完美地保存了中侏羅－早白堊期間生物的遺體，從哺乳動物到爬行動物、鳥類、恐龍、昆蟲和植物都有所發現。

人們在這裡也發現了大量不同時代的帶羽毛恐龍和許多種具備鳥類行為特徵的恐龍。比如屬於恐爪龍下目的近鳥龍已經具備了覆蓋全身的羽毛，牠們生活在大約 1.6 億年前，這比始祖鳥還要早 1,000 萬年。

> 這些帶羽毛恐龍的發現，說明羽毛的出現要比 1.6 億年更早一些，在牠們更古老的祖先身上已經或多或少開始長羽毛了。

同樣發現於遼西的寐龍則清晰地保存了這種小型恐龍睡覺時的形態：後肢蜷縮在身下，脖子向後彎曲，嘴巴藏在前肢之下，如果仔細觀察過鳥類睡眠的方式，我們就會知道寐龍的這種姿勢與鳥類一模一樣。

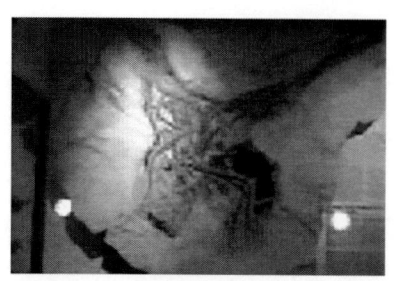

第四章　顯生宙—生物大繁盛與文明之路

保存於北京自然博物館中的近鳥龍化石。
圖片來源：Wikipedia-James St. John

近鳥龍想像復原圖。
圖片來源：Wikipedia-Mariolanzas

　　此外，在遼西還發現了大量的原始鳥類化石，比如大名鼎鼎的孔子鳥，這些化石能很清晰地展現出更多的鳥類演化歷程。以鳥類的牙齒為例，1.5 億年前的始祖鳥還是滿口細密的牙齒，而孔子鳥的牙齒早已消失，變成了角質的喙。這些不斷發現於遼西的化石，有力地支持了鳥類的恐龍起源說。

> 　　在與恐龍親緣關係比較遠的翼龍身上也發現了原始羽毛的證據，這說明在恐龍與翼龍未分家之前，牠們的共同祖先可能就已經出現原始羽毛了 —— 這個發現直接將恐龍羽毛出現的時間向前推到了三疊紀早期。
> 　　這種從鱗片向羽毛的演化可能從三疊紀時期恐龍剛剛出現時就開始了，到了侏羅紀時期，羽毛已經成為虛骨龍次亞目所

> 有恐龍的共同特徵，虛骨龍次亞目包含了美頜龍科、暴龍超科、手盜龍類等多個演化分支，其中暴龍超科的生物就包含有大名鼎鼎的霸王龍，所以其實電影裡面長著蜥蜴皮的霸王龍形象可能不太對，牠們也許更加類似於一隻披著羽毛、長著利齒的超大型「放山雞」。

鳥類起源簡史

如今的鳥類有如下幾點主要特徵：骨骼中空纖細，鳥式呼吸；全身長有羽毛；能夠飛翔。如果回顧歷年來發現的各種化石，我們就會發現鳥類的這些特徵並不是一夜之間突然形成的，而是在數千萬年的時間中慢慢演化出來的。

骨骼和鳥式呼吸可能隨著恐龍在三疊紀出現就已經開始發展了。

地質學家在 2 億年前三疊紀晚期的獸腳類恐龍（如腔骨龍）化石中就發現了這種中空的骨骼。

羽毛也出現得非常早，不過它並不是一開始就以羽毛的形式出現，而是在數千萬年間從爬行動物鱗片中逐漸演變而來。其演化的順序為：爬行類鱗片→鬃毛→分支羽毛→簡單正羽→帶有羽小支的正羽→羽小支互鎖成緊密羽片的正羽→具有不對稱羽片的飛行羽毛。

而遼西的發現則證實了羽毛的這種演化順序，比如生活在 1.58 億年前的畸齒龍科恐龍就具備細管狀、無分叉的原始毛狀結構，可能處於羽毛演化中鬃毛的階段；生活在大約 1.25 億年前的中華龍鳥則全身覆蓋著分支的羽毛，這種全長近 1 公尺的小東西，看起來可能類似於一個毛茸茸的鳥類玩偶；而生活在 1.2 億年前的小盜龍身上則已經具備了飛羽，而且前後肢都覆蓋著飛羽，變成了兩對翼，科學家據此推斷牠們可能能夠在樹林間滑翔了。

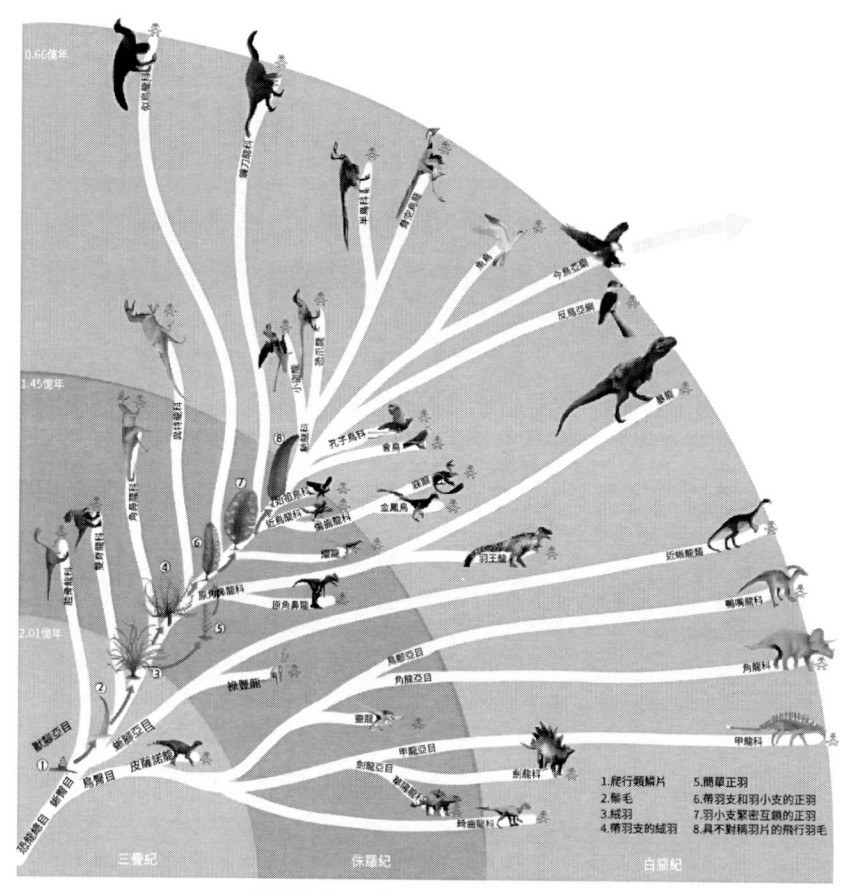

第四章　顯生宙—生物大繁盛與文明之路

鳥類演化示意圖。　金書援／繪

　　實際上，這些生物出現的時代比鳥類要晚一些，這在以前是悖論——這些生存年代晚於始祖鳥的恐龍，羽毛形態居然比始祖鳥還要原始！不過赫氏近鳥龍和耀龍等比始祖鳥古老的帶羽毛恐龍化石的發現解決了這個問題：帶羽毛恐龍很早就出現了，每一個羽毛演化的階段就代表了一種新的恐龍的出現，這些新的恐龍中有一些繼續演化，逐漸出現完善的、與鳥類羽毛一致的羽毛；而另外一些則保持了其祖先的羽毛特徵一直沒有變化。

> 還有些羽毛化石保存了它當年的顏色訊息，據此科學家可以還原出一部分帶羽毛恐龍的華麗的模樣。羽毛對牠們而言，不僅僅發揮著最基本的保溫功能，而且可能也在獵食與繁殖中發揮了重要作用。
>
> 我們能從現代的孔雀、極樂鳥中了解到羽毛在繁殖中的功能：雄性的羽毛一般極為亮麗，牠們在求偶中透過跳舞等方式不斷向雌性展示牠們的華麗羽毛，以求取雌性的歡心。
>
> 越華麗的羽毛，越增加了雄性生存過程中的風險。只有極為強健的雄性個體，才能在這種巨大的風險下成年 —— 而這也向雌性展示了牠們基因的優秀。

第一次飛向天空

鳥類是什麼時候、如何開始飛行的？這也是鳥類起源研究中的一個受到爭議的問題，目前對於這個問題有兩種理論：樹棲飛行起源假說和陸地奔跑飛行起源假說。

樹棲飛行起源假說認為鳥類的祖先最初是一些樹棲型生物，牠們攀援到樹上生活，逐漸習慣在樹林間滑行，從一棵樹滑翔到另外一棵樹上，就像現代的飛鼠一樣。在這個過程中，牠們的羽毛越來越適宜飛翔，最終飛上了藍天。這其中還有恐龍從四翼到兩翼的一段演化歷程，我們發現的小盜龍就是一種四翼滑翔生物，代表了四翼到兩翼的過渡階段。

第四章　顯生宙—生物大繁盛與文明之路

恐龍樹棲起源說示意圖。
圖片來源：Gerhard Boeggemann，有修改

　　陸地奔跑飛行起源假說則認為，鳥類的祖先是在陸地上生活的小型肉食性恐龍，牠們兩足奔跑，因此可以自由地利用前肢進行拍打動作，也許是用來捕獵，也許是用來躲避更大的敵人。在快速奔跑的過程中，牠們利用地形起伏進行跳躍和滑翔，最終拍打變成了撲翼，於是牠們就這麼飛上了天空。

　　這兩種說法各自受到不同的科學家支持，也都存在不同的問題有待解決，我們可以期待，在未來對燕遼生物群和熱河生物群的科學研究中，可能有新的化石能夠解決這個問題。

恐龍陸地奔跑飛行起源說示意圖。
圖片來源：Gerhard Boeggemann，有修改。

28　白堊紀末期生物大滅絕

可能由於隕石撞擊，也可能由於火山活動，或是在隕石和火山的共同作用和生物演化中的相互對抗下，恐龍在經歷了數百萬年的衰落之後，最終於 6,600 萬年前幾乎滅絕了，只留下鳥翼類恐龍（鳥類）倖存繁衍至今。

白堊紀末期，地球的面貌已經與現今有些相似了：南美洲、北美洲、非洲以及歐亞大陸的位置已經與現代很相近，不過印度板塊還未與歐亞大陸相撞，它們之間還隔著寬廣的大洋；而南極則毫無冰凍的跡象，還是一片生機盎然。

恐龍在興盛了 1.35 億年後，於大約 6,600 萬年前迎來了末路，這就是著名的白堊紀末期生物大滅絕。這次大滅絕事件是整個顯生宙五次生物大滅絕事件中滅絕率最低的一次，根據統計，海洋動物的科一級滅絕率只有 16%，屬一級滅絕率也只有 47%，這與其他幾次大滅絕相比要差很遠。但是由於在這次事件中，吸引了人們極大興趣的恐龍、翼龍都滅絕了，所以這次大滅絕反倒成為最為知名的一次生物大滅絕。

正因為如此，白堊紀末期生物大滅絕也一直是科學界討論的焦點之一。科學家提出了多種理論來解釋這個事件，其中最著名的莫過於隕石撞擊說了。

> 雖然鳥類是一種鳥翼類恐龍，但是我們一般把鳥類和恐龍分開敘述。在本故事中也遵循這一習慣用法，如果不特別說明，恐龍指的就是非鳥恐龍。

第四章　顯生宙—生物大繁盛與文明之路

天地大衝撞

　　1980 年，美國科學家發現在白堊紀－古近紀界限的黏土岩中有豐富的銥元素，其濃度比正常值高 60 倍，同時也在這些岩層中發現了衝擊石英和玻璃微球粒。這些銥元素的高濃度異常只可能來自於太空的隕石或位於地函岩漿的直接噴發；而衝擊石英則只能在極高壓的環境下形成，我們現在只能在地表隕石坑附近找到這些衝擊石英；玻璃微球粒則是沙土被高溫熔融後快速冷卻的結果。綜合這些證據後就指向了一點 —— 隕石撞擊事件。由此他提出白堊紀生物大滅絕可能是由於一顆直徑 10 公里的隕石撞擊導致。

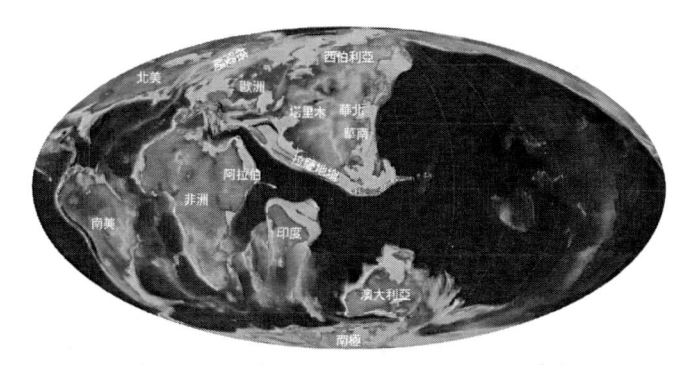

大約 6,600 萬年前的古地理復原圖，可以看到當時的中國還不是現在我們看到的模樣，華南華北的許多區域還是一片汪洋。

恐龍滅絕於小行星撞擊，已經成了大眾根深蒂固的認知之一。
圖片來源：123RF

劇烈的撞擊釋放出了相當於 100 兆噸三硝基甲苯炸藥（俗稱 TNT）的能量，是投放在廣島和長崎的原子彈能量的 10 億倍以上。

撞擊的瞬間使大量熾熱的撞擊碎屑進入大氣層中，大塊的碎屑會再次落入地表，引起全球性的火災；那些小如塵埃的碎屑則會在大氣中長期停留，遮天蔽日，形成類似「核冬天」一般的效果。

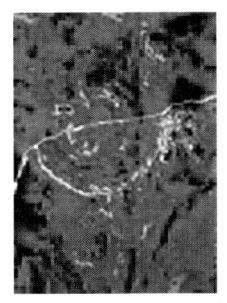

利用地球物理的方法探測猶加敦半島上的重力異常，
清晰地顯示出了隕石坑的輪廓。
圖片來源：Alan Hildebrand,
Athabasca University Universidad Nacional Autónoma de México

同時撞擊還會引起強烈的海嘯、地震與火山爆發。致使大量火山塵埃、3,000 多億噸硫以及 4,000 多億噸二氧化碳被排放到大氣中。撞擊塵埃、火山塵埃以及大量硫化物在大氣中的存在，長期遮蔽了陽光，地球環境進入了灰暗寒冷中，全球氣溫下降到零度以下長達數年乃至十餘年；而當多年後，這些塵埃逐漸沉降，陽光重現，大氣中的二氧化碳又引起地球長期的溫室效應。劇烈變化的地球氣候導致生物大規模滅絕，這個說法是這些年來影響力最大的一個，接受度很高。

隨後更多的科學考察證實了的確存在這麼一次巨大的隕石撞擊事件，找到了這次撞擊事件所形成的隕石坑——位於墨西哥猶加敦半島的希克蘇魯伯隕石坑。利用探地雷達數據以及重力異常數據等，計算出隕

石坑直徑在 180 公里左右。

科學家在這附近發現了衝擊石英,這是一種只可能在高溫高壓環境(如隕石撞擊或核爆)中才能形成的石英,因此可以作為隕石撞擊和核爆的有力證據。

另外,科學家還在此地附近發現了大量玻璃隕石和富鎳的尖晶石等,這也是隕石撞擊的證據。玻璃隕石並不是隕石本體,而是隕石撞擊地面後,高溫熔融地面的泥沙形成的一種天然玻璃。在形成的瞬間,泥沙首先會被熔融形成液滴,液滴因撞擊作用而被拋射到空中並冷卻下來。所以這些玻璃隕石往往呈現出液滴狀,大多數為黑色,少數呈現出比較透亮的綠色。如果有人販賣所謂的「捷克綠隕石」,很可能就是這種物質。

但是隕石撞擊理論也受到了很多質疑。首先,隕石撞擊事件是一瞬間的事情(注意,這裡的一瞬間並不是一般意義上的一瞬間,而可能是幾年、幾十年、幾百年,是地質歷史上的瞬間),因此生物的大規模滅絕也應該是繼隕石撞擊之後快速進行的,而且海陸生物應該都無差別的滅絕。但是化石證據與此不符,地質學家發現在這次撞擊之前很久,生物就開始滅絕了,比如大型食草恐龍是在白堊紀末期的 1,000 多萬年間逐漸減少的。而且滅絕似乎是有選擇性的,在脊椎動物中,恐龍、翼龍、蛇頸龍 100％滅絕了,鳥類有 75％滅絕,哺乳類中也有 25％滅絕了,但是兩棲類、蜥蜴和蛇類基本上沒有滅絕。隕石撞擊說對這種情況無法解答。

28　白堊紀末期生物大滅絕

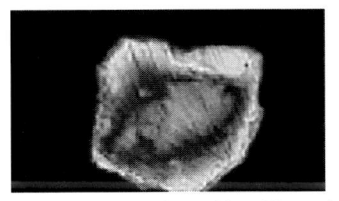

在美國乞沙比克灣隕石坑附近發現的衝擊石英顯微照片，圖中規律分布的線條就是石英在高壓下形成的特有條紋。
圖片來源：Glen A. Izett

所謂的「捷克綠隕石」，實際就是一種天然玻璃，本質上與綠色的啤酒瓶沒區別。
圖片來源：Flickr/James St. John

其次，銥元素異常、玻璃隕石等真的與猶加敦半島那次撞擊有關嗎？地質學家不僅在白堊紀－古近紀界線處找到了這些物質，在比這一界線早 15 萬年和晚 15 萬～20 萬年的地層中都找到了這些物質。所以這到底是一次撞擊還是多次撞擊？

鑑於這些問題，有部分地質學家認為白堊紀末期的生物大滅絕並不只有隕石撞擊一個原因，而應該還有其他原因的共同作用。這個原因很可能又是火山爆發。

又是火山？

從大約 6,740 萬年前開始，現在的印度德干高原地區開始出現大規模的岩漿活動，噴發出來的岩漿曾經覆蓋了整個印度大陸，面積約 150 萬平方公里，而岩漿的厚度可能有上千公里，總岩漿量約有 120 萬立方公里，這使它成為地質歷史上規模最大的一次岩漿活動之一。岩漿活動

第四章　顯生宙—生物大繁盛與文明之路

分為三期，每一期都又由若干次短時間的噴發事件組成，每次噴發事件可能持續數百年。平均下來，每年都會噴出 2 億噸二氧化硫，5 億噸二氧化碳，持續的累積會造成全球升溫和海水酸化現象。這可能才是導致生物滅絕的主因。

來自中國恐龍蛋的研究也支持這個理論。在中國，許多地區都發現了恐龍蛋，其中廣東南雄是一個世界知名的恐龍蛋發現地，保存了從白堊紀末期的恐龍蛋，這些恐龍蛋一路見證了恐龍從白堊紀晚期的衰落，到末期的大滅絕。

科學家對這些恐龍蛋的形態和化學成分進行了研究，發現它們在白堊紀末期生物大滅絕之前的 30 萬年前左右就開始出現大規模病變的現象。比如蛋殼厚度異常薄或異常厚，這可能是由於卵在恐龍輸卵管中蠕動速度異常導致的，說明恐龍的生殖活動發生了一定的障礙。

> 南雄盆地中的恐龍蛋多產於南雄組地層，這一地層分布於粵北贛南。出產的恐龍蛋數量之巨，種類之多，世間罕有。世界上只發現了 40 多種恐龍蛋，這裡就有其中 14 個種類。從數量上看，僅在 1980 年代的三次小規模野外採集中，就發現了 2 萬多枚碎蛋片。
>
> 中國許多博物館內的恐龍蛋，也大多來自這裡。

而對恐龍蛋化學成分的研究則發現，蛋內放射性鍶元素、銥元素、氧同位素等都發生過異常的上升現象，這可能是由於當時環境中富含這些元素，經過植物富集之後被恐龍吃下，從而富集到了恐龍體內，其中一部分又聚集到了恐龍蛋中所致。

關鍵的是，除了最後一次銥元素波動與隕石撞擊時間一致之外，其

他的銥元素波動時間均與德干火山的爆發時間比較一致。並且，除了銥元素之外，在南雄盆地中並沒有發現其他任何隕石撞擊的證據，這就讓科學家對恐龍的隕石撞擊滅絕說提出了質疑。

而且，根據全球不同地區的恐龍化石年代情況，有科學家認為地球上的恐龍並不是同時滅絕的，不同地區恐龍滅絕時代都不同，這一點與隕石撞擊導致恐龍同時滅絕是相違背的。

這些科學家認為白堊紀末期的恐龍滅絕可能是由德干火山引起的長期緩慢的環境變化所主導。火山噴發導致的氣候變化和微量元素的富集，都共同對恐龍的身體造成了傷害，讓牠們生殖能力下降，導致恐龍蛋異常，難以被孵化或蛋中恐龍的死亡率增加，恐龍在這種長期持續的傷害下最終走向了滅亡。

隨著研究的深入，還有些科學家認為單獨的隕石撞擊或德干玄武岩岩漿噴發作用可能並不足以引發大規模的生物滅絕。高精密度的年代測定結果則顯示，德干高原的玄武岩岩漿活動在隕石撞擊後的 5 萬年內，其強度和規模都大幅度增加，此後的噴發量占了總噴發量的 70%，所以新的解釋認為，生物大滅絕可能是岩漿活動與小行星撞擊共同引發的。在恐龍滅絕之前的幾百萬年間，由於火山爆發引起了氣候的劇烈波動，恐龍開始走下坡，而隕石撞擊則像是壓垮駱駝的最後一根稻草，讓恐龍走向大規模滅絕。

■ 或許與植物有關！

除了這些說法之外，還有另外一種有趣的說法認為被子植物的興盛可能是恐龍滅絕的因素之一！不過這種理論比較小眾，僅作為參考。這一理論認為恐龍起源於三疊紀中晚期，這時被子植物尚未出現，在森林中只有裸子植物構成的樹木和蕨類植物構成的林下植物，因此恐龍自然

第四章　顯生宙—生物大繁盛與文明之路

就以裸子植物和蕨類植物為食。

但是侏羅紀中期開始，被子植物出現並逐漸繁盛起來，白堊紀晚期被子植物開始占據了陸地植物的主導地位。隨著被子植物數量的增加，體型龐大的植食性恐龍在攝食的時候無法避免地會攝取大量被子植物，大量的取食使得被子植物產生強大的選擇壓力，它們開始合成各類有毒物質來避免被恐龍大量取食，現在我們一般稱為生物鹼。

對於這些有毒物質，哺乳動物和鳥類都會有一種被稱為「習得性味覺厭惡」的機制來避免食用。舉個例子，小白鼠在遇到新種類的食物時，通常會只取食一小部分確認是否能吃，一旦這些食物引起了腸胃不適或者中毒的現象，牠們就會將食物的味道與這種中毒的體驗連繫起來，再也不會食用了，這就是習得性味覺厭惡。

但是非鳥恐龍可能並不具備這種能力，科學家以鱷魚和陸龜做了相似的實驗，牠們都沒有表現出習得性味覺厭惡的現象，鱷類和龜類與恐龍、翼龍具有共同祖先，這一實驗可能說明那些非鳥恐龍並不具備這種能力。

而白堊紀晚期的時候，被子植物可能就與現代相似，已經占據了陸生植物中90%的生物量，被子植物的這種快速擴張自然導致了恐龍大量中毒和機能失調，因此在白堊紀末期之前的數百萬年間恐龍一直處於持續衰落中。

至於鳥類，前面的故事中也提到牠們也是一種恐龍，應該也可能不具備習得性味覺厭惡，為什麼牠們反而異常興旺呢？科學家對此也做了實驗，對冠藍鴉餵食了摻有馬利筋毒素的帝王蝶，藍鴉因此生病，當牠再次看到帝王蝶就會表現出條件反射乾嘔，這說明鳥類雖然可能沒有習得性味覺厭惡，但是牠們可能有習得性視覺厭惡。此外，還有科學家認

為早期的鳥類基本上都是以昆蟲為食的小型食肉鳥類，或以植物種子為食的植食性鳥類，牠們並不食用植物的葉片部分，因而得以倖免於植物毒素。

29 哺乳動物崛起

6,600 萬年前，恐龍滅絕後哺乳動物並未立即成為地球上的優勢物種，在其後的 1,000 萬年間，主導地球的可能是巨型鳥類。但是隨著古新世極熱事件的發生，胎盤類哺乳動物迅速出現，體型快速增大，很快擊敗了巨型鳥類，成為地球上的真正主宰。

白堊紀末期生物大滅絕象徵著中生代的結束和新生代的開始。新生代最重要的特徵是有花植物和哺乳動物的大繁盛，因此在很多書中也會把新生代稱為哺乳動物的時代。

> 新生代之下被劃分為古近紀、最近紀和第四紀。其中古近紀在白堊紀之後，距今 6,600 萬～2,300 萬年，而人類生活在第四紀。

哺乳動物早在三疊紀時期就出現了，不過在侏羅紀－白堊紀時期由於受到恐龍的壓制，牠們的種類比較有限，體型也普遍偏小，大多和現代的老鼠差不多。比如著名的摩根齒獸類，這是侏羅紀早期的主要哺乳動物，包含 3 個主要的屬：賊獸、巨帶獸、孔耐獸，牠們的體型都很小，類似老鼠。而白堊紀的哺乳動物則以久齒鴨嘴獸、中國袋獸和始祖獸為代表，牠們體型也都不大，久齒鴨嘴獸的體長與現代的相近，約 50 公分左右，而中國袋獸和始祖獸則只有 10～15 公分左右。

第四章　顯生宙—生物大繁盛與文明之路

始祖獸想像復原圖。
圖片來源：S. Fernandez

在白堊紀末期的生物大滅絕中，哺乳動物雖然也嚴重受創，但有一部分物種存活了下來。這時候的地球上，恐龍滅絕以後留下大規模的生態位空缺，在許多人的認知中，當恐龍壓制消失後，哺乳動物應該快速適應環境，占據生態位，接著體型很快變大，長成我們如今見到的多姿多彩的模樣。但是實際情況並非完全如此，在恐龍滅絕後的第一個 1,000 萬年間，陸地上的哺乳動物確實很快開始演化，但卻沒有任何大型食肉哺乳動物出現。

> 在失去了恐龍的威脅之後，哺乳動物的種類迅速增加。根據一些科學家的研究，在加拿大蒙大拿州附近，白堊紀生物大滅絕後倖存下來的哺乳動物只有大約 20 種，但在 50 萬年後增加到了 33 種，100 萬年後增加到了 47 種，300 萬年後增加到了 70 種。這種哺乳動物的爆發式成長可能在全球都曾經發生。

在這期間紐齒類可能是最大的一種哺乳動物，體型也不過如今家豬的大小；另外的較大生物包括熊犬屬、原蹄獸屬，這些都不過綿羊大小；而最大型的食肉動物要數中爪獸屬了，這時牠們也只是如大型犬一般。

與之相比，同樣度過了大滅絕的鳥類則擁有更加龐大的體型，牠們的體型在一段時間內完全超過了哺乳動物。此時在北半球最大的鳥類是冠恐鳥屬的生物，牠們的化石存在於北美洲、歐洲以及亞洲，牠們身高可達 2 公尺，無法飛行，善於奔跑。鑑於巨大的頭骨和堅硬的喙，有些科學家推斷牠們是以小型哺乳動物為食的 —— 依靠強而有力的爪子將獵物按住，然後使用咬合力強大的喙來殺死獵物。不過還有一部分科學家認為牠們是以堅果為食的巨型植食性鳥類。

而在南半球則生活著另外一些無可置疑的肉食性鳥類 —— 駭鳥。這是一種大型肉食性鳥類，大約 1～3 公尺高，同樣由於體重過大而無法飛行，但是牠們非常善於奔跑，在奔跑中依靠肉鉤狀的翼鉤住獵物，然後利用爪子和鉤狀喙將其殺死。

在同時期的天空中則翱翔著另外一些巨型的肉食性水鳥 —— 偽齒鳥。牠們最大的特徵就是長長的喙上長出了齒狀點，看上去就像是長了牙齒一樣，但這不是真正的牙齒，因此叫做偽齒鳥。

這些生物填補了翼龍滅亡後的生態位空白，飛翔在海面之上，以海中的魚蝦為生。在晚期類型中，偽齒鳥的翼展約 6～7 公尺，依靠著如此巨大的翅膀，牠們在海面滑翔，並且可能能夠利用海面上的氣流進行環球旅行。

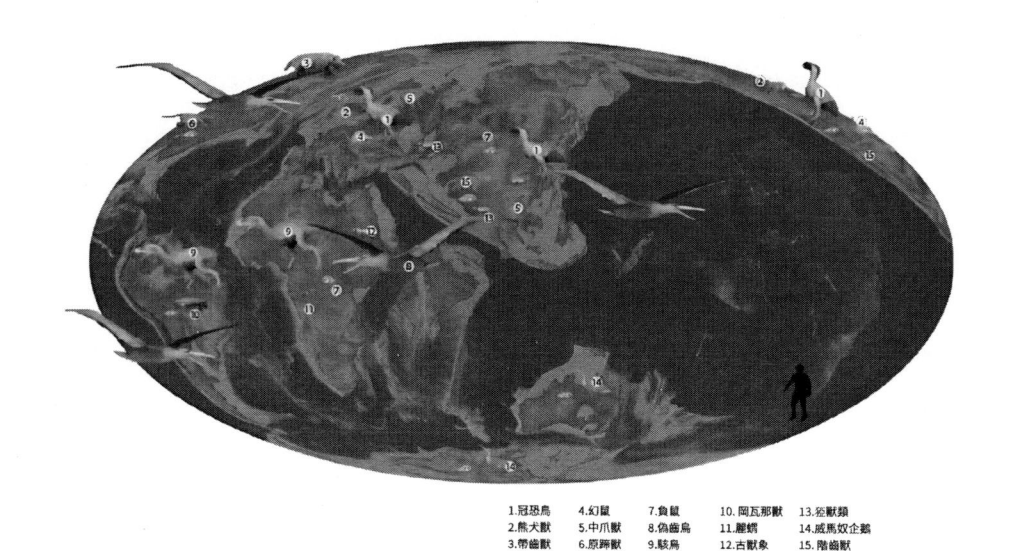

第四章　顯生宙—生物大繁盛與文明之路

1.冠恐鳥	4.幻鼠	7.負鼠	10.岡瓦那獸	13.狉獸類
2.熊犬獸	5.中爪獸	8.偽齒鳥	11.朧螈	14.威馬奴企鵝
3.帶齒獸	6.原蹄獸	9.駭鳥	12.古獸象	15.階齒獸

白堊紀生物大滅絕後的巨鳥世界。
底圖來自參考文獻 [68]

即使在南極，此時也已出現了最早的企鵝 —— 威馬奴企鵝，牠們站立起來約 0.8 公尺高。

如果將這些巨鳥與同時代生活著的哺乳動物放在同一張地圖上，那麼將會發現牠們體型上的巨大差別，我們甚至可以說，新生代最早的 1,000 萬年是一個巨型鳥類的世界。

從 6,600 萬年前一直到 5,600 萬年前的這 1,000 萬年內，鳥類與哺乳類之間可能存在著獵食與被獵食的關係，如果情況不發生變化，可能最終統治地球的是鳥類：天上有巨大的飛行鳥類，地面上有體型巨大的地行鳥類，哺乳類不得不在鳥類的獵殺下繼續過著白堊紀時期東躲西藏的日子。

不同時代哺乳動物體型對比。　　金書援／繪

但是情況到了 5,600 萬年前發生了奇蹟般的變化——哺乳類的數量和體型開始爆發式地增加。科學家猜想，在 6,600 萬年前，最大的哺乳動物（踝節類）可能體重不過 90 公斤，到了 5,600 萬年前，最大的哺乳動物（全齒類）體型突然增大到了 800 公斤，隨後到 5,000 萬年前增大到了 1.5 噸以上（猶因他獸屬），3,300 萬年前則增加到了 20 噸（巨犀屬）。

為什麼會發生這種情況？科學家推斷這有可能與氣候變化有極大的關係。在大約 5,600 萬年前，地球上出現了一次快速的升溫事件，低緯度地區平均增溫 3°C，中高緯度地區平均增溫 5～8°C，這次升溫被稱為古新世－始新世極熱事件（PETM）。極熱事件的原因可能是由於火山噴發導致二氧化碳快速上升，使得溫室效應增強，刺激海水升溫並大量釋放海底的甲烷氣體，最終導致全球溫度快速上升。

在極熱事件的影響下，陸地上的植物和動物類群發生了翻天覆地的劇烈變化，許多新種開始形成。在哺乳動物中，原本生活在北方大陸上的胎盤類就以極快的速度產生了物種的多樣化，我們如今見到的大部分動物，如靈長目、偶蹄目（豬、牛、羊、鹿等）、奇蹄目（馬、驢、犀牛等）、長鼻目（大象）、食肉目（狼、熊、貂、貓、鼬等）基本上都是在這一時代開始出現的。

極熱事件之後，地球很快又開始降溫，降溫帶來的海平面降低使得

第四章　顯生宙──生物大繁盛與文明之路

原本處於隔離狀態的各個大陸之間出現了陸橋，這些來自北方的新型哺乳動物很快遷移到南方大陸上，由於超強的運動能力，牠們很快就在競爭中擊敗了巨型鳥類，自此哺乳動物成了各大陸上的主導物種。

為什麼哺乳動物的體型會增大呢？有科學家認為可能與氧氣含量增加和大陸面積的增加有關係，白堊紀末期各大陸處於支離破碎的狀態，面積相對比較小，但是隨著板塊運動，大陸重新開始碰撞，面積再次增加。

> 有人認為鳥類在競爭中天生占據劣勢，牠們中空的骨骼無法支撐發達的肌肉，在體重上也無法與相同體型的哺乳動物相提並論，牠們的獵殺能力也就遠遜於食肉哺乳動物，因此很容易在生存競爭中敗北。另外，牠們一般直接在地面築巢，就像牠們的恐龍祖先一樣，這就導致蛋及幼鳥很容易被哺乳動物吃掉。
>
> 最初鳥類取得優勢的原因很大一部分要歸結於那時各個大陸都處於相對隔離的位置，而原始的哺乳動物運動能力較差，所以處於劣勢。但隨著新型胎盤類哺乳動物的出現，巨型鳥類就開始沒落了。

■ 30　青藏高原形成

5,000 萬年前，印度板塊開始向北運動與歐亞板塊發生碰撞，由此產生了中國最大、世界海拔最高的高原 —— 青藏高原。青藏高原的形成，深刻地改變了地形地貌和整個地球的環境以及生物演化歷程。

30　青藏高原形成

　　白堊紀末期以來意義最為重大的地質事件就是青藏高原的形成了。這不僅因為青藏高原是太陽系中最高、最新、最厚的高原，還因為它的形成深刻地改變了整個地球的地理、氣候和動植物分布。

撞出新世界

　　在大約 1.7 億年前，印度板塊與歐亞板塊之間相隔了一片寬廣的海洋——特提斯洋，有科學家認為，最初特提斯洋可能如同現今的太平洋一樣寬廣。從那時起，印度板塊就一路向北直奔歐亞板塊，它們之間的海洋也在快速縮小，到了 6,600 萬年前的白堊紀末期，特提斯洋已經變成狹窄的條帶狀海洋了。如今中國在當時所處位置的地貌與現在截然不同，由於受到太平洋板塊的擠壓，中國東部形成了大面積的山脈，山脈的平均海拔在 3,500～4,000 公尺，其寬度約在 500 公里以上，而西部則靠近海洋地勢平坦，因此那時的中國是東高西低的。直到大約 5,000 萬年前，特提斯洋盆消失，印度板塊與歐亞板塊直接碰撞起來。

　　碰撞後的結果就是印度板塊在南北方向上縮短了 1,500 公里（也有科學家說是 3,000 公里），這麼龐大的地體當然沒有消失，而是俯衝到了青藏高原之下，使得青藏高原處的地殼增厚到約 70 公里，這是大陸地殼平均厚度的 2 倍——這種增厚體現出的是一個面積接近中國陸地總面積 1/4（250 萬平方公里），平均海拔 4,500 公尺的廣袤高原。

　　印度板塊好像一個牛頭，東西兩側各有一個尖角，在板塊碰撞的時候，這兩個尖角會與歐亞板塊以格外大的壓力進行碰撞。

　　大約 5,500 萬年前，印度板塊西側的「尖角」是現在的喀什米爾地區，其北部扎入歐亞板塊的地方就是帕米爾高原。雖說

第四章　顯生宙—生物大繁盛與文明之路

> 是高原，實則是由多條海拔 6,000 公尺以上的山脈和山脈間的峽谷構成。這裡是興都庫什山脈、崑崙山脈、喀喇崑崙山脈、天山山脈和喜馬拉雅山脈 5 條大型山脈的起點，因此也被形象地稱為「山結」。
>
> 　　印度板塊東側的「尖角」就是印度阿薩姆邦所在地，它是東西向的喜馬拉雅山脈和南北向的橫斷山脈的轉捩點。
>
> 　　不只是中國，位於南亞的巴基斯坦和東南亞的大部分國家也都受到了印度－歐亞板塊碰撞的餘波影響。比如東南亞國家的主要山脈基本都是南北走向的，這些山脈既可以看作是橫斷山脈的餘脈，也可以看作是受印度東部邊界碰撞引起的漣漪。

　　在碰撞中岩層還會因為受到強烈的擠壓而隆起，就像用兩隻手擠壓疊平的毛巾，毛巾會褶皺彎曲一樣。這種岩層的隆起形成了巨大的山脈，我們隨手拿出一張地形圖，就能看到喜馬拉雅山脈、橫斷山脈、崑崙山脈、喀喇崑崙山脈等巨型山脈分布在板塊碰撞帶的邊緣，而且山脈的走向實際上反映了板塊的邊界，所以我們甚至還能看到山脈在西藏林芝附近發生的巨大轉折──從東西走向的喜馬拉雅山硬生生地變成了南北走向的橫斷山脈。

30 青藏高原形成

受到印度板塊的碰撞，歐亞板塊產生了巨大的隆起，這就是青藏高原。
青藏高原的形成塑造了中國地形的基本框架。[05]

圖片來源：123RF

除了板塊碰撞邊緣受到巨大影響而形成山脈之外，歐亞大陸內部也受到了波及，圍繞著青藏高原的內陸區域也都被擠壓隆起，形成了環繞青藏高原的一圈高原：雲貴高原、黃土高原、蒙古高原。巨大的壓力傳導到一些更為古老而堅硬的地塊之上，它們讓地塊整體抬升的同時，

---

[05] 本圖為藝術處理圖片，海拔高度並未按照實際繪製。──編者注

第四章　顯生宙—生物大繁盛與文明之路

地塊的邊緣也因為擠壓而出現了宏偉的山脈。山脈將古老地塊包裹在其中，形成了中國的幾個大盆地——塔里木盆地、準噶爾盆地和四川盆地。

這些高原和盆地形成後，中國就形成了明顯西高東低的階梯式地形：平均海拔4,500公尺的青藏高原為第一級階梯，平均海拔為1,000～2,000公尺的三大高原和三大盆地構成了第二級階梯，更東面靠近太平洋的區域平均海拔在500公尺以下，它們構成了第三級階梯——這就是中國地形的三大階梯。自此，新世界到來了。

被改變的世界環境

隨著青藏高原的形成而發生改變的除了地貌，還有環境。有科學家認為可能是青藏高原的形成，導致了全球冰河時期的到來。在大約5,500萬年前，印度－歐亞板塊還沒有完全碰撞到一起，那時地球上發生了古新世－始新世極熱事件，中高緯度上平均升溫5～8°C，南北兩極都處於無冰蓋的狀態。但是隨著青藏高原的逐漸升高，高原上的岩層受到的風化作用加劇，這是一個消耗二氧化碳的過程，最終導致了全球溫度降低，這個原理在前面的故事中說過。

不過地球的降溫過程並不是一蹴而就的，它經過了至少三次降溫，而每一次都與青藏高原的階段性活動對應。大約4,000萬年前，青藏高原的平均海拔約為1,000公尺，已經形成了岡底斯、崑崙山等山脈，它們的海拔達到了3,000公尺左右，這被稱為岡底斯運動。緊跟著的是3,600萬年前的第一次大降溫，降溫後南極首先出現了冰蓋。

大約2,000萬年前，青藏高原平均海拔達到了3,500公尺以上，這一時期喜馬拉雅山脈也開始形成，因此被稱為喜馬拉雅運動。過了500萬年之後，全球快速降溫，夏季平均氣溫降低了8°C，這導致了南極冰蓋

的擴大。

而到了大約 360 萬年前,青藏高原開始迅速、大規模地隆升,連帶著青藏高原周邊也開始發生劇烈抬升,為第二級階梯的形成奠定了基礎,這被稱為青藏運動。隨之而來的約 260 萬年,北極地區也開始被冰川覆蓋,自此地球進入了第四紀冰河時期。

由於青藏高原的抬升與全球氣候變冷之間的對應關係,所以大部分科學家都認為青藏高原的形成對新生代以來的氣候變冷過程產生了重要作用。

若把目光拉回中國,也會發現是青藏高原塑造了中國獨特的氣候。如果我們仔細觀察世界地圖,就會發現一個奇特的現象:南北緯 30°線附近的陸地基本上都是大面積的荒漠,但是在中國,這裡卻是溫暖又潮溼的富足之地 —— 以煙雨著稱的江南、號稱「湖廣熟,天下足」的湖南湖北還有以「天府之國」聞名的四川。

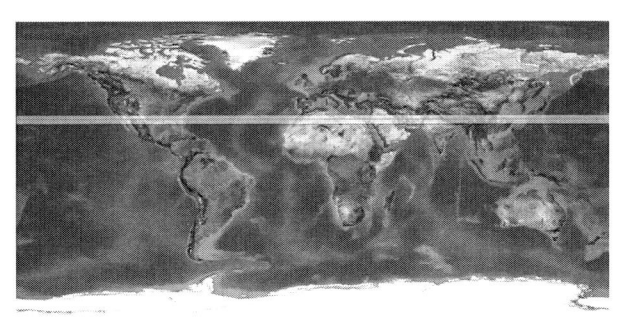

全球大部分地區在北緯 30°線附近都是乾旱的荒漠、半荒漠地帶,
唯有在中國,這裡是生機勃勃的富饒之地。
圖片來源:123RF

為什麼會出現這種情況?簡單來說就是赤道上空的乾燥熱空氣上升後受到地轉偏向力的影響,在南北緯 30°左右下沉,形成炎熱少雨的副熱帶高氣壓帶,因此容易形成荒漠地帶。不過中國有青藏高原,由於海拔

第四章　顯生宙—生物大繁盛與文明之路

高,在夏季就能接受到更多的太陽能量,眾所周知,陸地上的岩石比熱容低,很容易就能被加熱到比較高的溫度,所以接受到了充足陽光照射的青藏高原此時化身為一個「平底鍋」,讓「鍋面」之上的空氣溫度迅速升高,使得這裡的氣溫比周邊同海拔的氣溫高出 4～6°C,甚至 10°C。

氣體溫度升高之後就會由於密度下降而向上升,使得此處氣壓下降。而周圍未被加熱的冷空氣氣壓相對比較高,於是會迅速補充到低氣壓處。就這樣,在青藏高原上方形成了一個巨大的氣柱,氣柱會像抽風機一樣不斷抽取周邊的冷空氣。偏偏這些冷空氣大多來自海上,攜帶著充足的水氣,它們一路經過浙江、湖南、湖北和四川,抵達青藏高原上方,將這些地方打造成宜居的溼潤之地。

而在青藏高原「熱力抽風機」的作用下,來自海洋的暖溼氣流源源不斷到達青藏高原,水氣就在青藏高原以冰川、湖泊、積雪和凍土的形式保存下來。每到夏季,冰川融水便會順著山坡匯集到山谷,形成一條條河流——長江、黃河、瀾滄江、怒江、雅魯藏布江、恆河、印度河,亞洲的主要河流皆從此處發源,正因為如此,青藏高原還被稱作「亞洲水塔」。

而同時,平均海拔 4,500 公尺的青藏高原就像一堵巨大的牆,既擋住了夏季來自南邊溫暖潮溼的海洋水氣,又擋住了冬季北部寒冷乾燥的西伯利亞冷空氣,這樣中國的西北部就很難接受到水氣,出現了大面積荒漠。而每到冬季來自西伯利亞的冷空氣也不得不沿著青藏高原的北部邊緣繞行,沿途沉積下的沙和塵土就形成了如今的塔克拉瑪干沙漠和黃土高原。

被改變的生物

青藏高原的形成不只是改變了地貌和環境,還可能改變了整個地球的生物演化歷程。現在,越來越多的證據顯示青藏高原是一個生物多樣

性的演化中心，有多種生物在青藏高原起源並擴散到世界各地，科學家由此提出一個「走出西藏」的生物演化論。

如果時光倒退回到 1 萬多年前，我們將有幸在歐亞大陸北部的廣袤草原上見到成群的猛獁象、大角鹿、盤羊、北美野牛和巨大的披毛犀在此生活，牠們想盡辦法推開地面厚厚的冰雪層，啃食地下的草莖，更遠處則是巨大的洞獅對牠們虎視眈眈──這一時代的動物都以體型巨大、身披厚毛而著稱，由於生活在第四紀冰河時期，因此牠們被稱為冰期動物群。

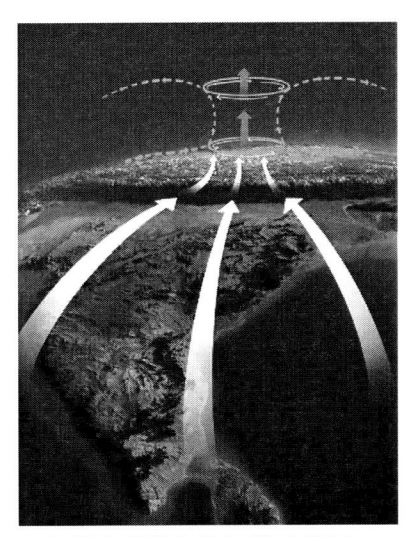

青藏高原熱力抽風機示意圖。
圖片來源：123RF，有修改

冰期動物群曾被認為是由於環境變冷後在北極地區發源的，但是來自西藏的古生物化石證據有力地質疑了這一理論：科學家在西藏阿里地區的札達盆地發現了一大批新的哺乳動物化石，包括布氏豹、邱氏狐、原羊、祖鹿、嵌齒象、西藏披毛犀等，牠們生活在 610 萬～ 40 萬年前。

西藏披毛犀是目前發現最古老的披毛犀，生活在大約 370 萬年前。

第四章　顯生宙—生物大繁盛與文明之路

除此之外，還有 250 萬年前的中國泥河灣披毛犀，和生活在 75 萬年前位於歐亞大陸最北部的拖洛戈伊披毛犀。從化石形態上看，西藏披毛犀是演化程度比較低的類型，從年代來看，牠又是最古老的，由此科學家推斷，披毛犀可能起源於青藏高原。那時的青藏高原已經很寒冷了，披毛犀為了適應寒冷的氣候，演化出厚重的皮毛並獲取了在苔原和乾草原上生活的本領。到了大約 260 萬年前，第四紀冰河時期降臨，其他低海拔地區也開始變得寒冷，於是披毛犀開始向北部擴散，最終抵達歐亞大陸北部。

西班牙北部冰期動物群的復原圖，
其中有猛獁象、大角鹿、洞獅、披毛犀等著名生物。
圖片來源：Mauricio Antón

而邱氏狐和布氏豹有可能是現代北極狐和豹亞科動物的祖先，犛牛和原羊則分別演化成了現代的北美野牛和盤羊，其中的盤羊又被馴化成了現代的綿羊──這是人類養殖最多的羊種，從皮毛到肉食，深深影響著人類社會的歷史過程。

所以，無論是從地形地貌、環境變遷還是從物種演化上來看，青藏高原的崛起都是一件值得被了解的行星級別重大事件。

> 豹亞科是一個非常大的類別，包括雲豹、雪豹、虎、美洲獅、美洲虎、豹和獅。而布氏豹是目前發現最古老的豹亞科物

種，根據研究，可能正是牠們走下青藏高原之後演化成了種類眾多的豹亞科物種。

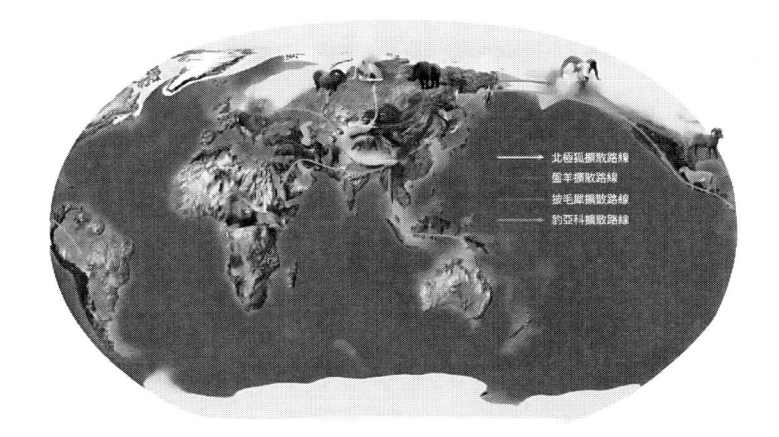

不同生物從青藏高原擴散的路徑。
圖片來源：參考文獻 [174]，有修改

31　人類出現

600 萬年前，在靈長目的人科動物中，人亞族與黑猩猩亞族分離，可能由於氣候變化而開始雙足行走，這就是最古老的人類。人類在這 600 萬年的演化歷程中出現過非常多的種，但是牠們都相繼滅絕了，最後只剩下我們 —— 人科人屬智人種。

青藏高原形成後的另一個重要事件就是人類的出現。如果要追溯人類起源的話，我們不妨從靈長目開始。根據分子鐘的計算，最早的靈長目可能在 7,000 萬年前就出現了，不過迄今為止還並未發現如此古老的生物化石。目前發現最古老的形似靈長目的哺乳動物是更猴，牠們長得

第四章　顯生宙—生物大繁盛與文明之路

像松鼠，以果實和樹葉為生，既可以在陸地行走，也能在樹間生活，靈長目可能是從這種類型的生物演化出來的。

最古老的靈長目生物長什麼樣子我們還未能知道，不過很快從牠們中演化出兩支：原猴亞目和簡鼻亞目，人類就是簡鼻亞目的成員。

目前發現的最古老的簡鼻亞目的生物是生活於5,500萬年前的阿喀琉斯基猴，這一化石發現於中國湖北省松滋市，根據牠的骨骼復原，科學家認為牠的體長約7公分，體重只有20～30克，以食蟲為生，而且還具備了類人猿的特徵，可能與類人猿擁有共同的祖先，從牠們的復原圖中我們就能推斷出人類在這一時期的祖先的樣貌。

> 在日常生活中，當我們說起「人類」這個詞時，我們一般指的就是自己——生物學上屬於人科人屬智人種。而在古生物或古人類學的領域內，「人類」這個詞是一個非常籠統的範疇，一般指的是人亞族，既包括了大名鼎鼎的始祖地猿和南方古猿，也包括了直立人、能人等；但是有時候，又會特指人亞族之下的人屬，或更狹義的直立人。在這個故事中，我們釐清一下，這裡的「人類」，指的是人亞族的生物。

阿喀琉斯基猴想像復原圖。
圖片來源：Wikipedia/Mat Severson

由於靈長目化石稀少,我們目前很難清晰地畫出靈長目的具體演化歷程,但科學家根據不同種類的靈長目形態特徵、DNA 差異,大致將其演化路徑繪製了出來:

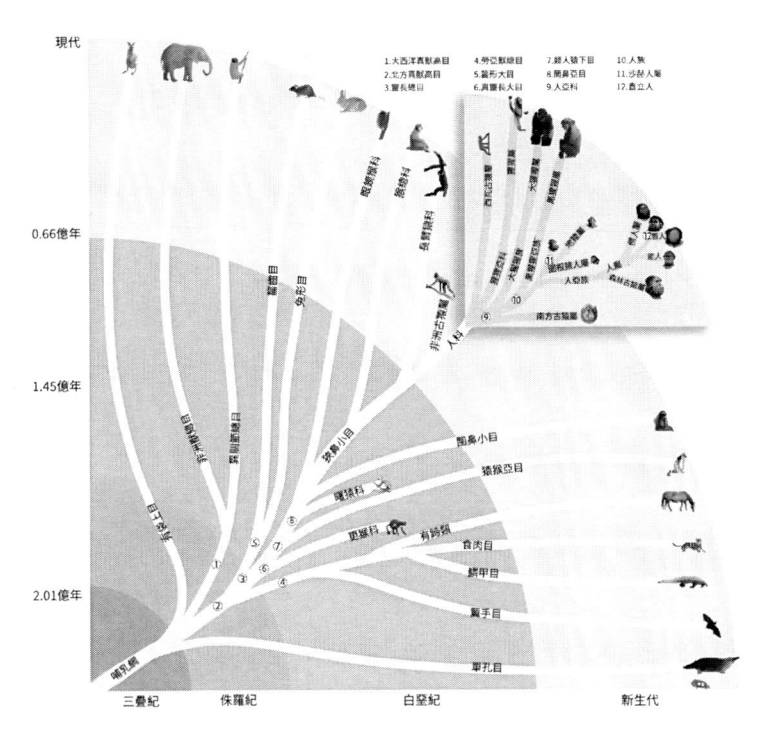

哺乳動物與人類演化簡要示意圖。　金書援／繪

簡單來說,簡鼻亞目中演化出種類繁多的猴,其中的某一種又演化出了人猿總科。人猿總科大致根據有無尾巴而分為長臂猿科和人科,長臂猿科長了尾巴,依靠雙臂在樹林間活動;而人科的生物都沒有尾巴,既能樹棲,也能在陸地上行走。

隨後,人科之中又分離出猩猩亞科和人亞科。猩猩亞科在史前存在著許多不同的屬,但是到了現代只存在一個屬:猩猩屬。這些生物目前大都生活在印尼的島嶼上,其主要特點就是毛髮普遍發紅,一般人們所

第四章　顯生宙—生物大繁盛與文明之路

提及的紅毛猩猩就是牠們。

而人亞科中又分離出人族和大猩猩族，所有的大猩猩都屬於大猩猩族，黑猩猩亞族則和人亞族一起組成了人族。所以實際上研究人類起源的問題，一方面研究人亞族是什麼時候與黑猩猩分離開來的；另一方面則是研究牠們為什麼會分離。

由於目前科技的進步和新化石的不斷發現，對於第一個問題科學家已經有了大致的答案。從基因的差異上來看，人類與黑猩猩和差異約為1.2%，與大猩猩的差異約為1.6%，與紅毛猩猩的差異約為3.1%，與恆河猴的差異約為7%。根據目前的化石證據，研究者認為紅毛猩猩出現的時間是1,600萬年前，由於牠們與人類基因的差異大致為大猩猩與人類基因差異的2倍，因此可以簡單計算出來，大猩猩大約是800萬年前分離出來的，而黑猩猩則是大約620萬年前分離出來的。

> 由於基因突變的速率是穩定的，所以我們只要知道基因突變的速率以及兩個物種之間的基因差異，就能大致計算出兩個物種分離的時間，這種方法被稱為分子鐘。這個原理看上去有點複雜，但是其實就跟我們在中學物理中等速運動的計算方法一樣：等速運動速度為 v，運動時間為 t，運動距離為 s，s=v＊t。
>
> 　　放在分子鐘裡面，基因突變速率恆定為 v，基因差異為 s，分離時間為 t，套上述公式就行了。

這個計算結果與目前發現的化石證據較符合。2002年，科學家在非洲查德共和國發現了距今600萬～700萬年的查德沙赫人，解剖學的證據顯示沙赫人可能就處在人亞族和黑猩猩亞族分叉的位置，有些科學家

認為牠是人亞族與黑猩猩亞族的共同始祖，也有些科學家認為牠是人亞族與黑猩猩亞族分離後最早的生物。

那麼，這些古人類為什麼會用雙足行走呢？這個問題科學家並沒有確切的答案，而且爭議還很大。

在樹上活動的蘇門答臘猩猩。
圖片來源：Wikipedia/Greg Hume

一個經典的理論就是「海底擴張學說」。科學家在研究古氣候的時候發現，非洲中部在 1,500 萬年前降雨充分，森林茂密，那裡生活著人猿共祖。到了大約 800 萬年前，由於板塊運動，沿著紅海、衣索比亞、肯亞、坦尚尼亞一線裂開成為大裂谷，這就是如今的東非大裂谷。在這個過程中，東非大裂谷的西部邊緣形成了一系列的山脈，這些山脈改變了原本的大氣環流。現在，裂谷西部受大西洋的影響仍然維持著原本溼潤多雨的氣候，而裂谷東部則因為山脈的阻擋和其他因素的影響，氣候開始變得乾燥，植被也逐漸從森林演變為稀樹草原，然後又緩慢變為草原。在這個氣候變化的過程中，分布在西部的人猿共祖仍生活在樹上，成為今天的黑猩猩和大猩猩，但是分布在東部的人猿共祖為了適應稀樹草原和草原的環境，學會了下地行走，這就是人類的祖先。

第四章　顯生宙—生物大繁盛與文明之路

展出於美國華盛頓史密森尼自然歷史博物館的查德沙赫人頭部模型。
圖片來源：Flickr/Tim Evanson

當然，這個理論受到了很大質疑，比如圖根原人的化石證據顯示牠生活在森林中，而不是稀樹草原上。新的解釋認為是由於這 1,000 萬年以來的地球氣候變化無常，雖然整體趨勢是變得越來越冷，但中間總有長達數千年甚至上萬年的溫暖期，緊跟著的就是大降溫。在這種氣候波動下，雙足站立既能適應森林環境又能適應草原環境，而且相較於四足行走大大提高了效率，自然就在氣候波動的篩選下成為人類的首選行走方式。

> 圖根原人的化石最少來自 5 個個體，牠們為我們復原了這些最古老的人類的樣貌以及生活方式：牠們身材大約有今天黑猩猩大小，生活於鬱鬱蔥蔥的森林之中，可以在樹上雙足行走，並依靠雙手拉住樹枝而固定，也可以在陸地行走。牠們主要依靠採集樹葉、水果生活，但是也開始吃肉了，所以有時候牠們可能會捕捉各類爬行動物及鳥類。

無論人類雙足行走的原因是什麼，結果都是在這些古老的人亞族動物出現之後，從人亞族中很快出現一系列向現代人（智人）過渡的物種。一部分科學家將其劃分為不同的演化階段：人猿過渡階段、南方古猿階

段、能人階段、直立人階段、古老型智人階段、海德堡人階段、智人階段等，不過其他的人亞族物種都已經滅絕了，最後只剩下我們——智人種生存繁衍至今。

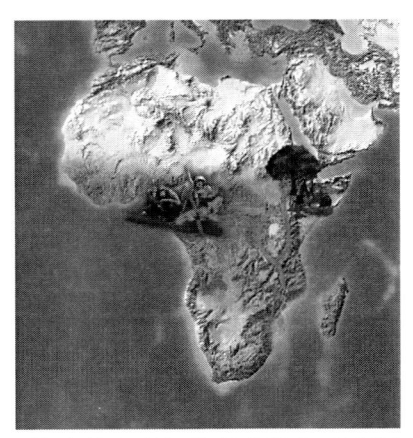

「海底擴張學說」認為東非大裂谷的形成導致西部為溼潤的雨林環境，
東部為乾旱的稀樹草原環境，這導致人-猿的分離。
圖片來源：123RF，金書援／繪

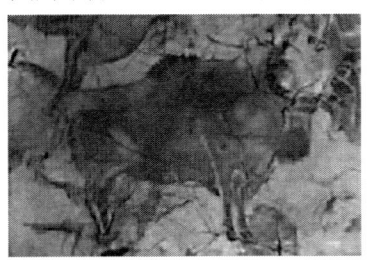

位於西班牙阿爾塔米拉洞穴中的壁畫，
根據研究這些壁畫有 3.6 萬～2.2 萬年的歷史。
圖片來源：Museo de Altamira y D. Rodríguez

從個人的角度來看，從智人中演化出人類現今的文明來，這既是一種必然，也是一種偶然。說它必然，是因為智人已經具備了較高的腦容量，其學習、製作工具的能力在當時已經冠絕全球了，繼續發展下去遲早會發展出文明；說它偶然則是因為在文明發展的過程中，某些工具和

第四章　顯生宙—生物大繁盛與文明之路

技能的習得可能真的是偶然碰到，這些偶然的事件發揮了加速人類文明發展的作用——例如火的使用和冶煉能力的獲取。

大約 5 萬年前，此時智人不僅能夠使用石器工具，而且也學會了使用火來照明、驅趕猛獸等，同時智人已經能夠進行比較複雜的交流了。在長期的社會生活和交流中，智人的情感越發豐富，這種豐富的情感帶來的結果就是對死亡的恐懼（對自己死亡的恐懼，對熟人死亡的懷念等），可能由此開始記錄生活。其中最簡單的方式就是畫畫，用紅色的礦物顏料、黑色的炭等，在生活的溶洞洞壁上畫出牠們自己的生活，緬懷自己逝去的先人。

畫畫繼續演變，記錄形式變成了文字，有儀式感的紀念方式可能就變成了宗教。由此，人類誕生了文字和宗教儀式。

同時，在長期使用火的過程中，可能由於無意間發現黏土被燒硬，於是演變成了燒製陶器的技能。

在洞穴內畫畫使用的顏料大多來自礦物，如綠色的孔雀石，紅色的赤鐵礦。這些礦物顏料可能無意間落入火中，為人類打開了一扇文明之門：孔雀石遇到炭火，會被冶煉變成紅銅！於是人類冶煉出了金屬——銅。有些孔雀石可能與方鉛礦或者是錫礦共生，在一起燒的時候就變成了人類歷史上第一種合金——青銅。

又經過了一兩千年的冶煉青銅的實踐，玩火技能爐火純青的人類製造出了爐溫更高的冶煉爐，於是學會了冶煉赤鐵礦，人類自此進入了鐵器時代。

32　第一次核爆炸

人類文明的演化歷程就是一個了解世界、改造世界的過程。1945年，第一次核爆炸，象徵著人類對地球認知程度和改造能力已超過過往地球歷史上的任何時期。

從大約 600 萬年前人類與猿類分離開始，地球上最重大的事件就是——人類文明的發展。如果選擇一個事件作為人類文明的指標的話，我會選擇 1945 年人類歷史上第一次核爆炸，選擇這個事件並不是因為它是人人談之色變的巨大威脅，而是因為它象徵著人類已經超越地球演化史上曾出現過的億萬物種，人類文明發展到有能力影響和改造整個地球的文明的程度。

對神明說再見

人類的演化歷程就是一個不斷認知世界、改造世界的過程。600 萬年前，人類還是一群茹毛飲血的野獸，所有的行為都靠著本能驅使，與其他靈長目的最大區別就在於雙足行走，那時候我們對周遭幾乎一無所知，更談不上認知世界。250 萬年前，可能由於長期的雙足行走解放了雙手，人類開始嘗試著打造石器了，人類的演化歷程也由此進入了石器時代。

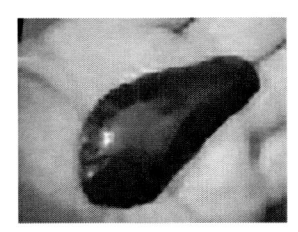

由黑曜岩打製的石器，可以清晰地看到其上的貝殼狀斷口。
圖片來源：Flickr/NTNU Vitenskapsmuseet

第四章　顯生宙—生物大繁盛與文明之路

　　為了尋找食物和合適的石材，人類開始有意識地去探索四周的世界，在這個過程中，人類逐漸累積了對於動植物和不同岩石性質的經驗，這可能就是我們對世界最早的認知了。

　　人類在製造石器的過程中，既需要辨識不同的岩石──這樣才能更有效率地製造出更好的石器；也需要在製造石器之前預先構想一個過程：這塊原石是要製造成石刀、手斧還是石矛？哪裡需要有稜角，哪裡需要更圓滑？它的大小應該是多少？正是這個過程讓人類的想像力得到進一步的發展，想像的能力不僅讓人類能夠製造更加精美的石器，還讓我們產生了對死亡的恐懼。在這種恐懼之下人類開始幻想亡者的世界，由此產生了最初的宗教信仰，那時人們認為萬事萬物背後都存在一個「靈」在掌控，無論是植物的四季變換、風霜雨雪還是人類的生死。在經歷了數千年的變化後，這種思想演變成了現在我們熟知的各種宗教。

> 　　自然界的岩石種類非常多，但並不都適合製造石器。矽質岩是一種最主流的製造石器的岩石。這是一種主要由二氧化矽構成的岩石，它堅硬（硬度超過小刀），但很脆，可以比較容易被敲斷，之後會出現貝殼狀的斷口，這種斷口就是一種天然的刃面。全球都發現了大規模使用矽質岩製造的石器。我們也可以購買一些大塊的黑曜岩（矽質岩中的一種），試著自己製作石器。

中國新石器時代良渚文化中的玉琮，這種精美石器是基於人頭腦中虛構的概念創造出來的。這種石器的出現說明了人類這時候已經出現了想像力和審美能力，徹底脫離了舊石器時代人猿難分的蒙昧狀態。

圖片來源：Wikipedia/Siyuwj

宗教的出現，讓石器時代以來人類對世界的認知都處於神明的影響中——對於所有超出人類當時理解範疇的現象，我們全部將其歸功於神明：缺水了會祈雨，洪澇災害則認為是河伯或水怪興風作浪，日月星辰的執行也是神明的安排……宗教最初出現的時候，它們可能對人類文明的演化產生過正面的影響，不過很快就開始嚴重阻礙人類對世界的認知了，因為主張日心說而被燒死的布魯諾就是其中一個典型的例子。

近代以來，人類開始從各種以前難以理解的自然現象中歸納出概括性的規則來——這就是數學、物理和化學知識。利用這些規則，人類能夠解釋、重現、預測各種自然現象，並將它們應用到對世界的改造活動中去。

比如在上篇中提到的冶煉青銅器，可能只是源自於人們想要把綠色的銅礦石放在火中燒成綠色顏料粉末，但卻出乎意料地出現了金屬銅，我們的祖先不知道為什麼會這樣，只知道不同的礦石放到火中燒，就有可能冶煉出金屬，由此發展出了完全依靠經驗的採礦、冶煉體系。但是隨著近代科學體系的建立，人類知道了金屬的冶煉實際上就是利用還原性物質在高溫下將金屬原子與氧原子分離，由此可以更有效率地冶煉金

第四章　顯生宙─生物大繁盛與文明之路

屬,建造出十萬噸、百萬噸直至千萬噸級的冶煉高爐,它們建構了近現代文明社會的鋼鐵骨架。

另外一個例子是雨的形成,古人認為雨來自神明的布施(如《西遊記》中所說龍王的噴嚏),因此一旦遇到乾旱,古人就會擺祭壇求雨。但是物理學告訴我們,雨的形成只是一個簡單的熱力學現象而已,太陽加熱水體,使得水蒸氣蒸騰上天形成雲,雲中的水蒸氣遇冷凝結降落就形成了雨。由此,人類研發出了人工降雨的技術,依靠飛機、火箭將碘化銀散布打入雲層中就能隨時獲取雨。

工業革命前後發展起來的科學體系實際上是基於我們在宏觀世界所觀察到的現象而歸納出的規則,它對於雨的形成只能解釋到陽光─熱量─水蒸發─水氣凝結─雨的層次,對於微觀層面上的「為什麼」是無能為力的,比如陽光所含有的熱量其本質是什麼?為什麼水受熱就會蒸發?為什麼會有氫原子和氧原子的存在?這兩種原子又是為什麼會結合得如此緊密,形成了水分子?

從 19 世紀開始,科學家就在探索微觀粒子的世界,經過多年的研究,將一切紛亂的表象抽絲剝繭之後,剩下最簡單的理論:我們的世界由中子、質子和電子構成,中子和質子構成了原子核,電子圍繞著原子核運動,共同組合形成了原子。原子中質子數和電子數的不同,形成了不同的元素,元素相互組合就形成了各種分子,這些分子又相互作用,就建構出了整個世界。這個世界,歸根結柢就是一大團處於熱運動中的電子、中子和質子,萬事萬物的運轉規律都能在它們身上找到答案。

1945 年第一次核爆炸,象徵著人類已經能夠深入研究並初步利用這些微觀粒子了。僅僅 3 年後,就有科學家根據宏觀和微觀的物理學理論,提出了最初版本的宇宙大爆炸理論,系統地解釋了宇宙誕生和元素

形成的過程——這都意味著人類已經認知到了世界的本質，或許有一天當我們徹底掌握了這些微觀粒子的規律，科學技術進一步發展，人類就能邁出地球文明的範疇，進入恆星系文明或銀河系文明的程度。

從石刀到原子

與認知水準一起進步的還有人類製作工具的技術，這些工具被我們用來改造周遭。在舊石器時代，我們製造出來的工具非常粗笨，這些最早的石器對於地球的影響作用非常小。

但是隨著工具種類的多樣化，人類對周遭的改造力量也逐漸加強。大約 5 萬年前，人類製造出了骨針，這種工具的出現讓人類能夠穿上厚實的衣服，從而將活動空間向高緯度和高海拔地區延伸。搭配上這時已經殺傷力大增的石刀石斧石矛等武器，人類極有可能已經開始有能力大規模獵殺生活在歐亞大陸北方草原的各種大型生物了，如猛獁象、披毛犀、劍齒虎等。現在有不少科學家相信，這些生物的滅絕，除了氣候變暖的影響之外，人類的獵殺也是很重要的因素。

大約 1 萬年前，人類可能已經開始種植小麥、水稻等農作物，也開始蓄養牛、羊、狗等家畜，我們就此進入了農耕文明。不過農耕文明的過程在前期極為緩慢，最初人類依然依靠著石器工具耕作，但很快製作出了銅器和鐵器及其他更複雜的生產工具。這些工具大大加快了我們改造周遭的速度。僅從人類對地球上土地的利用就能窺知一二：4,000 年前，地球上無冰的陸地中，人類利用到的土地也只不過是其中的 0.3%；這個數字到西元 1700 年就迅速增加到了 10%；1880 年則變成了 25%；120 年後的 2000 年變成了 50%。如今大片的城市和農田從太空中都看得清清楚楚——這也是行星級別的影響之一。

第四章　顯生宙—生物大繁盛與文明之路

黃河入海口的衛星影像圖，
仔細看就會發現整個圖上都是大片的村莊與整齊的農田。
圖片來源：NASA

從 1980 年代起，人類對地球土地面積的利用率大大加快，其原因自然與這一時期建立近代數理化等各大科學體系是密不可分的，這些科學體系又反過來讓我們創造出了更多更好的工具，如鑽井機和內燃機。這些機器又幫助我們將過去數億年來被埋藏在地下的煤炭和石油挖掘出來，排放出了大量的二氧化碳。

還記得在提到哺乳動物崛起的故事時講到的古新世—始新世極熱事件（PETM）嗎？這是一次發生在「極短」時間內的二氧化碳增加、氣溫快速上升的事件，總共持續了大約 12 萬～ 15 萬年，在這期間地球經歷了多次二氧化碳的釋放和吸收過程，整體升溫 5 ～ 6℃，同時伴隨有大規模的氣候變化、生物滅絕、演替和遷徙現象。而據科學家估計，人類從工業革命以來這短短 200 多年排放出來的二氧化碳總量就差不多達到了這個級別。

這麼巨大規模的二氧化碳排放量導致了全球氣候變暖加速與極端

事件的頻發，而由此引發的生物滅絕、海平面的變化和海洋酸化等災難也將會是全球性的 —— 根據科學家計算，現代的海洋酸化速度將會是 PETM 的 10 倍，這種變化速度在以往的任何地質事件中都是絕無僅有的！

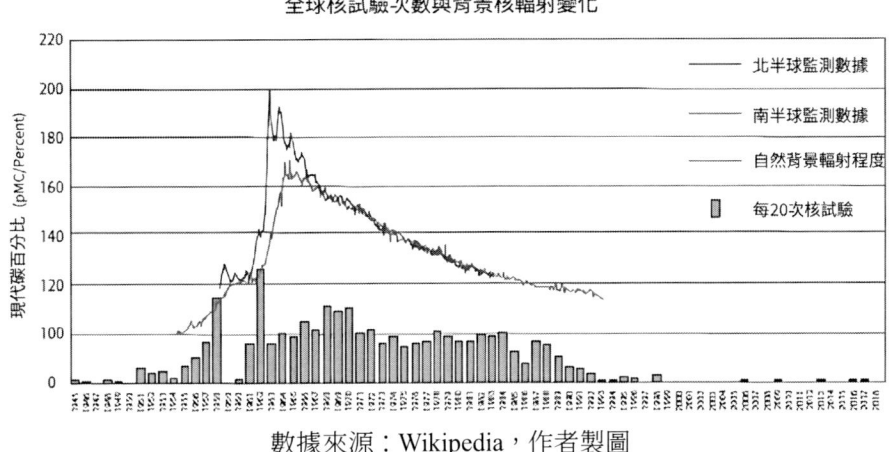

全球核試驗次數與背景核輻射變化

數據來源：Wikipedia，作者製圖

如果說以上這些全球性影響還是一個漸進的、緩慢的過程的話，那麼第一次核爆炸無疑宣告了人類掌握了另一個能夠快速影響全球的方式 —— 單次核爆炸的威力有限，但是爆炸後產生的人造放射性元素在隨後幾年沉降到了全球的地層中，造成了微小但清晰可分辨的放射性高峰值。在這次爆炸之後，由於冷戰升級，核試驗次數在 1962 年左右達到了高峰，並導致全球放射性濃度產生極為明顯的升高。

鑑於人類對於地球的改造和影響越來越大，大部分科學家都已經同意並認定地球已經進入了一個新的地質時代 —— 人類世。而人類世的起點，有些人認定為 1945 年的這次核爆炸。

人類的整個演化歷程就好像一個指數模型，前期發展緩慢，影響低微，無論是從 600 萬年來的人類演化歷程，還是從 1 萬年來人類文明的

發展來看都是如此，但是量變最終產生質變，當文明的發展超過某一個臨界點之後，就如同爆炸一樣大大加速，人口的爆發、工業化對自然資源的消耗和人類改造地球造成的影響都與之前不可同日而語。而 1945 年的這次核爆炸，無疑可以看作就是這個臨界點的象徵。

尾聲
科學的本質與人類的未來

在自然界有許多生物的壽命極短,比如蜉蝣,其成蟲的壽命短的只有數小時,長的也不過一天,莊子在〈逍遙遊〉中就曾形容過這些短命生物「朝菌不知晦朔,蟪蛄不知春秋」。相對於 46 億年漫長的地球歷史而言,壽命不過百多年,文明誕生也不過 1 萬年的人類只不過是一隻朝生暮死的蜉蝣而已。原本我們是無緣得見地球漫長而波瀾壯闊的演化史,但是多虧了 400 多年來地球科學發展的結果,讓我們撥開歷史迷霧,看到了這些精采的故事。

說起科學,可能很多人會認為這是一種高高在上、遙不可及的工作,但其實科學的本質很簡單,第 32 篇也提到了,科學工作無非就是一項觀察的工作。以第一個故事,太陽系誕生為例,歷史上關於太陽系誕生的科學理論更迭了很多次,每一次的疊代都是觀察更進一步的結果。

西元 1755 年,哲學家康德(Immanuel Kant)發表《自然通史和天體論》(*Universal Natural History and Theory of the Heavens*),根據牛頓定理試論整個宇宙的結構及其力學起源,第一次提出了太陽系起源的星雲假說。他認為太陽系的天體都是星雲物質在萬有引力下聚集而成,星雲物質一邊從氣態冷卻變為固態,一邊在萬有引力作用下從團狀變成盤狀。

這個假說的提出,一方面是文藝復興以來天文學的進步所致,當時人們已經透過天文望遠鏡的觀察知道了日心說和太陽系內各大行星都是在同一個平面內圍繞太陽運動的,還知道了萬有引力;另一方面當時物理學已經歸納出了物質的三種物態(氣態、液態和固態)相互轉化的規

尾聲　科學的本質與人類的未來

律，因此這個假說水到渠成，自然也非常合理。

現代星雲假說，也就是故事中的傳統理論，則是基於對隕石的觀測結果。科學家從隕石中獲得了太陽系年齡的數據，並透過太陽系內各大行星組成成分的數據，能夠對太陽系的具體年齡和形成過程有一個比較精確的描述。

而最新的大遷徙理論，則是因為科學家提出傳統理論後，想要驗證這一理論，正好科學技術又足以讓我們觀察到系外星系，因此對系外星系展開了詳細的觀測。但是觀察的結果卻與傳統理論有一定的衝突，於是不得不為傳統理論「補強」，再加上電腦技術的進步，讓科學家能夠在電腦上模擬不同的星系形成條件（這也是觀察，只不過是在電腦上觀察而已），從而不斷完善了大遷徙理論。

當然對地球演化歷史的研究相對而言更簡單一些，因為人類就生活在地球上，能夠很方便地尋找地球上各個時期的岩石，透過對岩石中包含的化學元素和有機小分子對礦物和化石等進行觀察，從而逐漸讓地球演化的故事豐富起來。

除了地球科學領域，科學家對其他領域也都嘗試從不同角度進行觀察，開發新的觀察方法，製造新的觀察設備。400多年來，無數科學家觀察的結果彙總後被歸納起來，就形成了我們現在學到的不同學科體系，這些學科體系又相互支撐、融合，促進了現代科學的蓬勃發展。

科學發展的結果，一方面讓我們的生活更加便利；另一方面則是告訴了我們地球的過去，如本書講述的故事；最後一方面是有助於人類預測未來。

依舊以地球科學為例，地球有漫長的演化歷史，經歷過五次生物大滅絕的全球性災難，也經歷過數不勝數的部分生物滅絕的小災難。這些

就是古生物前輩在演化過程中踩過的「坑」，而演化歷程並不是一個可以存檔重來的遊戲，當我們了解了這些「坑」之後，如果在未來避開，就有可能減少遭受類似滅絕性災難的機率。

比如第 29 個故事講到古新世－始新世極熱事件（PETM），地球在極短（數萬年）的時間內出現了大量碳排放的情況，導致全球平均溫度上升 5～8°C。而那次碳排放的規模與我們如今的碳排放規模差不多，因此這一事件對我們預測未來的氣候變化是有參考意義的。

所以，「以史為鑑，可以知興替」，地球有近 46 億年的演化歷史，幾乎發生過各式各樣的災難類型：火山爆發、小行星碰撞、氣候快速波動、森林生態系統崩潰、全球乾旱、土壤荒漠化等，這些事件對我們來說幾乎算是取之不盡的歷史參考。

但有一個問題，人類在地球科學領域研究的「解析度」其實並不高。在前文中我提到過，地球演化的基本時間單位是百萬年，也就是說，科學家知道百萬年範圍發生的地球事件，卻很難更加深入研究在這一個百萬年之內發生過的詳細事件。雖然一些科學家讓某些地質時代的解析度達到了十萬年，但是整體而言，人類對地球歷史的研究依然是薄弱的，這會讓我們在預測未來中丟失很多關鍵資訊，變得不準確。

不過，無論如何，人類文明能夠發展到現在，無疑已經成為地球演化歷史上的光榮時刻。從 46 億年前，地球上從無機物中演化出有機物，又從有機物演化出單細胞生命，再由單細胞生命歷經波折演化出現代的人類文明，更多依靠的是幸運和巧合。但是未來人類的發展，卻不得不依靠科學的指導了。

因為從生物層面來說，人類是在數百萬年的時間內與地球上的其他生物一起演化的，我們無法脫離整個生態環境而獨自存活於地球上。人

尾聲　科學的本質與人類的未來

類的演化早已脫離了單純的生物層面，而是跳脫到了文明演化的層面上。隨著文明的越發進步，人類對地球的改變就越迅速也越劇烈，其他生物僅靠生物層面的演化很難適應如此劇烈變化的環境，研究顯示，現在的生物滅絕速率是過去的 100～1,000 倍，進入 20 世紀以來，每年都有約 14 萬個物種滅絕，甚至有些科學家聲稱，我們現在已經進入第六次生物大滅絕之中。

因此人類必須從過去的地球歷史中學會與其他生物共存 —— 這件事情，沒有那麼一個「神」能教會我們，人類只能依靠自己，依靠科學，依靠過往的地球歷史教訓。

> 我們都知道，手機、電腦的螢幕都是由一個個畫素構成的，解析度指的就是單位長度內畫素的個數，具體來說也就是每英寸內的畫素個數。畫素越小，解析度越高，我們的螢幕也就越清晰。

參考文獻

[1] 胡中為。新編太陽系演化學 [M]. 上海：上海科學技術出版社，2014.

[2] 胡中為，徐偉彪。行星科學 [M]. 北京：科學出版社，2008.

[3] 戴文賽，胡中為。論小行星的起源 [J]. 天文學報，1979（01）：33-42.

[4] 王道德，繆秉魁，林楊挺。隕石的礦物-岩石學特徵及其分類 [J]. 極地研究，2005，17（1）：45-74.

[5] WALSH K J, MORBIDELLI A, RAYMOND S N,et al. Populating the asteroid belt from two parent source regions due to the migration of giant planets ——"The Grand Tack"[J]. Meteoritics & Planetary Science,2012,47(12)：1941-1947.

[6] RAYMOND S N, O'BRIEN DP, MORBIDELLI A, et al. Building the Terrestrial Planets：Constrained Accretion in the Inner Solar System[J]. Icarus, 2009, 203(2)：644-662.

[7] 許英奎，朱丹，王世傑，等。月球起源研究進展 [J]. 礦物岩石地球化學通報，2012，031（005）：516-521。

[8] 林楊挺。月球形成和演化的關鍵科學問題 [J]. 地球化學，2010（1）：4-1。

[9] MATIJA，CUK，STEWART S. T. Making the Moon from a Fast-Spinning Earth：A Giant Impact Followed by Resonant Despinning[J].

參考文獻

Science, 2012, 338(6110)：1047-1052.

[10] 李三忠，許立青，張臻，等。前寒武紀地球動力學（Ⅱ）：早期地球 [J]. 地學前緣，2015（6）：10-26.

[11] 劉樹文，王偉，白翔，等。前寒武紀地球動力學（Ⅶ）：早期大陸地殼的形成與演化 [J]. 地學前緣，2015，22（06）：97-108.

[12] 陸松年，郝國傑，相振群。前寒武紀重大地質事件 [J]. 地學前緣，2016，023（006）：140-155。

[13] 胡中為，徐偉彪. 太陽系的元素豐度與起源 [J]. 自然雜誌，2006(4)：33-36. DOI：CNKI：SUN：ZRZZ.0.2006-04-010。

[14] 維基百科。化學元素豐度。[Z/OL]（2020-12-23）[2021-06-11]. https://zh.wikipedia.org/w/index.php?title=%E5%8C%96%E5%AD%B8%E5%85%83%E7%B4%A0%E8%B1%90%E5%BA%A6&oldid=63382804.

[15] KARLA S T，WINTER O C. The When and Where of Water in the History of the Universe[M/OL]. Habitability of the Universe Before Earth，2018：47-73[2021-06-12].

[16] LAWRENCE D J. Evidence for Water Ice Near Mercury's North Pole from MESSENGER Neutron Spectrometer Measurements.[J]. Science, 2013, 339(6117)：292-296.

[17] DRAKE M J. Origin of water in the terrestrial planets[J]. Meteoritics & Planetary Science, 2005, 40(4)：519-527.

[18] GENDA H，IKOMA M. Origin of the Ocean on the Earth：Early Evolution of Water D/H in a Hydrogen-Rich Atmosphere[J]. Icarus, 2008, 194(1)：42-52.

[19] MOJZISISJ，HARRISON T M，PIDGEON R T. Oxygen-Isotope Evidence from Ancient Zircons for Liquid Water at the Earth's Surface4,300 Myr Ago：6817[J]. Nature,2001,409(6817)：178-181

[20] ZAHNLE K J. Earth's Earliest Atmosphere[J]. Elements，2006，2（4）：217-222.

[21] TERA F，PAPANASTASSIOU D A，WASSERBURG G J. Isotopic evidence for a terminal lunar cataclysm[J]. Earth and Planetary Science Letters，1974，22（1）：1-21.

[22] WIECZOREK M A，ZUBER M T，PHILLIPS R J. The role of magma buoyancy on the eruption of lunar basalts[J]. Earth and Planetary Science Letters,2001,185(1)：71-83.

[23] 肖智勇. 月球表面哥白尼紀與水星表面柯伊伯紀的地質活動對比研究 [D]. 中國地質大學，2013。

[24] 周琴，吳福元，劉傳周。月球同位素地質年代學與月球演化 [J]. 地球化學，2010，39（01）：37-49。

[25] GOMES R，LEVISON H F，TSIGANIS K，et al. Origin of the cataclysmic Late Heavy Bombardment period of the terrestrial planets[J]. Nature, 2005, 435(7041)：466-469.

[26] MANN A. Bashing Holes in the Tale of Earth's Troubled Youth：7689[J]. Nature,2018,553(7689)： 393-395.DOI：10.1038/d41586-018-01074-6.

[27] 楊晶，林楊挺，歐陽自遠. 地外有機化合物 [J]. 地學前緣，2014，21（06）：165-187。

參考文獻

[28] FURUKAWA Y，CHIKARAISHI Y，OHKOUCHI N，et al. Extraterrestrial ribose and other sugars in primitive meteorites[J]. Proceedings of the National Academy of Sciences, 2019,116(49).

[29] MCGEOCH M W，DIKLER S，MCGEOCH J E M. Hemolithin：A Meteoritic Protein containing Iron and Lithium[J]. arXiv preprint arXiv：2002.11688,2020.

[30] MARTIN S，ALEXANDER S，COREY C，張國梁. 礦物在生命起源前合成中的作用的審視[J]. AMBIO人類環境雜誌，2004，33（B12）：13。

[31] 齊文同，柯葉豔。早期地球的環境變化和生命的化學進化[J]。古生物學報，2002（02）：295-301。

[32] 李三忠，許立青，張臻，等。前寒武紀地球動力學（Ⅱ）：早期地球[J]. 地學前緣，2015，22（06）：10-26.

[33] DODD M S，PAPINEAU D，GRENNE T，et al. Evidence for early life in Earth's oldest hydrothermal vent precipitates[J]. Nature，2017,543(7643)：60-64.

[34] 史曉穎，李一良，曹長群，湯冬傑，史青。生命起源、早期演化階段與海洋環境演變[J]. 地學前緣，2016，23（06）：128-139。

[35] 承磊，鄭珍珍，王聰，等。產甲烷古菌研究進展[J]. 微生物學通報，2016，43（05）：1143-1164。

[36] 梅冥相，高金漢。光合作用的起源：一個引人入勝的重大科學命題[J]. 古地理學報，2015，000（5）：577-592。

[37] SÁNCHEZ-BARACALDO P，CARDONA T. On the Origin of

Oxygenic Photosynthesis and Cyanobacteria[J]. New Phytologist，2020，225（4）：1440-1446.

[38] BUICK R. When Did Oxygenic Photosynthesis Evolve? [J]. Philosophical Transactions of the Royal Society B:Biological Sciences,2008,363(1504)：2731-2743.

[39] BOSAK T, LIANG B,SIM M S,et al. Morphological Record of Oxygenic Photosynthesis in Conical Stromatolites[J]. Proceedings of the National Academy of Sciences,2009,106(27)：10939-10943.

[40] 李延河，侯可軍，萬德芳，等。前寒武紀條帶狀矽鐵建造的形成機制與地球早期的大氣和海洋 [J]. 地質學報，2010，84（09）：1359-1373。

[41] 梅冥相，孟慶芬。太古宙氧氣綠洲：地球早期古地理重塑的重要線索 [J]. 古地理學報，2015，17（06）：719-734。

[42] 王長樂，張連昌，劉利，代堰錇。國外前寒武紀鐵建造的研究進展與有待深入探討的問題 [J]. 礦床地質，2012，31（06）：1311-1325.

[43] 張福凱，徐龍君。甲烷對全球氣候變暖的影響及減排措施 [J]. 礦業安全與環保，2004，31（5）：5。

[44] ROSING M T，BIRD D K，SLEEP N H，et al. No climate paradox under the faint early Sun[J]. Nature Publishing Group UK,2010,464(7289).

[45] ROGERS J J W，SANTOSH M. Supercontinents in Earth History[J]. Gondwana Research, 2003, 6(3)：357-368.

[46] PESONEN L J，ELMING S Å，MERTANEN S，et al. Palaeo-

參考文獻

magnetic configuration of continents during the Proterozoic[J]. Tectonophysics，2003.375（1-4），289-324.

[47] 劉賢趙，張勇，宿慶等。現代陸生植物碳同位素組成對氣候變化的回應研究進展 [J]. 地球科學進展，2014，29（12）：1341-1354。

[48] TANG H，CHEN Y. Global Glaciations and Atmospheric Change at ca.2.3 Ga[J]. Geoscience Frontiers,2013,4(5)：583-596.

[49] PEHRSSON S J，EGLINGTON B M，EVANS D A D，et al. Metallogeny and its link to orogenic style during the Nuna supercontinent cycle[J]. Geological Society London Special Publications,2016：SP424.5.

[50] LOPEZ-GARCIA P，MOREIRA D. The Syntrophy Hypothesis for the Origin of Eukaryotes Revisited[J]. Nature Microbiology,2020,5(5)：655-667. DOI：10.1038/s41564-020-0710-4.

[51] 李峰，管敏鑫。線粒體起源和蛋白含量進化 [J]. 科技通報，2015（1）：61-66。

[52] 維基百科. 古菌 [Z/OL].2021（2021-03-05）[2021-03-05]. https://zh.wikipedia.org/w/index.php?title=%E5%8F%A4%E8%8F%8C&oldid=64635942.

[53] DACKS J, ROGER A J. The First Sexual Lineage and the Relevance of Facultative Sex[J]. Journal of Molecular Evolution,1999,48(6)：779-783.

[54] HEDGES S B，BLAIR J E，VENTURI M L，et al. A Molecular Timescale of Eukaryote Evolution and the Rise of Complex Multicellular Life[J]. BMC Evolutionary Biology,2004：9.

[55] ME L, SHARPE S C,BROWN M W,et al. On the Age of Eukaryotes：Evaluating Evidence from Fossils and Molecular Clocks[J]. Cold Spring Harbor Perspectives in Biology,2014,6(8)：a016139-a016139.

[56] HAN T，RUNNEGAR B. Megascopic Eukaryotic Algae from the2.1-Billion-Year-Old Negaunee Iron-Formation, Michigan[J]. Science,1992,257(5067)：232-235.

[57] LYONS T W，REINHARD C T，PLANAVSKY N J. The Rise of Oxygen in Earth's Early Ocean and Atmosphere[J]. Nature，2014，506（7488）：307-315.

[58] CAWOOD P A，HAWKESWORTH C J. Earth's Middle Age[J]. Geology,2014,42(6)：503-506.

[59] ZHAN G，CAWOOD P A，WILDE S A，et al. Review of Global2.1-1.8 Ga Orogens: Implications for a Pre-Rodinia Supercontinent[J]. Earth-Science Reviews,2002,59(1-4)：125-162.

[60] ROBERTS N M W. The boring billion? - Lid Tectonics，Continental Growth and Environmental Change Associated with the Columbia Supercontinent[J]. Geoscience Frontiers，2013，4（6）：681-691.

[61] LI Z X，BOGDANOVA S V，COLLINS A S,et al. Assembly, configuration, and break-up history of Rodinia: A synthesis[J]. Precambrian Research,2008,160(1-2)：179-210.

[62] TANG M, CHU X, HAO J,et al. Orogenic Quiescence in Earth's Middle Age[J]. Science,2021,371(6530)：728-731.

[63] 中國科學院。中國學科發展策略：地球生物學 [M/OL]. 北京：

參考文獻

科學出版社，2015，74-77。

[64] 趙彥彥，鄭永飛。全球新元古代冰期的記錄和時限 [J]. 岩石學報，2011，27（02）：545-565。

[65] 王葉，延曉冬。新元古代地球氣候研究進展 [J]. 氣候與環境研究，2011，16（03）：399-406。

[66] 李江海，楊靜懿，馬麗亞，等。顯生宙烴源巖分布的古板塊再造研究 [J]. 中國地質，2013，40（6）：1683-1699。

[67] 劉鵬舉，尹崇玉，陳壽銘，等。華南峽東地區埃迪卡拉（震旦）紀年代地層劃分初探 [J]. 地質學報，2012，86（06）：849-866。

[68] SCOTESE,C.R. PALEOMAP Paleo Atlas for G Plates and the Paleo Data Plotter Program,[Z/OL](2016-4-19)[2022-4-18] http://www.earthbyte.org/paleomap- paleoatlas- for-gplates/

[69] 袁訓來等。藍田生物群。上海：上海科學技術出版社，2016：27-28。

[70] 尹崇玉等。震旦（伊迪卡拉）紀早期磷酸鹽化生物群——甕安生物群特徵及其環境演化。北京：地質出版社，2007：34-36。

[71] CUNNINGHAM J A，VARGAS K，YIN Z，et al. The Weng'an Biota (Doushantuo Formation)：an Ediacaran window on soft-bodied and multicellular microorganisms[J]. Journal of the Geological Society，2017：jgs2016-142.

[72] XIAO S, MUSCENTE A D, CHEN L,et al. The Weng'an Biota and the Ediacaran Radiation of Multicellular Eukaryotes[J]. National Science Review,2014,1(4)：498-520.

[73] 周傳明，袁訓來，肖書海，等．中國埃迪卡拉紀綜合地層和時間框架 [J]．中國科學：地球科學，2019，49（01）：7-25。

[74] 華洪，蔡耀平，閔筱，等．新元古代末期高家山生物群的生態多樣性 [J]．地學前緣，2020，27（06）：28-46。

[75] SEILACHER A. Vendozoa： Organismic Construction in the Proterozoic Biosphere[J]. Lethaia,1989,22(3)：229-239.

[76] 彭善池。全球標準層型剖面和點位（「金釘子」）和中國的「金釘子」研究 [J]．地學前緣，2014，21（02）：8-26。

[77] 朱茂炎，趙方臣，殷宗軍，等。中國的寒武紀大爆發研究：進展與展望 [J]．中國科學：地球科學，2019，49（10）：1455-1490。

[78] 中國科學院南京地質古生物研究所。中國「金釘子」全球標準層型剖面和點位研究 [M]．杭州：浙江大學出版社，2013：3-7。

[79] 舒德干，韓健。澄江動物群的核心價值：動物界成型和人類基礎器官誕生 [J]．地學前緣，2020，27（06）：1-27。

[80] 戎嘉餘。生物演化與環境 [M]．合肥：中國科學技術大學出版社，2018：96-114。

[81] YIN, Z, SUN W, LIU P, et al, Developmental biology of Helico foramina reveals holozoan affinity, cryptic diversity, and adaptation to heterogeneous environments in the early Ediacaran Weng'an biota (Doushantuo Formation, South China).[J]. Science Advances,2020,6(24).

[82] 張元動，詹仁斌，樊雋軒等。奧陶紀生物大輻射研究的關鍵科學問題 [J]．中國科學（D 輯：地球科學），2009，39（02）：129-143。

[83] 詹仁斌，靳吉鎖，劉建波。奧陶紀生物大輻射研究：回顧與展

參考文獻

望 [J]. 科學通報，2013，58（33）：3357-3371。

[84] 宋金鳳，汝佳鑫，張紅光等。地衣和地衣酸與岩石礦物風化及其機制研究進展 [J]. 南京林業大學學報（自然科學版），2019，43（04）：169-177。

[85] YVUAN X. Lichen-Like Symbiosis600 Million Years Ago[J]. Science，2005，308（5724）：1017-1020.

[86] KENRICK P，CRANE P R. The Origin and Early Evolution of Plants on Land[J]. Nature，1997，389（6646）：33-39.

[87] WELLMAN C H，OSTERLOFF P L，MOHIUDDIN U. Fragments of the Earliest Land Plants[J]. Nature，2003，425（6955）：282-285.

[88] SHELTON J. Meet Pentecopterus，a new predator from the prehistoric seas. Yale University. August31，2015.

[89] 戎嘉餘，黃冰。生物大滅絕研究三十年 [J]. 中國科學：地球科學，2014，44（03）：377-404。

[90] 沈樹忠，張華。什麼引起五次生物大滅絕？[J]. 科學通報，2017，62（11）：1119-1135。

[91] 龔清。中國華南地區奧陶紀——志留紀之交汞異常沉積對火山作用和滅絕事件關係的指示 [D]. 中國地質大學，2018。

[92] 童金南，殷鴻福。古生物學 [M]. 北京：高等教育出版社，2006：121-124。

[93] LUCAS W J，GROOVER A，LICHTENBERGER R，et al. The Plant Vascular System：Evolution，Development and Functions[J]. Journal of Integrative Plant Biology，2013.

[94] STEEMANS P，HERISSE A L，MELVIN J，et al. Origin and Radiation of the Earliest Vascular Land Plants[J].Science，2009，324（5925）：353-353.

[95] LIBERTÍN M，KVAEK J，BEK J，et al. Sporophytes of Polysporangiate Land Plants from the Early Silurian Period May Have Been Photosynthetically Autonomous[J]. Nature Plants, 2018,4(5)269-271.

[96] BOYCE C K. How Green Was Cooksonia? The Importance of Size in Understanding the Early Evolution of Physiology in the Vascular Plant Lineage[J]. Paleobiology,2008,34(2)：179-194.

[97] 王懌，徐洪河。中國志留紀陸生植物研究綜述 [J]. 古生物學報，2009，48（03）：453-464。

[98] 郝守剛，王德明，王祺。陸生植物的起源和維管植物的早期演化 [J]. 北京大學學報（自然科學版），2002（02）：286-293。

[99] BERNER R A，BEERLING D J，DUDLEY R，et al. Phanerozoic atmospheric oxygen[J]. Annual Review of Earth and Planetary Sciences, 2003, 31(1)：105-134.

[100] MACNAUGHTON R B，COLE J M，DALRYMPLE R W，et al. First steps on land：Arthropod trackways in Cambrian-Ordovician eolian sandstone，southeastern Ontario, Canada[J]. Geology,2002,30(5)：391-394.

[101] WILSON H M. ZOSTEROGRAMMIDA，A new order of Millipedes from the Middle Silurian of Scotland and the Upper Carboniferous of Euramerica[J]. Palaeontology, 2010, 48(5)：1101-1110.

[102] BROOKFIELD M E，CATLOS E J，SUAREZ S E. Myriapod

參考文獻

Divergence Times Differ between Molecular Clock and Fossil Evidence：U/Pb Zircon Ages of the Earliest Fossil Millipede-Bearing Sediments and Their Significance[J].Historical Biology, 2020：1-5.

[103] LOZANO-FERNANDEZ J,EDGECOMBE G D,TANNER A R,et al. A Cambrian-Ordovician Terrestrialization of Arachnids[J]. Frontiers in Genetics,2020,11.

[104] HAUG C, HAUG J T. The presumed oldest flying insect：more likely a myriapod? [J]. PeerJ,2017,5：e3402.

[105] 溫安祥，郭自榮。動物學 [M]. 北京：中國農業大學出版社，2014：202-205。

[106] 蓋志琨，朱敏。無頜類演化史與中國化石記錄 [M]. 上海：上海科學技術出版社，2017。

[107] GOUDEMAND N，ORCHARD M J，URDY S，et al. Synchrotron-Aided Reconstruction of the Conodont Feeding Apparatus and Implications for the Mouth of the First Vertebrates[J]. Proceedings of the National Academy of Sciences，2011,108(21)：8720-8724.

[108] GAI Z，DONGHUE P，ZHU M，et al. Fossil Jawless Fish from China Foreshadows Early Jawed Vertebrate Anatomy[J]. Nature,2011,476(7360)：324-327.

[109] 朱敏課題組。中國志留紀古魚新發現揭祕脊椎動物頜演化之路 [J]. 化石，2017（01）：77-80。

[110] 朱幼安，朱敏。大魚之始——曲靖瀟湘動物群中發現志留紀最大的脊椎動物 [J]. 自然雜誌，2014，36（06）：397-403。

[111] ZHU M，ZHAO W，JIA L，et al. The oldest articulated osteichthyan reveals mosaic gnathostome characters[J].Nature,2009,458（7237）：469-474,0.

[112] LU J，ZHU M，LONG J A，et al. The earliest known stem-tetrapod from the Lower Devonian of China[J]. Nature Communications,2012,3：1160.

[113] 維基百科。提塔利克魚屬 [Z/OL].2021(20210210)[2021-02-10]. https://zh.wikipedia.org/w/index.php?title=%E6%8F%90%E5%A1%94%E5%88%A9%E5%85%8B%E9%B1%BC%E5%B1%9E&oldid=64221168.

[114] M.J. 本頓，古脊椎動物學 [M]. 董為，譯 .4 版。北京：科學出版社，2017：5。

[115] WANG D，QIN M，LIU L，et al. The Most Extensive Devonian Fossil Forest with Small Lycopsid Trees Bearing the Earliest Stigmarian Roots[J]. Current Biology，2019，29（16）：2604-2615.e2.

[116] MULHALL M. Saving the Rainforests of the Sea：An Analysis of International Efforts to Conserve Coral Reefs[J].Duke Environmental Law & Policy Forum，2009，19（2）：321-351.

[117] 吳義布，龔一鳴，張立軍等。華南泥盆紀生物礁演化及其控制因素 [J]. 古地理學報，2010，12（003）：253-267。

[118] 王玉珏，梁昆，陳波，宋俊俊，郭文，喬麗，黃家園，邰文昆。晚泥盆世 F-F 大滅絕事件研究進展 [J]. 地層學雜誌，2020，44（03）：277-298。

[119] SCOTT A C，GLASSPOOL I J. The Diversification of Paleozoic

參考文獻

Fire Systems and Fluctuations in Atmospheric Oxygen Concentration[J]. Proceedings of the National Academy of Sciences，2006，103（29）：10861-10865.

[120] MCGHEE G. Carboniferous Giants and Mass Extinction[M]. New York Chichester：Columbia University Press，2018.

[121] 李維波。二疊紀古板塊再造與巖相古地理特徵分析[J]. 中國地質，2015（2）：685-694。

[122] A.J.BOUCOT，陳旭，C.R.SCOTESE，等。顯生宙全球古氣候重建[J]. 北京：科學出版社，2009。

[123] 楊關秀，王洪山。禹州植物群——中、晚期華夏植物群之瑰寶[J]. 中國科學：地球科學，2012，042（008）：1192-1209。

[124] 盧立伍，陳曉雲。中國石炭-二疊紀脊椎動物研究回顧[C]. 中國古脊椎動物學學術年會。

[125] WIKIPEDIA CONTRIBUTORS. Poikilotherm——Wikipedia，The Free Encyclopedia[Z/OL](2021-10-25)[2021-6-18].https://en.wikipedia.org/w/index.php?title=Poikilotherm &oldid=1025609733.

[126] 宋海軍，童金南。二疊紀-三疊紀之交生物大滅絕與殘存[J]. 地球科學：中國地質大學學報，2016（6）：18。

[127] 陳軍，徐義剛。二疊紀大火成岩省的環境與生物效應：進展與前瞻[J]. 礦物岩石地球化學通報，2017（3）：20。

[128] 殷鴻福，宋海軍。古、中生代之交生物大滅絕與泛大陸聚合[J]. 中國科學：地球科學，2013，10：1539-1552。

[129] DUBIEL R F，PARRISH J T，PARRISH J M，et al. The Pan-

gaean Megamonsoon：Evidence from the Upper Triassic Chinle Formation, Colorado Plateau[J]. Palaios,1991,6(4)：347.

[130] MILLER C S，Baranyi V. Triassic Climates[M/OL]. Encyclopedia of Geology. Elsevier，2021：514-524[2021-08-07].

[131] KEMP T S. The Origin and Evolution of Mammals[M]. John Wiley & Sons，Ltd.2005.

[132] 塔斯肯，李江海，李維波，等。三疊紀全球板塊再造及巖相古地理研究 [J]. 海洋地質與第四紀地質，2014，034（005）：153-162。

[133] SUN Y D, JOACHIMSKI M M, WIGNALL P B, YAN C, CHEN Y, JIANG H S, WANG L,LAI X.2012.

Lethally hot temperatures during the early Triassic greenhouse[J]. Science，338：366-370.

[134] 趙向東，薛乃華，王博，等。三疊紀卡尼期溼潤幕事件研究進展 [J]. 地層學雜誌，2019，v.43（03）：80-88.

[135] 金鑫，時志強，王豔豔，等. 晚三疊世中卡尼期極端氣候事件：研究進展及存在問題 [J]. 沉積學報，2015，3（001）：105-115.

[136] HAUTMANN M. Extinction：end-Triassic mass extinction[J]. eLS，2012.

[137] 王鑫。被子植物的曙光：揭祕花的起源及陸地植物生殖器官的演化 [M]. 北京：科學出版社，2018。

[138] 山紅豔，孔宏智。花是如何起源的？[J]. 科學通報，2017，062（021）：2323-2334。

[139] 王鑫，劉仲健，劉文哲，等。走出歌德的陰影：邁向更加科學

的植物系統學 [J]. 植物學報，2020，55（4）：8。

[140] 郭相奇，韓建剛，姬書安. 遼寧西部及鄰區中侏儸世燕遼生物群脊椎動物化石研究進展 [J]. 地質通報，2012（06）：106-113。

[141] 王鑫，劉仲健。侏羅紀的花化石與被子植物起源 [J]. 自然雜誌，2015，37（6）：435-440。

[142] FÜRST-JANSEN JMR，DE VRIES S，DE VRIES J. Evo-physio：on stress responses and the earliest land plants[J].Journal of Experimental Botany，2020（71）3254-3269.

[143] 徐金蓉，李奎，劉建，等。中國恐龍化石資源及其評價 [J]. 國土資源科技管理，2014，31（002）：8-16。

[144] 董枝明。中國的恐龍動物群及其層位 [J]. 地層學雜誌，1980（04）：256-263。

[145] RUSSELL D A,ZHENG Z. A large mamenchisaurid from the Junggar Basin, Xinjiang, People's Republic of China [J]. Canadian Journal of Earth Sciences, 1993,30(10)：2082-2095.

[146] 楊春燕。馬門溪龍科的系統演化 [D]. 成都理工大學，2014。

[147] 龐其清，方曉思，盧立伍，等. 雲南祿豐地區下、中、上侏儸統的劃分 [A] 第三屆全國地層會議論文集編委會編。第三屆全國地層會議論文集 [C].2000.208-214。

[148] DWE HONE，K WANG，C SULLIVAN et al. A new，large tyrannosaurine theropod from the Upper Cretaceous of China[J]. Cretaceous Research，2011，32（4）：495-503.

[149] 季強。中國遼西中生代熱河生物群 [M]. 北京：地質出版社，

2004。

[150] ZHANG,MIMAN. The Jehol biota：[M]. Shanghai Scientifi c & Technical Publishers,2003.

[151] 中國侏儸紀構造變革與燕山運動新詮釋 [J]. 地質學報，2007（11）：3-15。

[152] 王少彬，李東升。一些基幹鳥類及帶毛獸腳類恐龍：發現歷史、分類及系統演化關係 [J]. 生物學通報，2012，47（1）：1-4。

[153] 徐星，馬檠宇，胡東宇。早於始祖鳥的虛骨龍類及其對於鳥類起源研究的意義 [J]. 科學通報，2010（32）：5-12。

[154] ALVAREZ L W,ALVAREZ W, ASARO F,et al. Extraterrestrial Cause for the Cretaceous-Tertiary Extinction[J]. Science, 1980, 208(4448)：1095-1108.

[155] ARTEMIEVA,NATALIA,MORGAN, et al. Quantifying the Release of Climate‐Active Gases by Large Meteorite Impacts with a Case Study of Chicxulub[J]. Geophysical Research Letters,2017,44(20)：10,180-10,188.

[156] CHENET A, COURTILLOT V, FLUTEAU F,et al. Determination of rapid Deccan eruptions across the Cretaceous Tertiary boundary using paleomagnetic secular variation：2 Constraints from analysis of eight new sections and synthesis for a3500-m-thick composite section[J]. Journal of Geophysical Research Solid Earth,2009,114.

[157] 趙資奎，李華梅 . 廣東省南雄盆地白堊系——第三系交界恐龍絕滅問題 [J]. 古脊椎動物學報，1991，029（001）：1-20。

[158] 趙資奎，毛雪瑛，柴之芳，等。廣東省南雄盆地白堊紀 - 古近

紀（K/T）過渡時期地球化學環境變化和恐龍滅絕：恐龍蛋化石提供的證據 [J]. 科學通報，2009（02）：201-209。

[159] KELLER G. The Cretaceous-Tertiary mass extinction, Chicxulub impact and Deccan volcanism[M]. Berlin：Springer,2012：759-793.

[160] FREDERICK M,GALLUP G G. The demise of dinosaurs and learned taste aversions：The biotic revenge hypothesis[J]. Ideas in Ecology and Evolution,2018,10(1).

[161] KIELAN-JAWOROWSKA Z,HURUM J H. Limb posture in early mammals：Sprawling or parasagittal[J]. Acta Palaeontologica Polonica,2006,51(3).

[162] ARCHIBALD J D. Structure of the K-T mammal radiation in North America：Speculations on turnover rates and trophic structure[J]. Acta Palaeontologica Polonica,1983,28：7-17.

[163] MAYR G. Paleogene fossil birds[M]. Heidelberg：Springer，2009.

[164] 汪品先。亞洲形變與全球變冷——探索氣候與構造的關係 [J]. 第四紀研究，1998（03）：213-221。

[165] 許志琴，楊經綏，侯增謙，等。青藏高原大陸動力學研究若干進展 [J]. 中國地質，2016，000（001）：1-42。

[166] 許志琴，楊經綏，李海兵，等。印度 - 亞洲碰撞大地構造 [J]. 地質學報，2011.85（1）：33。

[167] 張克信，林曉，王國燦，等。青藏高原新生代隆升研究現狀 [J]. 地質通報，2013，32（001）：1-18。

[168] 李吉均，周尚哲，趙志軍，等。論青藏運動主幕 [J]. 中國科學：地球科學，2015，000（010）：P.1597-1608。

[169] 葛肖虹，劉俊來，任收麥，等。青藏高原隆升對中國構造－地貌形成、氣候環境變遷與古人類遷徙的影響 [J]. 中國地質，2014，41（003）：698-714。

[170] 周秀驥，趙平，陳軍明，等．青藏高原熱力作用對北半球氣候影響的研究 [J]. 中國科學：地球科學，2009，039（011）：1473-1486。

[171] 周明煜，徐祥德，卞林根，等。青藏高原大氣邊界層觀測分析與動力學研究 [M]. 北京：氣象出版社，2000。

[172] 徐祥德，董李麗，趙陽，等。青藏高原「亞洲水塔」效應和大氣水分循環特徵 [J]. 科學通報，2019（27）：12。

[173] 鄧濤，王曉鳴，李強。西藏札達盆地發現的最原始披毛犀揭示冰期動物群的高原起源 [J]. 中國基礎科學，2012，14（03）：17-21。

[174] 鄧濤，吳飛翔，蘇濤，等。青藏高原——現代生物多樣性形成的演化樞紐 [J]. 中國科學：地球科學，2020（2）。

[175] TSENG Z，WANG XM，SLATER G，et al. Himalayan fossils of the oldest known pantherine establish ancient origin of big cats[J]. Proceedings of the Royal Society B：Biological Sciences,2014,281(1774)：20132686.

[176] POZZI L,HODGSON J A,BURRELL A S,et al. Primate phylogenetic relationships and divergence dates inferred from complete mitochondrial genomes[J]. Molecular Phylogenetics & Evolution,2014,75(1)：165-183.

[177] NI X,GEBO D L,DAGOSTO M,et al. The oldest known primate skeleton and early haplorhine evolution.[J].Nature,2013,498(7452)：60-64.

[178] 波茨，斯隆。國家地理人類進化史：智人的天性.[M] 惠家明，劉洋，郭林，譯。南京：江蘇科學技術出版社，2021.04。

[179] BRUNET M,GUY F,PILBEAM D, et al. A new hominid from the Upper Miocene of Chad, Central Africa[J].Nature,2002,418(6894)：145-151.

[180] WOLPO FF M H,HAWKS J,SENUT B,et al. An Ape or the Ape：Is the Toumai Cranium TM266 a Hominid ?[J].PaleoAnthropology,2006,36-50.

[181] 弗雷澤. 金枝.[M]. 李蘭蘭,譯。北京：煤炭工業出版社，2016。

[182] ALPHER R A,BETHE H,GAMOW G. The Origin of Chemical Elements[J]. Journal of the Washington Academy of Sciences, Washington, D.C,1948,38(8)：288.

[183] ELLIS E C,BEUSEN A,GOLDEWIJK K K. Anthropogenic Biomes：10,000 BCE to2015 CE[J]. Land,2020,9.

[184] RIDGWELL A,SCHMIDT D N. Past constraints on the vulnerability of marine calcifiers to massive carbon dioxide release[J]. Nature Geoscience,2010,3(3)：196-200.

[185] ZALASIEWICZ,WATERS，COLIN N，et al. When did the Anthropocene begin? A mid-twentieth century boundary level is stratigraphically optimal[J]. Quaternary International，2015，383（online first）：196-203.

[186] PIMM S L，RUSSELL G J，GITTLEMAN J L，et al. The future of biodiversity[J]. Science，1995，269（5222）：347-350.

從星塵到文明，地球演化的32個里程碑：
熔岩冷卻、板塊初動、光合作用、大氧化事件……從宇宙塵埃聚合開始談起，45億年的演化旅程！

作　　　者：	地星引力
發　行　人：	黃振庭
出　版　者：	機曜文化事業有限公司
發　行　者：	機曜文化事業有限公司
E－mail：	sonbookservice@gmail.com
粉　絲　頁：	https://www.facebook.com/sonbookss/
網　　　址：	https://sonbook.net/
地　　　址：	台北市中正區重慶南路一段61號8樓 8F., No.61, Sec. 1, Chongqing S. Rd., Zhongzheng Dist., Taipei City 100, Taiwan
電　　　話：	(02)2370-3310
傳　　　真：	(02)2388-1990
印　　　刷：	京峯數位服務有限公司
律師顧問：	廣華律師事務所 張珮琦律師

-版權聲明-

本書版權為機械工業出版社有限公司所有授權機曜文化事業有限公司獨家發行繁體字版電子書及紙本書。若有其他相關權利及授權需求請與本公司聯繫。

未經書面許可，不可複製、發行。

定　　　價：420元
發行日期：2025年09月第一版
◎本書以POD印製

國家圖書館出版品預行編目資料

從星塵到文明，地球演化的32個里程碑：熔岩冷卻、板塊初動、光合作用、大氧化事件……從宇宙塵埃聚合開始談起，45億年的演化旅程！／地星引力 著．-- 第一版 .--臺北市：機曜文化事業有限公司，2025.09
面；　公分
POD版
ISBN 978-626-7782-00-2(平裝)
1.CST: 地球 2.CST: 宇宙 3.CST: 演化論
324　　　　　　　114012294

電子書購買

爽讀APP　　　臉書